高等院校生命科学实验系列教材

生命科学实验技术

主　编　郝福英

编　者　周先碗　黄玉芝　薛友纺　陈丹英

　　　　魏春红　樊启昶　焦仁杰　侯巧明

　　　　王绒疆　袁洪生　董　巍

图书在版编目(CIP)数据

生命科学实验技术/郝福英主编. —北京：北京大学出版社，2004.8
（高等院校生命科学实验系列教材）
ISBN 978-7-301-07519-7

Ⅰ. 生… Ⅱ. 郝… Ⅲ. 生命科学—实验 Ⅳ. Q1-0

中国版本图书馆 CIP 数据核字（2004）第 056492 号

书　　名	生命科学实验技术
著作责任者	郝福英　主编
责 任 编 辑	郑月娥
标 准 书 号	ISBN 978-7-301-07519-7
出 版 发 行	北京大学出版社
地　　址	北京市海淀区成府路 205 号　100871
网　　址	http://www.pup.cn　　新浪官方微博：@北京大学出版社
电 子 信 箱	zpup@pup.pku.edu.cn
电　　话	邮购部 62752015　发行部 62750672　编辑部 62767347
印 刷 者	北京大学印刷厂
经 销 者	新华书店
	787 毫米 × 1092 毫米　16 开本　16.5 印张　410 千字
	2004 年 8 月第 1 版　2016 年 7 月第 3 次印刷
定　　价	39.00 元

前言

《生命科学实验技术》一书是教学改革的成果，书内精选了生命科学各专业最新或最近数年内发展起来的实验技术，例如双向电泳(生化)，细胞凋亡及其鉴定(细胞生物学)，蛋白质间的相互作用(生技)，核酸的银染法序列分析(分子生物学)，发育相关基因的表达、诱变及其功能研究(发育学)，转基因果蝇(遗传学)等等，都是生命科学新的研究课题中的实验技术。书内选编的其他实验技术则是生命科学必须掌握的实验方法，也是教师多年教学经验的结晶。本书可为提高学生分析问题和解决问题的能力起到极大的促进作用，同时可为生命科学的学生打下坚实的、范围广泛的专业基础。

本书分为十部分，设计了46个实验，选做其中35个实验，完成250学时的教学。学院全部学生必做23个实验，占200学时，在实验目录中带符号*标记；其余实验用50学时按专业分别选做3～5个。这种教学方式，经过一年的实践，受到学生的欢迎，也取得了较好的效果。

综上所述，本书有三方面的特点：

(1) 新。很多新实验出于科研课题组，实验课的教员也来自科研课题组。

(2) 成熟。每个实验都由教师们亲自设计，反复验证并且有明确的实验结果和数据，为后续学生进入科学研究阶段，顺利完成论文题目打下基础。

(3) 全面。所有学生都做生命科学各专业精选出的有特色的实验，以拓宽知识面，掌握全面技术，使今后学生无论是继续提高或者到国外深造都有较宽的选择专业的余地。

生命科学学院一贯重视实验教学，重视培养学生掌握实验技术的能力，从国内或国外的毕业生反馈的信息来看，学生的动手能力普遍得到提高，受到用人单位的欢迎。这本书的实验内容会在以前相关教材的基础上提高一大步，迈上新台阶，学生们一定会受益匪浅，取得更大进步。

本书的出版得到院领导许崇任教授的极大支持和关怀，得到参加编写此书教师的大力协助，体现了教师们的教学水平和辛勤劳动，在此表示感谢！本书一定还存在不少缺点和错误，请读者批评指正。

编　者

2004年2月25日于北京大学

目　录

A　生物化学部分

B　分子生物学部分

C 遗传与发育学部分

D 细胞生物学部分

E 动物生理学部分

F 微生物学部分

G　环境生态学部分

H　植物生理学部分

I　生物技术学部分

J　组织学部分

附　录

A 生物化学部分

实验1 SDS-聚丙烯酰胺凝胶电泳

在聚丙烯酰胺凝胶系统中，加入一定量的十二烷基硫酸钠(sodium dodecyl sulfate，简称SDS)，蛋白质样品就会与SDS结合形成带负电荷的复合物，由于蛋白质的相对分子质量不同，所形成复合物的相对分子质量也不同，在电泳中反映出不同的迁移率。根据标准蛋白质样品在电泳中的迁移率和相对分子质量所作出的标准曲线，就可以推算出被测蛋白质样品相对分子质量的近似值。利用SDS-聚丙烯酰胺凝胶电泳测定蛋白质相对分子质量最常用的方法是不连续系统垂直板电泳。

【实验目的】

学习和掌握SDS-聚丙烯酰胺凝胶电泳方法和测定蛋白质相对分子质量的基本原理和实验技术。

【实验原理】

聚丙烯酰胺凝胶电泳测定蛋白质相对分子质量的方法，主要是根据蛋白质组分的相对分子质量的大小、形状以及所带净电荷的多少等因素所造成的电泳迁移率的差别而进行分离鉴定的。如果在聚丙烯酰胺凝胶系统中，加入一定量的十二烷基硫酸钠，此时的蛋白质分子的电泳迁移率主要取决于它的相对分子质量大小，而其他因素对电泳迁移率的影响几乎可以忽略不计。当蛋白质的相对分子质量在15 000～200 000之间时，电泳迁移率与相对分子质量的对数呈直线关系，符合下列方程式：

$$\lg M_r = -b \cdot m_R + K$$

式中：M_r为蛋白质的相对分子质量，m_R为相对迁移率，b为斜率，K为截距。在一定条件下，b和K均为常数。

若将已知相对分子质量的标准蛋白质的迁移率与相对分子质量的对数作图，可获得一条标准曲线。未知蛋白质在相同条件下进行电泳，根据它的电泳迁移率即可在标准曲线上求得相对分子质量。有人对37种不同蛋白质的已知相对分子质量进行测定，获得较好的结果(见图1-1)。

SDS是一种阴离子去污剂，它在水溶液中以单体和分子团(micellae)的混合形式存在。这种阴离子去污剂能破坏蛋白质分子之间以及与其他物质分子之间的非共价键，使蛋白质变性而改变原有的空间构象。特别是在强还原剂的条件下，如在巯基乙醇存在下，由于蛋白质分子内的二硫键被还原剂打开，不易再被氧化，这就保证了蛋白质分子与 SDS 分子充分结合，形成带负电荷的蛋白质-SDS 复合物。这种复合物由于结合了大量的 SDS，使蛋白质丧失了原有的电荷状态，形成了仅保持原有分子大小特征的负离子团块，从而降低或消除了各种蛋白质分子之间天然的电荷差异。

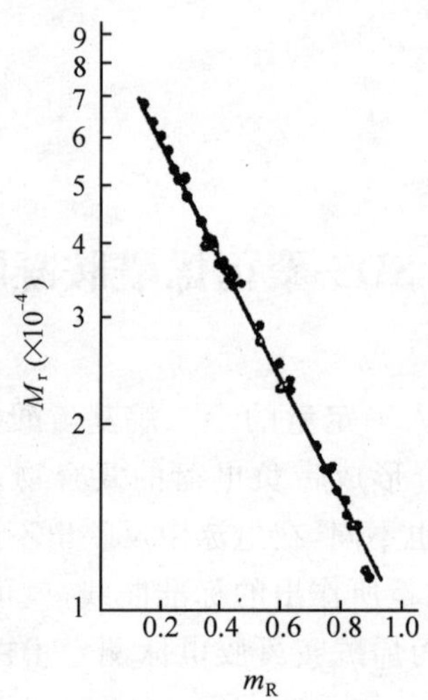

图 1-1　37 种蛋白质的相对分子质量对电泳迁移率图

相对分子质量范围为 11 000～70 000，10％凝胶，pH 7.2 SDS-磷酸盐缓冲系统

SDS 与蛋白质结合后，还引起了蛋白质构象的改变。蛋白质-SDS 复合物的流体力学和光学性质表明，它们在水溶液中的形状，近似于雪茄烟形的长椭圆棒。不同相对分子质量的蛋白质-SDS 复合物短轴的长度都一样，约为 1.8 nm，而长轴的长度则随蛋白质相对分子质量的大小变化成正比。这样的蛋白质-SDS 复合物在凝胶中的迁移率，不再受蛋白质原有电荷和形状的影响，而只与椭圆棒的长度有关，也就是蛋白质相对分子质量有关，椭圆棒的长度是蛋白质相对分子质量的函数。

采用 SDS-聚丙烯酰胺凝胶电泳法测定蛋白质的相对分子质量具有简便、快速、重复性好等特点。不需要复杂的仪器设备，只需要微克级的蛋白质样品就可进行测定。在蛋白质相对分子质量为 15 000～200 000 范围内测得的相对分子质量与用其他测定相对分子质量的方法相比，误差一般不超过 10％。因此，SDS-聚丙烯酰胺凝胶电泳测定蛋白质相对分子质量的方法得到迅速的发展和广泛的应用。

SDS-聚丙烯酰胺凝胶电泳作为一种单向电泳技术，按照凝胶电泳系统中的缓冲液、pH 和凝胶孔径的区别来分类，可分为 SDS-连续系统电泳和 SDS-不连续系统电泳两类；按照所制成的凝胶形状和电泳方式又可分为 SDS-聚丙烯酰胺凝胶垂直管型电泳和 SDS-聚丙烯酰胺凝胶垂直板型电泳两类。或称为 SDS-连续系统垂直管型凝胶电泳、SDS-不连续系统垂直管型凝胶电泳、SDS-连续系统垂直板型凝胶电泳和 SDS-不连续系统垂直板型凝胶电泳。无论采用哪一种，其基本原理都是相似的，具体操作也大同小异。由于 SDS-不连续系统具有较强的浓缩效应，因而它的分辨率比 SDS-连续系统电泳要高一些，所以更多人更喜欢采用不连续系统方法。

【器材与试剂】

一、器材

垂直板电泳槽，直流稳压电源（电压 300～600 V，电流 50～100 mA），50 μL 或 100 μL 的微量注射器，水浴锅，大培养皿（直径 15 cm）。

二、试剂

标准相对分子质量蛋白质，甘氨酸，三羟甲基氨基甲烷（Tris），HCl，十二烷基硫酸钠（SDS），N，N，N′，N′-四甲基乙二胺（TEMED），β-巯基乙醇，过硫酸铵（AP），丙烯酰胺（Acr），N，N′-亚甲基双丙烯酰胺（Bis），甲醇，乙醇，乙酸，三氯乙酸，考马斯亮蓝 R-250（Coommassie brilliant blue R-250）。

（1）30%凝胶储液：29.1 g Acr，0.9 g Bis，加蒸馏水定容至 100 mL。

（2）分离胶缓冲液：36.3 g Tris，48 mL 1 mol/L HCl，加蒸馏水定容至 100 mL，pH 8.9。

（3）浓缩胶缓冲液：5.98 g Tris，48 mL 1 mol/L HCl，加蒸馏水定容至 100 mL，pH 6.7。

（4）电极缓冲液：1 g SDS，6 g Tris，28.8 g 甘氨酸，加蒸馏水定容至 1000 mL，pH 8.3。

（5）0.05 mol/L pH 8.0 Tris-HCl 缓冲液：称取 0.61 g Tris，加入 50 mL 蒸馏水使之溶解，再加入 3 mL 1 mol/L HCl，混匀后在 pH 计上调至 pH 8.0，最后加蒸馏水定容至100 mL。

（6）样品溶解液：在 0.01 mol/L 的 Tris-HCl 缓冲液中含有 1% SDS，1% β-巯基乙醇，10%甘油，0.02%溴酚蓝。配制方法：100 mg SDS，0.1 mL β-巯基乙醇，1.0 mL甘油，2 mg溴酚蓝，2 mL 0.05 mol/L pH 8.0 Tris-HCl 缓冲液，加蒸馏水 10 mL。

（7）10%（*W*/*V*）过硫酸铵：称取 1 g 过硫酸铵，溶于 10 mL 蒸馏水中。

（8）固定液：45 mL 95%乙醇，10 mL 冰醋酸，加蒸馏水定容至 100 mL。

（9）染色液：0.25%（*W*/*V*）考马斯亮蓝 R-250-酸-乙醇-水染色液。称取 0.25 g 考马斯亮蓝 R-250，加入 45 mL 95%乙醇，10 mL 冰醋酸，加蒸馏水定容至 100 mL，混匀，滤纸过滤。

（10）脱色液：7%醋酸-20%乙醇（*V*/*V*）混合液。

【实验步骤】

一、电泳槽组装

垂直板型电泳槽型号很多。目前用得比较多的有 Bio-Rad 产的小型电泳槽、Pharmacia 产的小型电泳槽、北京六一厂产的小型电泳槽。

现以六一厂产的电泳槽为例简单介绍一下。

将垂直板型电泳装置内的板状凝胶模子取出，分别将长短两块玻璃镶嵌在橡皮胶条内，玻璃与玻璃之间有一层夹芯空隙，如图 1-2 所示。

凝胶电泳槽模子由三部分组成：一个压制成“U”形的硅橡胶带、两块长短不等的玻璃板、样品槽模板。胶带的内侧有两条凹槽，可将两块相应大小的玻璃板嵌入胶条内。玻璃板之间形成 2～3 mm 厚的间隙，以便在制胶时将胶液灌入玻璃板之间的间隙中。灌胶前，先将玻璃板洗净、晾干、嵌入胶带槽中。将玻璃板嵌入凹槽时，长玻璃板下沿与胶带框底之间保持 2～3 mm 距离，以使此端的凝胶与一侧的电极相通，而短玻璃板的下沿则插入橡胶框的底槽内。由此便形成一个“夹芯”凝胶腔，如图 1-3 所示。

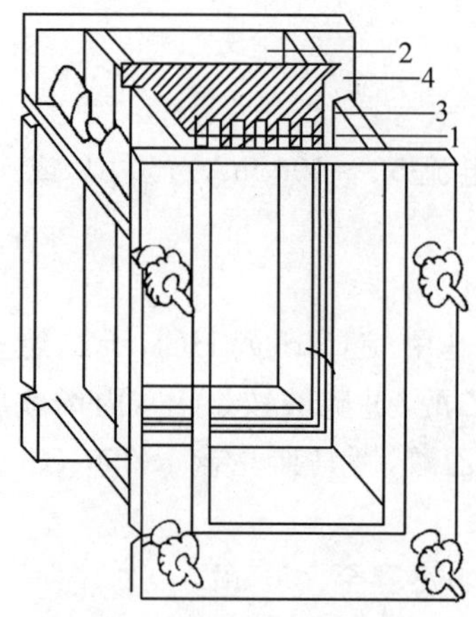

图 1-2 垂直板电泳槽

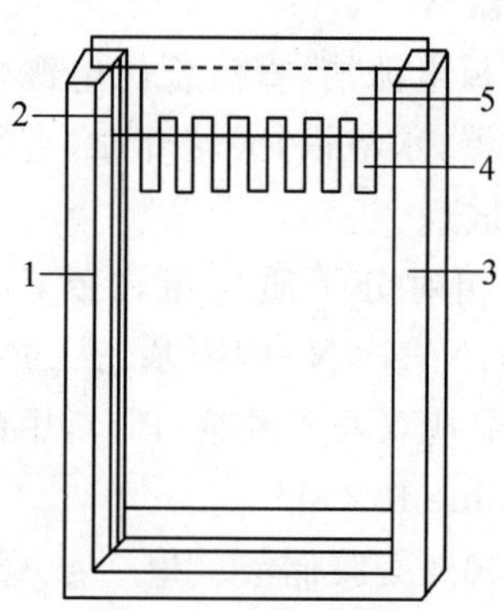

图 1-3 凝胶电泳槽模子示意图

把上述装好的凝胶腔置于仰放的电极上槽，合上电极下槽。用 4 条长螺丝将 2 个半槽固定在一起，在上螺丝时，按照对角线的顺序逐个将螺丝拧紧，均匀用力，不能用力过猛或先拧紧一个后再拧另一个，这样电泳槽受力不均会使玻璃板压碎、电泳槽弄坏，造成漏胶、渗液等现象。

将电泳槽和凝胶模子串成一体的垂直板型电泳装置，垂直放置在水平台面上，准备灌注胶液。

二、分离胶凝胶液的配制

首先根据所测定蛋白质相对分子质量的范围，选择某一合适分离胶的浓度，按表 1-1 所列的试剂用量和加样顺序配制合适浓度的凝胶。

表 1-1 不连续系统各种浓度分离胶的配制

试 剂	凝胶浓度				
	7%	10%	12%	15%	18%
凝胶储液/mL	3.5	5.0	6.0	7.5	9.0
分离胶缓冲液/mL	3.8	3.8	3.8	3.8	3.8
双蒸水/mL	7.5	6.0	5.0	3.5	2.0
10% SDS/mL	0.15	0.15	0.15	0.15	0.15
TEMED/μL	30	30	30	30	30
10% 过硫酸铵/μL	30	30	30	30	30
总体积/mL	15	15	15	15	15

三、分离胶凝胶液的注入与聚合

在分离胶凝胶液的灌注前，先用滴管吸取少量的用电极缓冲液配制的 1% 琼脂糖溶液，灌入凝胶模板底部（长玻璃板外侧，下沿凹形小槽内），其液面高度约 0.5～1.0 cm。待琼脂糖凝固后，既可将长玻璃板下面的窄缝封住，同时又可作为导电的盐桥。然后将所配制的分离胶溶液沿凝胶腔的长玻璃板内侧缓缓倒入或用滴管加入。在灌入时小心不要产生气泡。将胶液加到距短玻璃板上沿2.5～3.0 cm高度为止。用注射器注射针头沿玻璃板内壁缓缓注入0.5 cm左右高度的蒸馏水，使凝胶被水密封住。水封时注入的蒸馏水不要破坏胶面，否则会使顶部的凝胶浓度变稀，而且容易出现锯齿形，从而改变预定的凝胶孔径和造成凝胶表面不平坦。灌完凝胶液后，室温静置，使凝胶液发生聚合反应，聚合时温度尽量保持与电泳时的温度相同。

四、浓缩胶凝胶液的制备

首先根据所测定蛋白质相对分子质量的范围，选择相应的浓缩胶凝胶浓度，相对分子质量高的选择低浓度，相对分子质量低的选择略高一点的浓度。按表1-2所列的试剂用量和加样顺序配制不同浓度的凝胶。

表1-2 不连续系统各种浓度浓缩胶的配制

试剂	凝胶浓度		
	3%	4%	5%
凝胶储液/mL	0.50	0.70	0.85
浓缩胶缓冲液/mL	0.7	0.7	0.7
双蒸水/mL	3.75	3.55	3.30
10% SDS/μL	50	50	50
TEMED/μL	10	10	10
10% 过硫酸铵/μL	15	15	15
总体积/mL	5	5	5

五、浓缩胶凝胶液的注入与聚合

用注射器或滴管吸出分离胶胶面顶端的水层，并用无毛边的滤纸条吸出残留的水分。将按比例混合好的浓缩胶溶液，用滴管滴加在分离胶上面，等凝胶液上升到距短玻璃板上端约0.5 cm时，然后把样品槽模板插入胶液顶部，使胶液与短玻璃板的高度相等。插入样品槽模板的目的是使胶液聚合后，在凝胶顶部形成数个相互隔开的凹槽，在加样时以便将样品液加在该凹槽中。灌完胶后，室温静置，使凝胶聚合1 h左右。

六、蛋白质样品的处理

标准蛋白质样品的处理：称取标准蛋白质样品各1 mg左右，分别放入带塞的小管中，加入1 mL样品溶解液，使各种蛋白样品的终浓度达到1.0 mg/mL左右。如果使用标准蛋白试剂盒，加入样品溶解液的体积见使用说明书。待样品充分溶解后轻轻盖上盖(不要盖紧，以免加热时发生爆裂)，置于100 ℃的沸水浴中加热2 min，取出冷却至室温，即可加样。

待测蛋白质样品的处理：若待测蛋白质样品是固体，则与标准蛋白质样品处理方法相同；若待测样品是一个溶液，可先配制浓度大的样品溶解液，然后将待测样品与高浓度的样品溶解液等体积混匀，并置于100 ℃的沸水浴中加热2 min，即可。若待测样品浓度太低需要事先浓缩，样品的盐浓度太高则需先行透析、除去盐以后再浓缩。

处理好的样品溶液可在冰箱中保存，使用前在100 ℃水浴中加热1～2 min，以去除可能出现的亚稳态聚合物。

七、加样

上下电泳槽都加入约 400 mL 的电极缓冲液，上槽电极缓冲液一定要没过短玻璃板。用双手握紧梳子两端，轻轻用力往上提，将梳子小心拔出，孔内不能含有气泡。然后在每个孔内加入 10～15 μL 样品液，没有加样的多余的加样孔，最好每孔补加 10 μL 左右的样品溶解液。如果样品浓度较稀，可以适当多加一些样品液，但最多不要超过 40 μL。

八、电泳

加完样以后，上槽接负极，下槽接正极，打开直流电源。将电压调至 60 V，稳压 20 min 左右，等样品液全部进入浓缩胶以后，将电压上升到 150 V，稳压 4～6 h。直到溴酚蓝指示剂距离前沿 0.5 cm 左右停止电泳。

九、固定

电泳结束后，将电泳槽的螺丝拧开，取出凝胶玻璃板，卸下橡胶框，用镊子轻轻将短玻璃板撬开，在溴酚蓝区带中心用金属丝做好标记，然后将玻璃板反扣过来，成一定角度（约 60°），玻璃板朝上，凝胶朝下，下面用一个盛有固定液的培养皿接收剥离的凝胶，用小刀片小心将凝胶剥离玻璃板，一边拨离，凝胶一边卷曲往下坠落，直到凝胶完全掉入培养皿中。摇匀，使凝胶完全浸泡在固定液中，固定 2 h 以上或固定过夜。

十、染色

吸出固定液，用蒸馏水涮洗一遍，加入考马斯亮蓝 R-250 染色液，室温下染色约 4 h 以上或在 60 ℃恒温摇床中染色 30～60 min。

十一、脱色

染色完毕，倾出染色液，加入脱色液，每隔 2～3 h 更换一次脱色液，直到凝胶的蓝色背景完全褪去、蛋白质的电泳条带清晰为止。

【实验结果】

一、标准蛋白电泳图谱（见图 1-4）

名称	分子量
兔磷酸化酶B	(97 400)
牛血清白蛋白	(66 200)
兔肌动蛋白	(43 000)
牛碳酸酐酶	(31 000)
胰蛋白酶抑制剂	(20 100)
鸡蛋清溶菌酶	(14 400)

图 1-4　标准蛋白电泳图谱

二、相对分子质量（M_r）的计算

1. 相对迁移率 m_R 的计算

通常以相对迁移率 m_R 来表示迁移率，相对迁移率的计算方法如下：用游标卡尺或普通米尺分别量出样品区带中心及溴酚蓝指示剂（金属丝标记的位置）距凝胶顶端的距离，然后计算

出每一种蛋白的 m_R 值，如图 1-4 所示。

按下面公式计算相对迁移率：

$$相对迁移率\ m_R=\frac{样品迁移距离(cm)}{指示剂迁移距离(cm)}$$

2. 蛋白质标准曲线的绘制

以标准蛋白质相对分子质量的对数值为纵坐标，以相对迁移率为横坐标，绘制蛋白质相对分子质量的标准曲线，如图 1-5 所示。

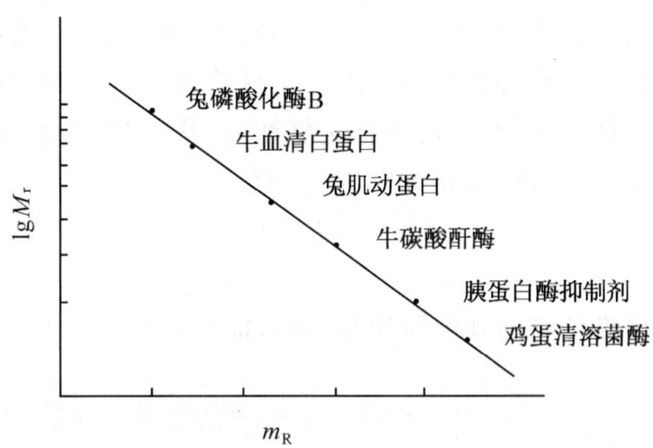

图 1-5　蛋白质相对分子质量的标准曲线

3. 未知蛋白相对分子质量的计算

根据待测蛋白与标准蛋白同样电泳条件下迁移的距离，计算出其相对迁移率 m_R 值。然后按测得的 m_R 值从蛋白质标准曲线上查得该蛋白质相对分子质量的近似值。

【参考文献】

[1] 周先碗，胡晓倩. 生物化学仪器分析与实验技术. 北京：化学工业出版社，2003

[2] 王重庆，李云兰，李德昌，陈劲秋，周先碗，郝福英，廖助荣，袁洪生. 高级生物化学实验教程. 北京：北京大学出版社，1994

[3] 张龙翔等. 生物化学实验方法和技术. 北京：高等教育出版社，1997

[4] 郭绕君. 蛋白质电泳实验技术. 北京：科学出版社，1998

实验2　聚丙烯酰胺凝胶等电聚焦电泳

等电聚焦(isoelectric focusing,IEF)是20世纪60年代由瑞典科学家Rilbe H.和Vesterberg建立的一种高分辨率的蛋白质分析技术。它是利用蛋白质分子或其他两性电解质分子具有不同等电点的性质,在一个稳定、连续、线性的pH梯度中进行电泳分离。近年来,等电聚焦电泳技术的分辨率有了很大提高,可以分辨p*I*只差0.001pH单位的生物大分子,这是等电聚焦分离技术最突出的优点,同时它还具有重复性好、样品容量大、操作简便快速的特点。一般实验室只需要有等电聚焦电泳仪就可以进行操作。

【实验目的】

掌握蛋白质等电聚焦分离的基本原理和方法,能够根据标准等电点蛋白质测定未知蛋白质的等电点。

【实验原理】

蛋白质是由不同数量和比例的氨基酸组成，氨基酸带有正负两类解离基团，即氨基和羧基。这些基团在一定pH溶液中可以结合或解离质子而使蛋白质带正电荷或负电荷,因此蛋白质属于典型的两性电解质。当蛋白质在某一pH时，所带净电荷为零，此时pH就是该蛋白质的等电点(isoelectricpoint,p*I*)。由于各种蛋白质的氨基酸组成不同,因而有不同的等

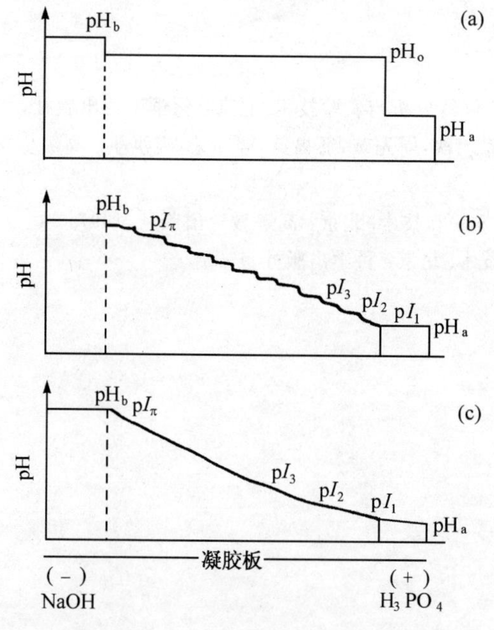

图2-1　pH形成示意图

电点，它是蛋白质分子的一个特征物化常数。当溶液的 pH>pI 时，蛋白质带负电荷，在电场的作用下向正极移动；当溶液的 pH<pI 时，蛋白质带正电荷，在电场的作用下向负极移动；当 pH=pI 时，蛋白质所带净电荷为零，在电场的作用下不发生移动。不同蛋白质的氨基酸组成差别很大，因此蛋白质的等电点范围很宽，如 α-酸性糖蛋白(chimpanzee)的 pI 为 1.8，而人胎盘溶菌酶的 pI 为 11.7。可以利用蛋白质不同的等电点对其进行分析和分离。

等电聚焦电泳技术就是在电泳支持介质中加入载体两性电解质(carrier ampholytes)，通以直流电后在正负极之间形成稳定、连续和线性的 pH 梯度，蛋白质在 pH 梯度凝胶中受电场力作用泳动，它的分离仅仅决定于其本身的等电点，是一个"稳态"过程。当蛋白质分子一旦到达它的等电点位置，分子所带净电荷为零，就不能再迁移，如果它向等电点两侧扩散，净电荷就不再为零，都会被阴极或阳极吸引回来，直至回到净电荷为零的位置，因此蛋白质在与其本身 pI 相等的 pH 位置被聚焦成窄而稳定的区带(如图 2-1，2-2)。这种效应称为聚焦效应，保证了蛋白质分离的高分辨率，是等电聚焦最为突出的优点。

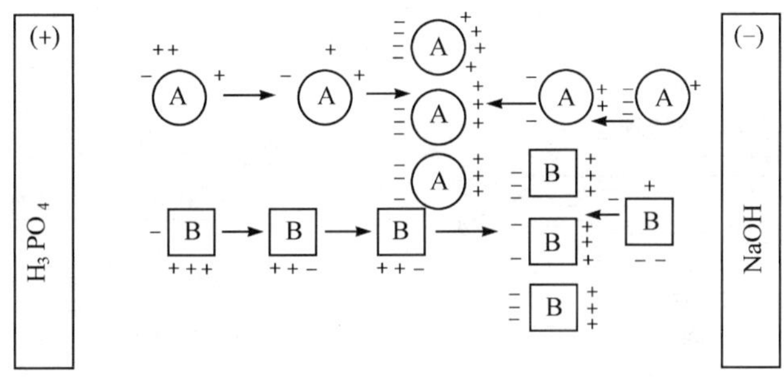

图 2-2 蛋白质分子在 pH 梯度介质中迁移过程示意图

等电聚焦电泳根据蛋白质等电点不同而将其分离，也可以根据蛋白质条带在 pH 梯度中形成的位置测定其等电点。

【器材与试剂】

一、器材

电泳仪(1000～5000 V)，等电聚焦电泳槽，制冷循环水浴，微量加样器，加样纸，眼科镊子，眼科剪刀。

实验材料：称取鸡卵清清蛋白、牛血清清蛋白、马血红蛋白、糜蛋白酶原 A 各 1 mg，用 1 mL双蒸水溶解。

二、试剂

载体两性电解质(pH 3.5～10)，标准等电点蛋白质，丙烯酰胺，甲叉双丙烯酰胺，液体石蜡，硅油，过硫酸铵(AP)，TEMED，考马斯亮蓝R-250。

(1) 30%凝胶储液，10%过硫酸铵，TEMED，考马斯亮蓝R-250染色液配制和保存见实验1。

(2) 电极液：

阳极液：1 mol/L 磷酸；阴极液：1 mol/L 氢氧化钠。

(3) 固定液：35 mL 甲醇，10 g 三氯乙酸，3.5 g 磺基水杨酸，加蒸馏水定容至 100 mL。

(4) 脱色液：25 mL 95%乙醇，10 mL 冰乙酸，加蒸馏水定容至 100 mL。

(5) 标准等电聚焦蛋白质样品：胰蛋白酶原(p*I* 9.30)，植物外源凝集素(碱性带)(p*I* 8.65)，植物外源凝集素(中性带)(p*I* 8.45)，植物外源凝集素(酸性带)(p*I* 8.15)，马肌红蛋白(碱性带)(p*I* 7.35)，马肌红蛋白(酸性带)(p*I* 6.85)，人碳酸酐酶 B(p*I* 6.55)，牛碳酸酐酶(p*I* 5.85)，β 乳球蛋白 A(p*I* 5.20)，大豆胰蛋白酶抑制剂(p*I* 4.55)，淀粉葡萄糖苷酶(p*I* 3.50)。

【实验步骤】

一、安装电泳槽

本实验采用水冷式平板等电聚焦电泳槽，电泳槽内有冷凝管道，电极板上镶有铂金电极丝。将平板电泳槽调水平，槽上铺一张滤纸，上面放一块玻璃板(11.5 cm×11.5 cm，厚 2 mm)，玻璃板上放塑料模具(厚 0.5 mm，中间开孔 9 cm×9 cm)，用铁文具夹将模具和玻璃板固定在水平电泳槽上，在模具上面，文具夹的另一端再放上一块玻璃板，如图 2-3 所示。

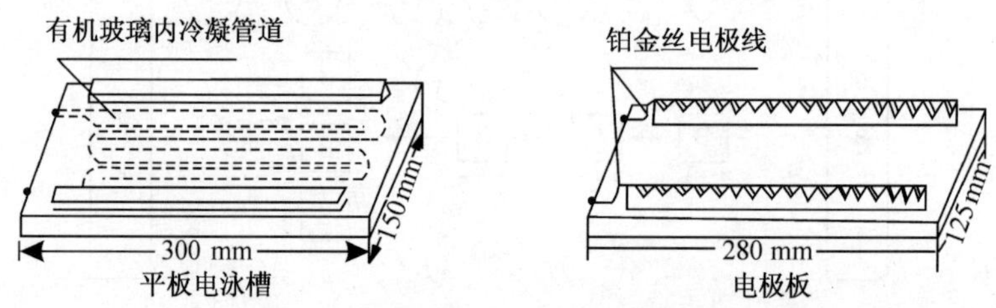

图 2-3 等电聚焦电泳槽基本构造示意图

二、制胶

凝胶浓度 $T=7.5\%$，交联度 $C=3\%$，Ampholyte 的浓度为 2.5%。按照表 2-1 配制凝胶：

表 2-1 等电聚焦凝胶配方

溶液成分	各成分所需体积
30%凝胶储液/mL	2.0
双蒸水/mL	5.5
载体两性电解质/mL	0.5
10%过硫酸铵/μL	60
TEMED/μL	10
总体积/mL	8.0

混匀后，从远离文具夹的一端开始灌胶，一边灌胶一边向文具夹方向推动上面的玻璃板，使模具框内充满凝胶溶液，其中不能有气泡，上面的玻璃板一直推到文具夹处，使两块玻璃板利用凝胶溶液的内引力将边框封住。

灌胶后室温放置约 1 h，凝胶聚合，此时可在模具和凝胶的边缘观察到折光，继续放置半小时左右使凝胶老化。然后将两块玻璃板小心打开，凝胶和模具会自然地贴在其中一块玻璃板上，去掉模具和凝胶周围的残胶。

在电泳槽上涂一层液体石蜡，再铺一张方格坐标纸，坐标纸应浸透石蜡，与电泳槽间无气泡，在坐标纸上再涂一层液体石蜡，将带胶的玻璃板放在坐标纸上面，两者之间应无气泡，以保证凝胶板和冷却板之间的良好接触。裁剪两条 9 cm×1 cm 的两层滤纸条(或一层新华 1 号滤纸)为电极条。分别浸透正极电极液和负极电极液，在一张干滤纸上吸去表面多余的电极液，然后分别铺在凝胶正负电极的两端，使电极条和凝胶紧贴，剪去多余部分，电极条的长度要与凝胶的长度一致，平行放置。用干滤纸吸干胶面上的残液，即可准备加样(图 2-4)。

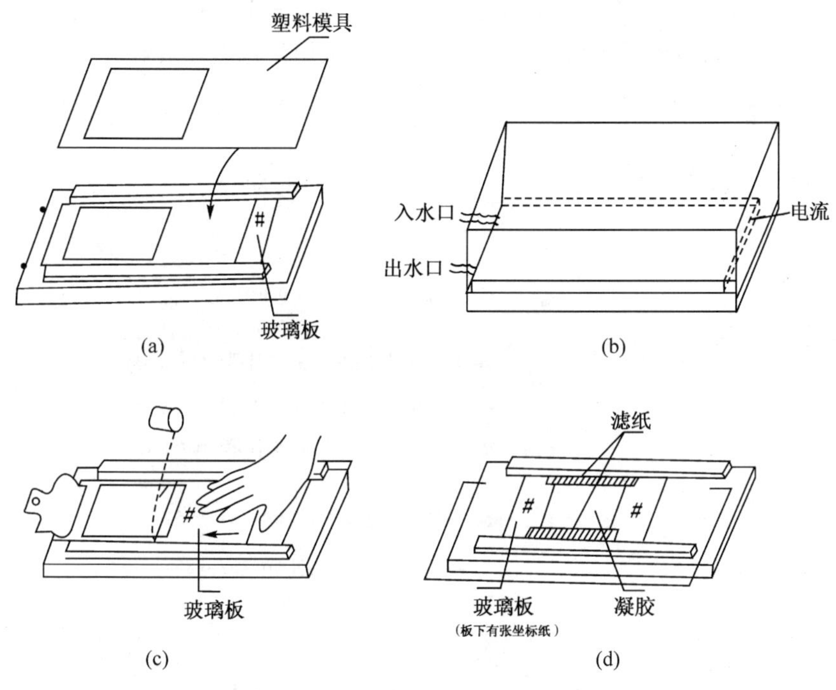

图 2-4 制备等电聚焦凝胶板及电泳过程示意图

三、加样

取 5～8 层重叠的擦镜纸，用眼科剪子剪成约 5 mm×5 mm 的小块，用眼科镊子夹住，将其浸透样品液，借助冷却板上的坐标纸定位，将样品加在接近凝胶中部胶面上。使其紧贴胶面，各样品之间相隔 0.5 cm 左右。标准样品可少用几层擦镜纸或用微量加样器取 5～10 μL 左右直接加在凝胶面上。

四、电泳

将电泳槽的两端电极分别放在滤纸电极条的中心，压好电极板，磷酸电极条为正极，氢氧化钠电极条为负极，盖好安全罩，调整电泳槽的水平，接通冷凝水，连接恒流恒压电泳仪，打开电源，开始电泳。

接通电源后，首先 60 V 恒压 15 min，然后恒流，此时电压不断上升，等到电压升至 550 V 时，关闭电源；打开安全罩，揭去加样纸，以免纸上残留的样品出现拖尾现象。重新盖上安全罩，打开电源，调节电压至 580 V，继续电泳。恒压 2～4 h 后，等电流降为零或接近零，停止电泳。

五、凝胶染色及脱色

(1) 固定：小心取下凝胶，放入盛有固定液的培养皿中，室温下固定 4 h 或过夜，其间换一次固定液。

(2) 染色：去掉固定液，用脱色液漂洗一次，考马斯亮蓝R-250染色 30～60 min。

(3) 脱色：倒掉染色液，用脱色液浸泡至背景基本无底色。

六、制干胶

将脱色好的凝胶和两张大于凝胶的玻璃纸浸泡在 5%的甘油中，室温下放置 1～2 h。然后将一张玻璃纸铺在一块干净的玻璃板上，玻璃纸紧贴玻璃板，无气泡，将凝胶平放在玻璃纸上，凝胶上面再铺一张玻璃纸，除去气泡，将两层玻璃纸向下包裹在玻璃板上，室温下晾干。

【实验结果】

一、电泳图谱(见图 2-5)

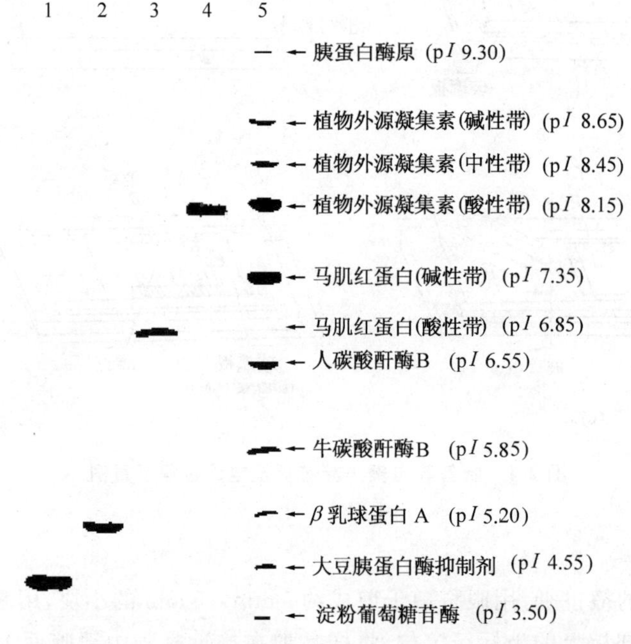

图 2-5 不同等电点蛋白质的等电聚焦电泳图谱

1—鸡卵清清蛋白；2—牛血清清蛋白；3—马血红蛋白；4—糜蛋白酶原 A；5—标准蛋白

二、pH 梯度的检测

可采用两种方法。

(1) 在凝胶固定之前从胶板上顺电场方向切下一窄条凝胶条，按0.5 cm等距离切成小块，顺序放入小试管中，每管加入 0.5 mL 双蒸水，浸泡 10 min，用精密 pH 试纸或微电极测定 pH，或用表面微电极直接测定凝胶的 pH 梯度，绘制 pH-阴极到阳极距离图谱。

(2) 凝胶染色之后根据已知 pI 的蛋白质标准样品条带位置与其相应的 pI 作出 pI-阴极到阳极距离图谱(见图 2-6)。

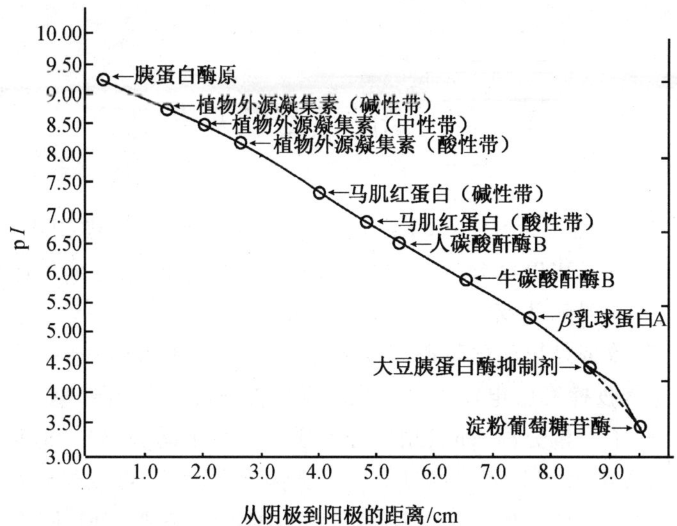

图 2-6 不同等电点的蛋白质从阴极到阳极的泳动距离与等电点关系的曲线

【参考文献】

[1] 周先碗，胡晓倩. 生物化学仪器分析与实验技术. 北京：化学工业出版社，2003

[2] 王重庆，李云兰，李德昌，陈劲秋，周先碗，郝福英，廖助荣，袁洪生. 高级生物化学实验教程. 北京：北京大学出版社，1994

[3] 张龙翔等. 生物化学实验方法和技术. 北京：高等教育出版社，1997

[4] 郭绕君. 蛋白质电泳实验技术. 北京：科学出版社，1998

实验3 聚丙烯酰胺凝胶双向电泳

聚丙烯酰胺凝胶双向电泳(two-dimensional electrophoresis,简称 2DE)的含义是先选定一种电泳模式将样品进行一次电泳分离,然后再沿它的直角方向进行第二向电泳的分离。人们把这种电泳方式称为双向电泳或二维电泳。

在双向电泳中大多数都是以聚丙烯酰胺凝胶等电聚焦电泳为第一向,SDS-聚丙烯酰胺凝胶电泳或 SDS-聚丙烯酰胺梯度胶电泳为第二向。样品首先经过等电聚焦分离(即按等电点的差异分离),然后进行分子质量分离(即按相对分子质量大小不同分离)。但是也有少数先采用分子质量分离,后进行等电聚焦分离。通过双向电泳两次分离后,可以得到每个分子的等电点和相对分子质量的参数。分离后的电泳图谱不是一般的电泳条带,而是圆点。这是目前所有电泳技术中分辨率最高的一种方法。

【实验目的】

掌握聚丙烯酰胺凝胶双向电泳分离的基本原理和方法,利用该技术鉴定未知蛋白质的纯度和相对分子质量。

【实验原理】

在一支毛细管内注入载体两性电解质,得丙烯酰胺凝胶溶液,凝胶溶液聚合以后,进行等电聚焦分离,聚焦分离后的凝胶放在 SDS-凝胶电泳的缓冲液中平衡一段时间,然后转移到 SDS-凝胶上拼接整齐,通过 1%的离子琼脂"焊接"包埋在琼脂中,再进行第二向电泳。被分离样品首先在 x 轴横坐标方向将不同 pI 的蛋白质通过等电聚焦电泳把它们分离开,获得了按等电点差异分离的蛋白质组分,然后再经 SDS-聚丙烯酰胺凝胶梯度胶电泳,在 y 轴纵坐标方向将等电点相同或相近的而相对分子质量有差异的蛋白质分开,最终得到不同相对分子质量的蛋白质组分。一般情况细胞内同时具有 pI 和相对分子质量都相同的蛋白质的概率非常少。所以,双向电泳得到的蛋白质组分绝大部分都是单一组分。

【器材与试剂】

一、器材

双向电泳仪及电泳槽一套(Bio-Rad),烧杯 1000 mL 、50 mL 各 1 个,量筒 1000 mL (或 500 mL)、100 mL 、10 mL 各 1 个,注射器 1 mL(带长针头)、微量注射器 100 μL(或 50 μL)各 1 支,染色塑料盒 1 个,滴管 1 支。

鸡肝提取液。

二、试剂

尿素,载体两性电解质,NP40(Nonidet P 40 Substitute),二硫苏糖醇(DTT),Tris,SDS,甘油,过硫酸铵(AP),Arc,Bis,TEMED,三氯乙酸,磺基水杨酸,考马斯亮蓝 R-250,甘氨酸,冰乙酸,乙醇等。

1. 聚丙烯酰胺凝胶等电聚焦管状电泳溶液(40 人用量)

(1) 覆盖溶液(25 mL):含 6 mol/L 尿素,1%载体两性电解质(pH 3~9.5),5% (*W/V*) NP40 和 100 mmol/L DTT。取 9 g 尿素,0.25 mL 载体两性电解质(pH 3~9.5),12.5 mL 10% NP40 和 0.386 g DTT,用双蒸水溶解后,定容到 25 mL。溶液不能受热,储存在冰箱中。

(2) 平衡溶液(250 mL):含 0.03 mol/L Tris-HCl(pH 6.8)缓冲液,2% SDS,100 mmol/L DTT 和 10%甘油。取 15 mL 0.5 mol/L Tris-HCl(pH 6.8)缓冲液,50 mL 10% SDS,3.86 g DTT 和 25 mL 甘油,用双蒸水定容到 250 mL,室温存放。

(3) 30% 第一向凝胶储液(100 mL):含 28.4% (*W/V*) Acr 和 1.6% (*W/V*) Bis。用双蒸水先将 1.6 g Bis 溶解,再加入 28.4 g Acr,溶解后,用双蒸水定容到 100 mL。如果溶液混浊,需要进行过滤。溶液存放在棕色瓶中,4°C 贮藏,3~4 周内使用。

(4) 10%(*W/V*) NP40(20 mL):配制 100 mL 溶液。称 10 g NP40,用双蒸水定容到 100 mL,室温存放。

(5) 10%过硫酸铵(2 mL):称 0.2 g 过硫酸铵溶于 2 mL 双蒸水中,在 4 ℃冰箱中可保存 3~4 个星期。

(6) 样品溶解液:含 8 mol/L 尿素的水溶液,用双蒸水配制。如果是液体样品,可直接加入固体尿素,使尿素的最终浓度达到 8 mol/L。

(7) 20 mmol/L NaOH(500 mL/2 人):配制 500 mL 溶液。称 0.4 g NaOH,用蒸馏水定容到500 mL。

(8) 10 mmol/L H_3PO_4(2000 mL/2 人):配制 2000 mL 溶液。量取 1.35 mL H_3PO_4(85%),用蒸馏水定容到 2000 mL。

(9) 固定液(25 mL/2 人):9 mL 乙醇,2.5 g 三氯乙酸,0.9 g 磺基水杨酸,加蒸馏水定容到 25 mL。

(10) 脱色液(100 mL/2 人):20 mL 乙醇,7 mL 冰乙酸,加蒸馏水定容到 100 mL。

2. SDS-聚丙烯酰胺凝胶电泳溶液

(1) 30% 第二向凝胶储液(500 mL/40 人):含 29.1% (*W/V*) Acr 和 0.9% (*W/V*) Bis,配制方法同第一向凝胶储液。

(2) 10% SDS:称 10 g SDS 用双蒸水溶解,定容到 100 mL,室温存放。

(3) 分离胶缓冲液(300 mL/40 人):1.5 mol/L Tris-HCl 缓冲液,pH 8.9。称 109 g Tris,取 144 mL 1 mol/L HCl,用双蒸水定容到 300 mL,4°C 保存。

(4) 浓缩胶缓冲液(300 mL/40 人):0.5 mol/L Tris-HCl 缓冲液,pH 6.8。称 6 g Tris,取 48 mL 1 mol/L HCl ,用双蒸水定容到 100 mL,4 ℃保存。

(5) 电极缓冲液(2500 mL/4 人):称 6 g Tris,29 g 甘氨酸,2.5 g SDS,用蒸馏水定容到 2.5 L。

(6) 1%离子琼脂:称 1 g 琼脂糖加入 100 mL 电极缓冲液中,加热融化。

(7) 固定液:50 mL 乙醇,10 mL 冰醋酸,用蒸馏水定容到100 mL。

(8) 染色液:0.25 g 考马斯亮蓝 R-250,40 mL 乙醇,10 mL 冰醋酸,用蒸馏水定容到 100 mL。

(9) 10%过硫酸铵、脱色液:皆同第一向电泳。

【实验步骤】

一、第一向电泳——聚丙烯酰胺凝胶等电聚焦管状电泳

(1) 准备制胶：将两个玻璃管架安装到冷却槽上，注意使用红色密封条，竖直放置；取4支长为18 cm，内径为2 mm的玻璃管，洗净晾干，备用。

(2) 配制第一向凝胶溶液(5 mL/4人)，配制方法见表3-1。

表3-1 第一向凝胶溶液配方

尿素/g	2.4
双蒸水/mL	1.25
30% 凝胶储液/mL	1.0
搅拌溶解	
10% NP40/mL	1.0
两性电解质(pH 3～9.5)/mL	0.3
10% 过硫酸铵*/μL	10
TEMED*/μL	7

* 过硫酸铵和TEMED在灌胶前加入。

(3) 灌制第一向凝胶(每组2人，共制作4根胶柱)：取一支玻璃管，用封口膜封住玻璃管的一端。用一支带有长针头的1 mL注射器吸取约0.5 mL第一向凝胶溶液，将长针头全部插入玻璃管的另一端(长针头伸入玻璃管一半长度以上)，一边注入凝胶溶液一边后退针头，注意针头不要露出胶面，直至凝胶溶液到达玻璃管顶端。撤出针头，用滤纸擦干玻璃管口的凝胶溶液，然后用封口膜封住该端管口。将玻璃管倒置，揭去前一端的封口膜，将长针头插入管内凝胶液面下，用同样方法加入凝胶溶液至距管口2 cm处，将玻璃管垂直放置在玻璃管架上，然后立即用微量注射器在胶面上加少量双蒸水覆盖，大约30 min后凝胶聚合。

(4) 加样：待凝胶聚合后，用微量注射器吸去覆盖在凝胶上的双蒸水。在每根胶柱上加20～30 μL蛋白质样品溶液，然后再加入覆盖溶液至管口。将玻璃管插入带孔橡皮塞，用封口膜封住管口。

(5) 安装电泳槽：将带有玻璃管的橡皮塞安入玻璃管架的孔内，调节玻璃管高度，使其上端露出橡皮塞3～5 mm。在电泳槽的下槽加2000 mL 10 mmol/L H_3PO_4溶液，剥去玻璃管两端的封口膜，将玻璃管架小心放入电泳槽中，注意柱胶下端浸入H_3PO_4溶液中并且不可有气泡(如果有气泡，可以先用注射器将胶下端用H_3PO_4溶液灌满，再将柱胶插入H_3PO_4溶液中)。将玻璃管架上空置的孔用无孔橡皮塞堵住，隔离开上下槽，在上槽倒入500 mL 20 mmol/L NaOH溶液，盖上电泳槽的盖子，注意正负电极连接正确。

(6) 聚焦电泳：调节电压60 V，电泳30 min进样。然后在1000～1500 V的电压下进行聚焦电泳，直至电流接近于零时(大约20 h)停止。如果聚焦好的凝胶不能马上进行第二向电泳，在管内放置了几小时以上，可在走第二向电泳之前再聚焦电泳1～2 h，以消除样品受扩散的影响。

(7) 退胶：电泳结束后，在正极端凝胶内插入约1 cm长的铜丝作为标记。用洗耳球从玻璃管上样端轻轻挤入空气，将凝胶退胶；或用10 mL注射器和15 cm长针头吸入一定量的蒸馏

水，将长针头一边沿管壁推入一边注入蒸馏水使凝胶退出。

（8）平衡：将一条凝胶条放入盛有 10 mL 平衡液的小烧杯中，浸泡平衡 20 min，然后进行第二向电泳；另一条凝胶放入固定液中固定 1～2 h，用考马斯亮蓝 R-250 染色 1 h，再用脱色液脱色，观察第一向聚焦效果。（见图 3-1，3-2）

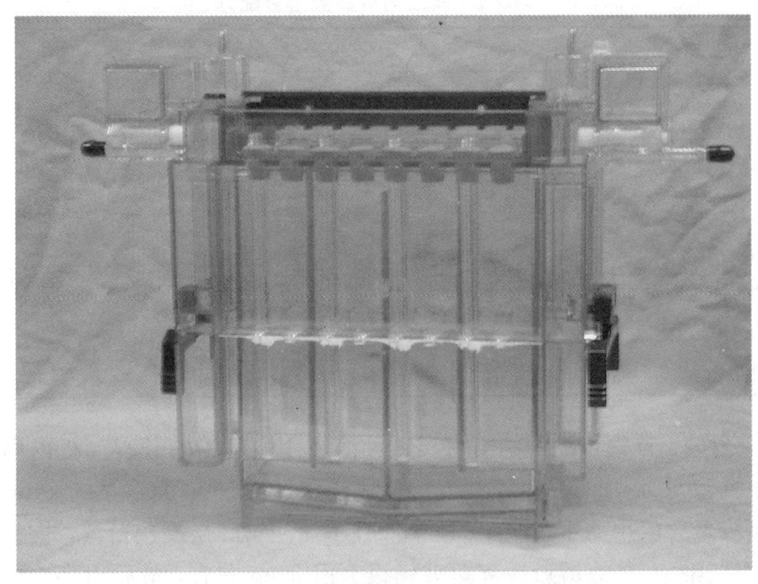

图 3-1 管状电泳灌胶后组装图

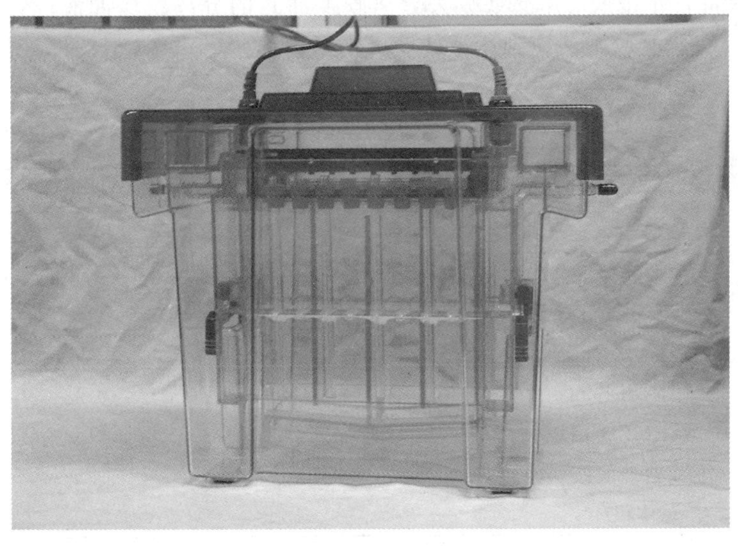

图 3-2 管状电泳组装图

二、第二向电泳——SDS-聚丙烯酰胺凝胶梯度电泳

（1）组装夹心式玻璃板：制胶支架底座调水平。取一块长玻璃板和一块一边带磨口槽的短玻璃板，将短玻璃板的磨口槽位于上端，并与长玻璃板相对，两玻璃板之间的左、右两端各放入一条间隔条，对齐，插入玻璃板固定夹，将上面的固定螺丝拧紧，将此夹心式玻璃板放入制胶

支架底座，插入凸轮，向内侧推入并旋转 180°，夹心式玻璃板即被固定。

(2) 配制分离胶：分离胶按照凝胶浓度不同分为三层，自下而上浓度递减，每层高度约 4～5 cm，分别按照表 3-2 配制，并依次灌制。分离胶也可使用 12%单一浓度的连续胶。

表 3-2 第二向分离胶溶液配方

试剂	凝胶浓度		
	18%	12%	7%
30% 凝胶储液/mL	7.2	4.8	2.8
分离胶缓冲液/mL	3.0	3.0	3.0
双蒸水/mL	1.6	4.0	6.0
10% SDS/mL	0.12	0.12	0.12
TEMED/μL	20	20	20
10% 过硫酸铵/μL	30	30	30
总体积/mL	12	12	12

(3) 灌注分离胶：首先将配制的第一层凝胶溶液用滴管沿着长玻璃板内侧缓缓加入凝胶腔，小心不产生气泡，然后用少量 1/4 浓度的分离胶缓冲液封胶面(高度约 2 mm)，凝胶聚合大约 30 min；待凝胶聚合后用滤纸片吸干封胶缓冲液，灌注第二层凝胶溶液，并封胶面；凝胶聚合后灌注第三层凝胶溶液，最终凝胶距离短玻璃板上沿 3 cm 左右，最后用 1/4 浓度的分离胶缓冲液封胶面。

(4) 配制和灌注浓缩胶：用滤纸吸去分离胶上面封的分离胶缓冲液，然后加入浓缩胶溶液，插入样品槽模板，凝胶溶液应到达短玻璃板上沿，聚合 0.5～1 h。浓缩胶溶液配制方法见表 3-3(7.5 mL/2 人)。

表 3-3 第二向浓缩胶溶液配方

试剂	凝胶浓度
	5%
30% 凝胶储液/mL	1.2
浓缩胶缓冲液/mL	1.0
双蒸水/mL	5.2
10% SDS/mL	0.08
TEMED/μL	15
10% 过硫酸铵/μL	25
总体积/mL	7.5

(5) 安装第二向电泳装置：在冷却槽上取下红色密封条，安装上白色密封条，注意密封条平整的一面紧贴在冷却槽上。将夹心式凝胶板从灌胶支架底座上取下，安装在冷却槽上。

(6) 两向凝胶拼接：① 轻轻拔出样品槽模板，在小加样槽中加入 5～10 μL 标准蛋白质；② 用滴管将已加热融化的 1%离子琼脂快速加在浓缩胶上，使琼脂在浓缩胶上铺开形成一层水平的胶层，琼脂高度为 1～2 mm；③ 将平衡好的胶条用少量的电极缓冲液漂洗，摆放在一块干净的玻璃板上；④ 待琼脂凝固，将放着胶条的玻璃板靠近短板，胶条有铜丝标记的正极端靠近小加样槽，胶条两端各切去约 2 cm，使凝胶长度略短于加样槽，将胶条滑入槽内，平铺在琼脂上，将胶条与琼脂胶紧密结合；⑤ 用滴管加融化的琼脂于胶条上，使到达短板上沿，将胶条包埋；⑥ 在密封条两端滴加融化的琼脂，使上槽密封。（见图 3-3，3-4）

图 3-3 SDS 电泳灌胶组装图

图 3-4 SDS-电泳组装图

（7）电泳：将电泳装置放入电泳槽中，在上槽中灌入电极缓冲液，缓冲液高过短板，其余缓冲液倒入下槽，应高过凝胶板下沿 2 cm。盖上电泳槽盖子，接通电源，恒压 60 V，电泳 30 min，样品进入凝胶后，调节恒压 200 V，当溴酚蓝到达分离胶底部 1 cm 左右时停止。

（8）固定：倒去电极缓冲液，拆开电泳槽，取下凝胶，放入固定液中，室温过夜。

（9）染色和脱色：用考马斯亮蓝 R-250 染色液染色 5 h，用脱色液脱色，直至背景清晰。

（10）实验结果：凝胶扫描。

【实验结果】

实验结果见图 3-5，横坐标为某种蛋白质在 pH 3.0～9.5 范围的 pI，纵坐标为某种蛋白质的相对分子质量。

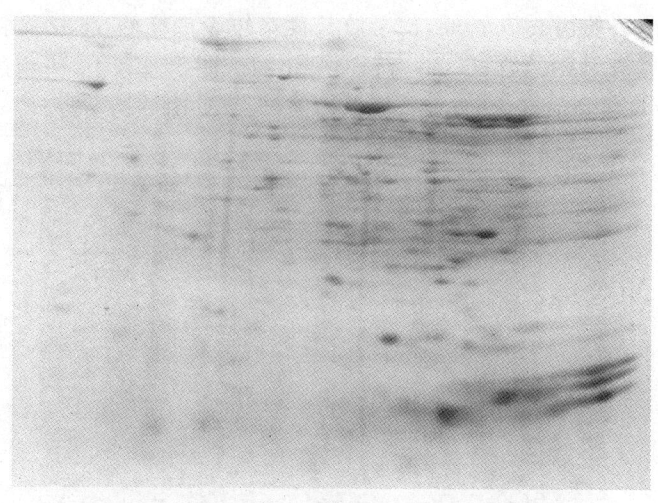

图 3-5 鸡肝聚丙烯酰胺凝胶双向电泳结果

【参考文献】

[1] 王重庆,李云兰,李德昌,陈劲秋,周先碗,郝福英,廖助荣,袁洪生. 高级生物化学实验教程. 北京: 北京大学出版社,1994

[2] 张龙翔等. 生物化学实验方法和技术. 北京: 高等教育出版社,1997

[3] 郭绕君. 蛋白质电泳实验技术. 北京: 科学出版社,1998

实验 4 鸡卵粘蛋白的分离纯化

鸡卵粘蛋白是由 4 个相对分子质量相近的亚基组成的糖蛋白，糖基部分主要是 D-甘露糖、D-半乳糖、葡萄糖胺、唾液酸，相对分子质量大约在 28 000 左右，等电点 pI 在 3.9～4.5 之间。

鸡卵粘蛋白具有良好的稳定性，在 80 ℃条件下，理化性质不发生改变，在 50%丙酮和 10%三氯乙酸(TCA)溶液中均不发生沉淀，仍然能保持良好的溶解度，在 pH 3.0 的溶液中稳定，在 pH 8.0 的溶液中容易分解。用 70%的丙酮和 10%的 TCA 溶液均可提取鸡卵粘蛋白，但是提取时溶液的 pH 影响较大，在 10%的 TCA 不同 pH 的溶液中的溶解状态见表 4-1。

表 4-1 鸡卵粘蛋白和鸡卵清蛋白在 10%TCA 溶液中的溶解度

溶液 pH	鸡卵粘蛋白		鸡卵清蛋白	
=3.5	沉淀 5%	溶解 95%	沉淀 95%	溶解 5%
<3.5	沉淀(增加)	溶解(减少)	沉淀(增加)	溶解(减少)
>3.5	沉淀(减少)	溶解(增加)	沉淀(减少)	溶解(增加)

【实验目的】

通过本实验的学习，要求初步了解鸡卵粘蛋白的基本性质，根据鸡卵粘蛋白的性质掌握蛋白质提取、分离、纯化的一般实验设计和基本操作，掌握鸡卵粘蛋白活性测定的基本原理和方法。

【实验原理】

鸡蛋清中含有丰富的鸡卵粘蛋白，与鸡卵清蛋白比较，它具有性质稳定的特点。在 10% pH 3.5 的三氯乙酸溶液中，仍然保持良好的溶解度，而与其共存的鸡卵清蛋白绝大部分被沉淀出来。溶解在 10%的三氯乙酸中的鸡卵粘蛋白，通过丙酮沉淀而获得鸡卵粘蛋白粗品，再经阴离子交换层析进一步分离纯化得到较纯的鸡卵粘蛋白。

【器材与试剂】

一、器材

蛋白质核酸检测仪，紫外-可见分光光度计，pH 酸度计，台式离心机，电子天平，层析柱，微量加样器，透析袋。

鸡蛋清。

二、试剂

三氯乙酸，丙酮，标准胰蛋白酶，N-苯甲酰-L-精氨乙酸酯(BAEE)，NaCl，NaOH，Na_2HPO_4，NaH_2PO_4，HCl，Tris，Sephadex G-25，DEAE-Cellulose (DE-32)。

【实验步骤】

一、鸡卵粘蛋白的提取

(1) 提取：取 50 mL 的鸡蛋清置于 200 mL 烧杯中，加入约 50 mL 10% pH 1.15 的 TCA 溶液(一边轻轻搅拌，一边慢慢加入 TCA)，TCA 加完搅匀后，用 pH 试纸检查 pH 是否为 3.5±0.2左右，若不是，用稀酸或稀碱调到此范围，待 pH 稳定后放置 4 ℃冰箱内静置 4 h 以上或过夜。

(2) 离心：将鸡卵粘蛋白提取液转移到 50 mL 离心杯中，于 3500 r/min 离心 15 min。

(3) 过滤：倾出上清液，滤纸过滤，滤去上浮的脂类物质和不溶物。

(4) 调 pH：用 1 mol/L HCl 或 1 mol/L NaOH 在 pH 计上将溶液精确调至 pH 3.5。量取最终体积。

(5) 丙酮沉淀：缓缓加入 3 倍体积预冷的丙酮，搅匀，用塑料薄膜封严，放置 4 ℃冰箱内静置 4 h 以上或过夜。

(6) 离心：虹吸出部分上清液，将沉淀部分转移到 50 mL 离心杯中，于 3500 r/min 离心 15 min。

(7) 除残留丙酮：弃去上清液，将盛有沉淀物的离心杯置于真空干燥器中，抽去残留丙酮(沉淀物由白色变成透明胶状即可)。

(8) 溶解：加入 25 mL 蒸馏水或 20 mmol/L pH 6.5 磷酸缓冲液溶解，滤纸过滤，收集滤液，备用。

二、鸡卵粘蛋白的分离纯化

1. Sephadex G-25 柱脱盐

(1) 介质溶胀：称取 15 g Sephadex G-25 放入 500 mL 烧杯中，加入 200 mL 蒸馏水，在室温下溶胀 24 h 或在沸水浴中溶胀 2 h。

(2) 装柱：取一支 30 cm×3 cm 的层析柱，将溶胀好的 Sephadex G-25 装柱，自然沉降，最后柱床体积约 150 mL 左右。

(3) 处理：用 2 倍柱床体积的 0.5 mol/L NaCl 溶液洗柱，2～3 倍体积的蒸馏水洗去残留的 NaCl。

(4) 平衡：用 20 mmol/L pH 6.5 磷酸缓冲液平衡，流速控制在 1.0～1.5 mL/min。紫外检测仪检测柱内平衡状态，直到仪器绘出稳定的基线。

(5) 上样：将柱内的缓冲液液面流至与 Sephadex G-25 介质的胶面相切，取 20 mL 鸡卵粘蛋白提取液，缓缓加在胶面上，待样液液面流至与胶面相切，加入 2～3 mL 缓冲液冲洗层析柱内壁，待溶液液面流至与胶面相切，然后加入缓冲液距胶面高约 2～3 cm，以同样的流速进行层析分离。

(6) 收集：在检测仪上观察到开始出现峰时进行收集，待丙酮峰开始流出时停止收集。Sephadex G-25 凝胶柱层析结果见图 4-1。

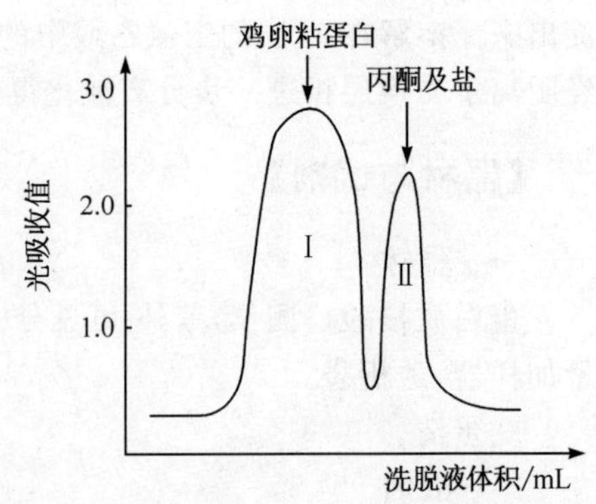

图 4-1 Sephadex G-25 分子筛层析分离

2. DEAE-Cellulose 离子交换柱层析分离

(1) 介质溶胀：称取 20 g DEAE-Cellulose 放入 500 mL 烧杯中，加入 150 mL 蒸馏水，在室温下溶胀 24 h。

(2) 装柱：取一支 20 cm×3 cm 的层析柱，将溶胀好的 DEAE-Cellulose 装柱，自然沉降。

(3) 再生：用 200 mL 0.5 mol/L NaCl-0.5 mol/L NaOH 混合溶液洗柱，再用蒸馏水洗至流出液的 pH 达到 8.0。用 200 mL 0.5 mol/L HCl 溶液洗柱，再用蒸馏水洗至流出液的 pH 达到 6.0。

(4) 平衡：用 20 mmol/L pH 6.5 磷酸缓冲液平衡，流速控制在 1.0 mL/min。紫外检测仪检测柱内平衡状态，直到仪器绘出稳定的基线。

(5) 上样：将经 Sephadex G-25 柱脱盐的鸡卵粘蛋白溶液上样，用 20 mmol/L pH 6.5 磷酸缓冲液平衡，直到仪器绘出稳定的基线。流速控制在 1.0 mL/min 左右。如果 DEAE-Cellulose 再生得比较好，介质的吸附量大，上样后有可能不出现杂蛋白峰。

(6) 洗脱：用 0.3 mol/L NaCl-20 mmol/L pH 6.5 磷酸缓冲液。如果样液的前处理较好，鸡卵清蛋白含量很少，改洗脱液后有可能不出现鸡卵清蛋白峰。

(7) 收集：在检测仪上观察到出现高峰时开始收集，收集的体积不能过多，否则蛋白浓度太低，会给后处理带来麻烦。DEAE-Cellulose 离子交换柱层析分离鸡卵粘蛋白层析结果见图 4-2。

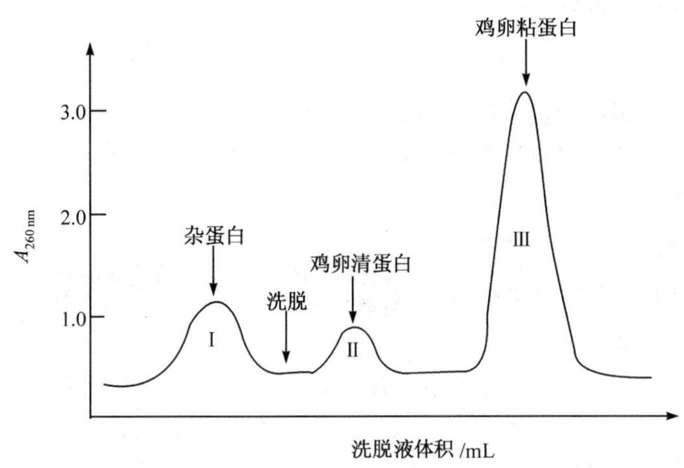

图 4-2　鸡卵粘蛋白在 DEAE-Cellulose 柱的分离

3. 透析及丙酮沉淀

(1) 透析：将经 DEAE-Cellulose 柱分离的鸡卵粘蛋白转入透析袋内，对蒸馏水透析，隔一段时间换一次水，直到渗出液经 1% $AgNO_3$ 溶液检查无氯离子存在，即可。

(2) 调 pH：将透析好的鸡卵粘蛋白溶液，在 pH 计上用 0.1 mol/L HCl 将透析液精确调至 pH 4.0，量体积。

(3) 丙酮沉淀：加入 3 倍体积的预冷丙酮，搅匀，用塑料薄膜封严，放置 4 ℃冰箱内静置 4 h 以上或过夜。

(4) 离心：虹吸出部分上清液，将沉淀部分转移到 50 mL 离心杯中，于 3500 r/min 离心 15 min，收集沉淀。

(5) 干燥：将盛有鸡卵粘蛋白的离心杯放入真空干燥器中干燥。

(6) 收集鸡卵粘蛋白成品。

三、鸡卵粘蛋白活性的测定

鸡卵粘蛋白是胰蛋白酶的天然抑制剂，通常 1 μg 鸡卵粘蛋白能抑制 0.86 μg 胰蛋白酶的活性(相当于 1∶0.86)。在胰蛋白酶液中加入适量的鸡卵粘蛋白，胰蛋白酶活性就会被抑制，酶反应的速度因此而降低，胰蛋白酶递减的活性就是鸡卵粘蛋白的抑制活性。在同样的条件下分别测定出未加鸡卵粘蛋白的胰蛋白酶活性 A_1 和加鸡卵粘蛋白后的胰蛋白酶活性 A_2。将 A_1-A_2 就可以得到鸡卵粘蛋白的抑制活性，具体操作见表 4-2。

表 4-2 鸡卵粘蛋白活性的测定

试 剂	空 白	样 品(A_1)	样 品(A_2)
0.1 mol/L pH 8.0 Tris-HCl 缓冲液/mL	1.5	1.5	1.5
2 mol/L BAEE 底物/mL	1.5	1.5	1.5
1 mg/mL 鸡卵粘蛋白/μL	—	—	10
1 mmol/L pH 3.0 HCl/μL	20	10	—
1 mg/mL 胰蛋白酶/μL	—	10	10
$\Delta A_{253\text{ nm}}$/min			

(1) 鸡卵粘蛋白抑制活性：

$$\text{BAEE 单位(u/min)}=\frac{A_1-A_2}{0.001}\times N$$

A_1：未加鸡卵粘蛋白胰蛋白酶 $\Delta A_{253\text{ nm}}$/min

A_2：加鸡卵粘蛋白后胰蛋白酶 $\Delta A_{253\text{ nm}}$/min

N：稀释倍数

(2) 抑制比活：

$$\text{BAEE 单位(u/mg)}=\frac{\text{测得的 BAEE 活性单位(u/min)}}{\text{鸡卵粘蛋白浓度(mg/mL)}\times\text{加入体积(mL)}}$$

四、蛋白质含量测定

消光系数的定义：在蛋白质分子中含有芳香族氨基酸，芳香族氨基酸在 280 nm 处有最大吸收峰。蛋白质分子中含有芳香族氨基酸的数量以及分子的紧密程度有差异，在 280 nm 处的光吸收强弱不同。在一定的条件下，一种纯的蛋白质在 280 nm 处的光吸收值是一个特异常数。因此，一个纯的蛋白质在 280 nm 处都有一个消光系数，用符号表示为 $E_{1\text{ cm}}^{1\%}$。这个符号的定义是指在浓度为 1%(1 g/100 mL)的蛋白质溶液中，测定光程为 1 cm 的条件下，该蛋白质的吸光值。例如，鸡卵粘蛋白的浓度为 1% (1 g/100 mL)时，$A_{280\text{ nm}}$ 是 4.13；当浓度为 1 mg/1 mL时，$A_{280\text{ nm}}$是 0.413。大多数蛋白质在计算时使用的浓度都是以 1 mg/1 mL 表示 1，所以计算出来的蛋白质浓度单位就是 mg/mL。

计算公式为：

$$\text{鸡卵粘蛋白浓度(mg/mL)}=\frac{A_{280\text{ nm}}\times\text{稀释倍数}}{0.413}$$

【实验结果】

1. 鸡卵粘蛋白产率(mg/100 mL 蛋清)

2. 鸡卵粘蛋白的抑制比活(BAEE u/mg)
3. Sephadex G-25 层析曲线
4. DEAE-Cellulose 层析曲线
5. 胰蛋白酶活性曲线及鸡卵粘蛋白抑制曲线

【参考文献】

[1] 周先碗,胡晓倩. 生物化学仪器分析与实验技术. 北京：化学工业出版社，2003

[2] 王重庆,李云兰,李德昌,陈劲秋,周先碗,郝福英,廖助荣,袁洪生. 高级生物化学实验教程. 北京：北京大学出版社,1994

[3] 张龙翔等. 生物化学实验方法和技术. 北京：高等教育出版社,1997

实验5 胰蛋白酶粗提取与活性测定

胰蛋白酶通常以胰酶原的形式存在于动物的胰脏或其他组织中。在底物的诱导或激活剂的作用下，酶原的C-端水解，去6肽转变成具有活性的胰蛋白酶。胰蛋白酶原的pI=10.8，相对分子质量在24 000左右；胰蛋白酶的pI=8.9，相对分子质量在23 700左右。胰蛋白酶在酸性环境中很稳定，在碱性环境中容易自溶，在提取的过程中要注意溶液的pH。当溶液的pH<2.0时容易变性，pH=3.0时生物活性稳定，pH>7.0时容易自溶。

【实验目的】

了解胰蛋白酶原和酶的基本性质，掌握实验设计基本原理和方法，掌握胰蛋白酶活性测定的原理和方法。

【实验原理】

胰蛋白酶和胰酶原都属于碱性蛋白质，它们在酸性环境中就会带正电荷，形成离子状态，从细胞中游离出来。基于这一特点，将捣碎的猪胰脏放在3.5%的乙酸溶液中提取胰蛋白酶原，得到的提取液调至pH 8，在有激活剂Ca^{2+}的存在下，加入少量的胰蛋白酶催化，使胰蛋白酶原的C-端水解去6肽转变成具有生物活性的胰蛋白酶。该酶对人工合成的N-苯甲酰-L-精氨酸乙酯(BAEE)具有特异性水解作用，以此为底物可以测定胰蛋白酶的活性。

【器材与试剂】

一、器材

紫外分光光度计，组织捣碎机，pH酸度计，电子天平，微量加样器，纱布，玻璃漏斗。

猪胰脏。

二、试剂

乙酸，标准胰蛋白酶，N-苯甲酰-L-精氨酸乙酯(BAEE)，NaOH，H_2SO_4，HCl，Tris，$CaCl_2$。

【实验步骤】

一、胰蛋白酶原的提取

(1) 匀浆：取约30 g猪胰脏，剥去结缔组织和脂肪，取净重20～25 g左右，剪成碎块。转移到组织捣碎机内，加入150 mL预冷的3.5%乙酸酸化水，匀浆。

(2) 提取：转移到500 mL烧杯中，用2 mol/L硫酸调节pH在3.5～4.0之间，4～10 ℃的条件下搅拌提取约4 h。

(3)过滤：取一块纱布，折叠成四层，用水润湿，放在玻璃漏斗上，将胰蛋白酶原提取液过滤，收集滤液。

(4) 酸化：用2 mol/L硫酸调滤液的pH至2.5～3.0之间，4 ℃冰箱内静止沉淀4 h以上。

(5) 过滤：根据漏斗的大小，裁合适的滤纸，折叠成阶梯状并润湿过滤，收集滤液，滤液应该是清澈透明的溶液，若滤液出现混浊，说明酸化液 pH 不准确或酸化后静置时间不够。

二、胰蛋白酶原的激活

（1）调节 pH：将胰蛋白酶原提取液用 5 mol/L NaOH 精确调至 pH 8.0，量取溶液体积。

（2）加激活剂：向胰蛋白酶原提取液加入固体 $CaCl_2$，使溶液中 Ca^{2+} 终浓度达到 0.1 mol/L，再次检查溶液的 pH 是否是 8.0。若偏酸（或偏碱），用 5 mol/L NaOH（或 5 mol/L HCl）精确调至 pH 8.0，然后加入约 5 mg 结晶胰蛋白酶，混匀，激活。

（3）激活时间：激活时间视激活温度而定，一般在 4 ℃冰箱内可激活 12～16 h，在25 ℃恒温水浴中激活 2～4 h。

三、停止激活

（1）活性测定：取 1 mL 上清液分别测定蛋白浓度和活性。具体操作见活性测定部分。

（2）停止激活：若酶溶液的比活性达到 1000 u/mg 左右，用 2 mol/L 硫酸调节 pH 到3.0，终止酶的反应。

（3）过滤：滤纸过滤，滤去 $CaSO_4$ 沉淀，收集滤液，4 ℃冰箱内保存。

四、胰蛋白酶的分离与纯化

（1）硫酸铵分级盐析：量取 100 mL 胰蛋白酶提取液，加入固体硫酸铵 51.6 g，使溶液达到 0.75 饱和度，磁力搅拌 30 min。然后 4 ℃下放置 8～10 h。等胰蛋白酶完全沉淀后，倾出上清液，沉淀部分于7000 r/min 离心 20 min。收集沉淀，即得胰蛋白酶粗品。

（2）亲和层析柱层析分离，见实验 6。

五、胰蛋白酶活性测定

1. 胰蛋白酶测定的基本原理

胰蛋白酶是一种蛋白水解酶，它除能水解碱性氨基酸与其他氨基酸形成的肽键外，还能水解碱性氨基酸所形成的酯键，催化活性具有高度专一性。因此，可用人工合成的 N-苯甲酰-L-精氨酸乙酯（N-benzoyl-L-argine ethyl ester, BAEE）为底物测定其活性。BAEE 在碱性条件下，经胰蛋白酶作用水解去掉一个乙基，生成 N-苯甲酰-L-精氨酸（BA），催化反应原理如下。

NH_2–C(=NH)–NH–$(CH_2)_3$–CH(–NH–CO–C_6H_5)–C(=O)–O–C_2H_5 （BAEE） $\xrightarrow[\text{pH 8.0}]{\text{胰蛋白酶，}Ca^{2+}}$ NH_2–C(=NH)–NH–$(CH_2)_3$–CH(–NH–CO–C_6H_5)–C(=O)–OH （BA） + C_2H_5OH（乙醇）

由于 BAEE 在波长 253 nm 处的光吸收值远远弱于 BA。因此，可以在加入酶为零点，测定在 x 分钟内的递增吸光值，通过酶的定义求出酶活性。

2. 胰蛋白酶活性测定的定义

在实验条件下，底物浓度为 1 mmol/L、测量光程 1 cm、测定波长在 253 nm 、温度 25 ℃、测量体积 3 mL、光吸收读数每分钟递增 0.001（$\Delta A/\text{min}=0.001$），定义为 1 个 BAEE 单位。

3. 胰蛋白酶浓度测定的定义

纯胰蛋白酶的消光系数 $E_{1\ cm}^{1\%}=13.5$，是指胰蛋白酶的浓度为1%(g/100 mL)、光程为1 cm时，光吸收值 $A_{280\ nm}$ 是 13.5。当胰蛋白酶的浓度为100%(1 mg/mL)、光程为1 cm时，光吸收值 $A_{280\ nm}$ 就是 1.35。

4. 胰蛋白酶活性测定方法(见表5-1)

表 5-1 胰蛋白酶测定加样顺序

试 剂	空 白	样 品	备 注
0.1 mol/L pH 8.0 Tris-HCl 缓冲液/mL	1.5	1.5	
2 mol/L BAEE 底物/mL	1.5	1.5	
蒸馏水/μL	10	—	
10 mg/mL 胰蛋白酶/μL	—	10	
$\Delta A_{253\ nm}$/min			

5. 胰蛋白酶浓度测定方法

取1 mL猪胰蛋白酶粗提取液，用1 mmol/L HCl稀释100倍，以1 mmol/L HCl作为空白，在紫外-可见分光光度计上280 nm处，测定光吸收值 $A_{280\ nm}$。

6. 计算公式

(1) 胰蛋白酶活性单位：

$$\text{BAEE 单位(u/min)}=\frac{\Delta A_{253\ nm}/\text{min}}{0.001}\times N\ (\text{稀释倍数})$$

(2) 胰蛋白酶比活性：

$$\text{BAEE 单位(u/mg)}=\frac{\text{测得的 BAEE 活性单位(u/min)}}{\text{胰蛋白酶浓度(mg/mL)}\times\text{加入体积(mL)}}$$

(3) 胰蛋白酶浓度：

$$\text{胰蛋白酶浓度(mg/mL)}=\frac{A_{280\ nm}\times\text{稀释倍数}}{1.35}$$

【实验结果】

1. 胰蛋白酶产率(mg/100 g猪胰脏)
2. 胰蛋白酶的总活性(BAEE单位)
3. 胰蛋白酶的比活性(u/mg)
4. 胰蛋白酶活性曲线

【参考文献】

[1] 周先碗，胡晓倩. 生物化学仪器分析与实验技术. 北京：化学工业出版社，2003

[2] 王重庆，李云兰，李德昌，陈劲秋，周先碗，郝福英，廖助荣，袁洪生. 高级生物化学实验教程. 北京：北京大学出版社，1994

[3] 张龙翔等. 生物化学实验方法和技术. 北京：高等教育出版社，1997

[4] 苏拔贤. 生物化学制备技术. 北京：科学出版社，1998

[5] 师治贤，王俊德. 生物大分子的液相色谱分离和制备. 北京：科学出版社，1999

实验 6 亲和层析纯化胰蛋白酶

鸡卵粘蛋白(ovomucoid, 简称 CHOM),是胰蛋白酶的天然抑制剂,在 pH 7.8～8.0的 Tris-HCl 缓冲溶液中两者发生专一性结合,将 CHOM 连接到载体层析介质上,胰蛋白酶就可与 CHOM 发生可逆性的结合,在适当条件下通过亲和层析就可以将胰蛋白酶与非胰蛋白酶成分分开,从而达到纯化的目的。

【实验目的】

本实验以自提的鸡卵粘蛋白为配基,偶联在已经活化的载体——琼脂糖凝胶层析介质(Sepharose 4B)上,制备成含有鸡卵粘蛋白配基的亲和层析介质(简称 CHOM-Sepharose 4B)。然后通过亲和层析法从胰脏的粗提取液中分离纯化猪胰蛋白酶。

【实验原理】

在适当条件下通过亲和层析就可以将胰蛋白酶与非胰蛋白酶成分分开,常用的载体活化与配基偶联的方法有环氧氯丙烷活化和溴化氰活化法。反应的基本原理如下:

一、环氧氯丙烷活化载体与蛋白质配基的偶联

载体(—OH, —OH) + 环氧氯丙烷 $Cl-CH_2-CH(-O-)CH_2$

↓活化

活化载体 $-O-CH_2-CH(-O-)CH_2$, —OH + 配基 NH_2-鸡卵粘蛋白

↓偶联

$-O-CH_2-CH(OH)-CH_2-NH$-鸡卵粘蛋白, —OH (亲和吸附剂) + 胰蛋白酶 (混合样品)

↓亲和结合

$-O-CH_2-CH(OH)-CH_2-NH$-鸡卵粘蛋白-胰蛋白酶, —OH (亲和结合复合物)

↓洗脱

$-O-CH_2-CH(OH)-CH_2-NH$-鸡卵粘蛋白, —OH (亲和吸附剂) + 胰蛋白酶 (纯化样品)

二、溴化氰活化载体与蛋白质配基的偶联

—OH —OH	+ CNBr	$\xrightarrow{NaOH}$	—O C=NH —O	+ NH_2-蛋白质	$\xrightarrow{NaOH}$	—O—C—NH-蛋白质 ‖ NH —OH
载体	溴化氰		活化载体	配基		亲和吸附剂

【器材与试剂】

一、器材

蛋白质核酸检测仪，紫外-可见分光光度计，循环水抽滤泵，电子天平，层析柱，微量加样器。

鸡卵粘蛋白。

二、试剂

环氧氯丙烷，1，4-二氧六环，标准胰蛋白酶，N-苯甲酰-L-精氨酸乙酯(BAEE)，甲酸，KCl，NaOH，Na_2CO_3，$NaHCO_3$，HCl，Tris，Sepharose 4B。

公用试剂：

(1) 10% pH 1.15 TCA 溶液　50 mL

(2) 0.05 mol/L pH 8.0 Tris-HCl 缓冲液(内含 0.2% $CaCl_2$)　200 mL

(3) 2 mmol/L BAEE 底物溶液　20 mL

(4) 1 mmol/L Trypsin 标准溶液　1 mL

(5) 2 mol/L NaOH 溶液　10 mL

(6) 5 mol/L NaOH 溶液　20 mL

(7) 2 mol/L H_2SO_4 溶液　20 mL

(8) 0.2 mol/L pH 6.6 PBS 缓冲液(稀释 10 倍使用)　150 mL

(9) 0.02 mol/L pH 6.6 PBS 缓冲液(内含 0.3 mol/L NaCl)　150 mL

(10) 0.5 mol/L HCl 溶液　150 mL

(11) 0.5 mol/L NaCl-0.5 mol/L NaOH 混合液　150 mL

(12) 3.5% pH 3.0 HAc 溶液　200 mL

(13) 0.1 mol/L pH 8.0 Tris-HCl 缓冲液(内含 0.5 mol/L KCl 和 0.2% $CaCl_2$) 200 mL

(14) 0.1 mol/L pH 2.5 甲酸溶液(内含 0.5 mol/L KCl)　100 mL

(15) 0.1 mol/L pH 9.5 Na_2CO_3-$NaHCO_3$ 缓冲液　50 mL

(16) 0.5 mol/L NaCl 溶液　150 mL

【实验步骤】

一、亲和介质合成

1. 琼脂糖凝胶层析介质(Sepharose 4B)的活化

(1) 琼脂糖凝胶层析介质的处理：称取 8 g Sepharose 4B，置于 G-3 玻璃烧结漏斗内，用 100 mL 1.0 mol/L NaCl 溶液抽洗(少量多次)，100 mL 蒸馏水抽洗，抽干后转移到 100 mL 三角瓶中备用。

(2) 活化剂配方：称取 8 g(湿重)Sepharose 4B，置于 100 mL 三角瓶中，依次加入 7 mL 蒸馏水，8 mL 1,4-二氧六环，6.5 mL 2 mol/L NaOH，1.5 mL 环氧氯丙烷，用塑料薄膜将瓶口封住。

(3) 活化条件：将盛有介质和活化剂的三角瓶，放入 45 ℃恒温水浴中，以 160 r/min 的转速振摇活化2 h。停止活化，取出三角瓶，将活化介质转移到 G-3 玻璃烧结漏斗内，抽去活化剂，用100 mL蒸馏水洗涤，少量多次，抽干，再将介质转移到 100 mL 干净的三角瓶中，准备偶联。

2. 偶联

称取约 100 mg 鸡卵粘蛋白，用 10 mL 0.1 mol/L pH 9.5 Na_2CO_3-$NaHCO_3$ 缓冲液充分溶解。取0.1 mL 稀释 30 倍后测定 $A_{280\,nm}$，计算溶液的鸡卵粘蛋白浓度。然后将溶解好的蛋白溶液，加入到 100 mL 三角瓶中与活化的 Sepharose 4B 混匀。在 40 ℃恒温水浴中，以 130～140 r/min 的转速振摇偶联 22 h 左右后，停止偶联。

3. 洗涤

取一个洗净的 500 mL 抽滤瓶，将已经偶联好的 Sepharose 4B 转移到 G-3 玻璃烧结漏斗内抽滤，收集滤液，测定滤液中剩余的鸡卵粘蛋白的含量。然后用 100 mL 1.0 mol/L NaCl 溶液和 100 mL 蒸馏水依次淋洗介质，最后用 20 mL 亲和层析洗脱液和 50 mL 蒸馏水分别淋洗，抽干。将亲和介质转移到 50 mL 小烧杯内，加入 20 mL 亲和层析平衡液，浸泡 20 min，脱气，装柱。

二、亲和层析

(1) 装柱：取一支层析柱(10 cm×1 cm)，将合成好的亲和层析介质 CHOM-Sepharose 4B 装入柱内，自然沉降至柱床体积稳定。

(2)平衡：以 0.1 mol/L pH 8.0 Tris-HCl 缓冲液(内含 0.5 mol/L KCl，50 mmol/L $CaCl_2$)平衡，待流出的平衡液经蛋白质核酸检测仪绘出的基线稳定，即可。

(3)上样：将已经激活的胰蛋白酶提取液，用 5 mol/L NaOH 精确调至 pH 8.0，滤纸过滤，取滤液上样。通过亲和介质的偶联量和胰蛋白酶粗提取液的比活性，计算出上样所需体积，计算方法如下：

$$上样体积(mL)=\frac{介质偶联\ mg\ 数\times 0.86\times 1.3\times 10^4(u/mg)}{胰蛋白酶粗提液浓度(mg/mL)\times 比活(u/mg)}\times 1.5$$

(4) 平衡：上完样以后，再以 0.1 mol/L pH 8.0 Tris-HCl 缓冲液(内含 0.5 mol/L KCl，50 mmol/L $CaCl_2$)平衡，洗去未被吸附的杂蛋白，直至流出的平衡液经蛋白质核酸检测仪绘出的基线稳定，即可。

(5) 洗脱：等平衡到基线稳定后，用 0.1 mol/L pH 2.5 甲酸-0.5 mol/L KCl 混合液洗脱，收集洗脱峰。

亲和层析分离胰蛋白酶层析图谱见图 6-1。

三、纯胰蛋白酶的活性测定

(1) 活性测定：胰蛋白酶活性测定方法见表 6-1。

(2) 计算公式：见实验 5。

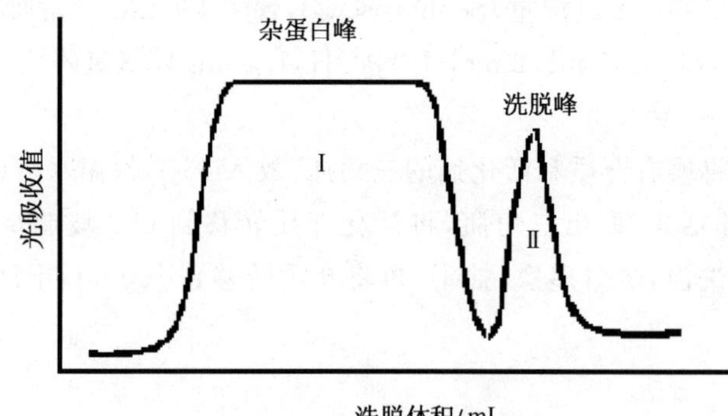

图 6-1 CHOM-Sepharose 4B 亲和层析分离胰蛋白酶层析图谱

表 6-1 胰蛋白酶测定加样顺序

试剂	空白	样品	备注
0.1 mol/L pH 8.0 Tris-HCl 缓冲液/mL	1.5	1.5	
2 mol/L BAEE 底物/mL	1.5	1.5	
1 mg/mL 纯胰蛋白酶/μL	—	5	
($\Delta A_{253\ \mathrm{nm}}$/min)			

【实验结果】

1. 亲和介质偶联率(mg/mL 介质)
2. 纯胰蛋白酶的比活性(BAEE u/mg)
3. 纯胰蛋白酶的总活性(BAEE u)
4. 胰蛋白酶活性回收率(纯酶总活性/粗酶总活性)
5. 亲和介质吸附率(mg/mL 介质)
6. 纯化倍数(纯酶比活/粗酶比活)
7. 纯胰蛋白酶活性曲线
8. 亲和层析分离曲线

【参考文献】

[1] 周先碗,胡晓倩. 生物化学仪器分析与实验技术. 北京：化学工业出版社，2003

[2] 王重庆,李云兰,李德昌,陈劲秋,周先碗,郝福英,廖助荣,袁洪生. 高级生物化学实验教程. 北京：北京大学出版社,1994

[3] 张龙翔等. 生物化学实验方法和技术. 北京：高等教育出版社,1997

[4] 苏拔贤. 生物化学制备技术. 北京：科学出版社,1998

[5] 师治贤,王俊德. 生物大分子的液相色谱分离和制备. 北京：科学出版社,1999

实验 7 胰蛋白酶动力学测定

本实验是以苯甲酰-L-精氨酰-对硝基苯胺(benzoyl-L-arginine-*p*-nitroanilide,简称 BAPNA 或 BAPA)为底物,以苯甲脒为抑制剂的胰蛋白酶的酶促反应。

【实验目的】

通过本实验,了解米氏公式及其重要常数的意义,掌握这些常数的某些测定方法;初步掌握酶抑制反应类型的判别方法和抑制常数的测定方法;了解胰蛋白酶的一些动力学特性。

【实验原理】

酶促反应动力学是研究酶促反应的速度以及各种因素,如底物浓度、酶浓度、抑制剂和激活剂、pH 和温度等对酶促反应速度影响的科学。对酶促反应动力学的研究有助于了解酶与底物的结合机制和作用方式,它是研究酶的结构与功能关系的一个重要方面。

为了寻找有利的反应条件,更大限度地提高酶反应的效率,需要从事酶动力学的研究。另外,生物机体的新陈代谢是由一系列的酶促生化反应构成的,对酶的激活和抑制机理的研究,有助于探讨某些代谢疾病的发病机理和治疗方法,从而进一步阐明相应的药物作用机理,以便寻找或设计更高效、安全的药物。总之,对酶促动力学的研究、掌握酶促反应的规律是酶学研究中一个既有理论意义又有实践价值的课题。

研究酶的底物浓度对酶促反应速度的影响,称为酶的底物动力学。在单底物动力学的研究中,在一定条件下底物浓度与酶促反应速度的关系一般符合米氏(Michaeelis-Menten)理论。

根据中间产物学说,一个单底物的酶促反应可用下式表示:

$$\mathrm{E}+\mathrm{S} \underset{k_2}{\overset{k_1}{\rightleftharpoons}} \mathrm{ES} \xrightarrow{k_3} \mathrm{E}+\mathrm{P} \tag{1}$$

式中 E、S、ES 和 P 分别表示酶、底物、中间产物和产物,k_1,k_2,k_3 为各个反应的反应速率常数。

假设酶与底物的反应符合“快速平衡学说”,按照稳态平衡(Steady-State)理论,式(1)可以推导出米氏方程式:

$$v=\frac{V_{\mathrm{max}}\cdot[\mathrm{S}]}{K_{\mathrm{m}}+[\mathrm{S}]} \tag{2}$$

式中,v 为初速度(摩尔浓度变化/分钟),V_{max}为最大反应速度,[S]为底物浓度(摩尔浓度),K_{m}为米氏常数(摩尔浓度)。

式(2) 中的 K_{m} 即米氏常数,是酶的特征常数,它只与酶的性质和催化机理有关而与酶的浓度无关,不同酶的 K_{m} 不同。但 K_{m} 不是绝对常数,底物种类、pH、温度、抑制剂和激活剂等因素都会影响其数值。

根据米氏方程式(2),用底物浓度对速度 v 作图,可形成一条双曲线(见图 7-1)。

当反应速度 v 为最大反应速度 V_{max}的一半时(即 $v=V_{\mathrm{max}}/2$),将 v 代入式(2),可得:

$$\frac{1}{2}V_{max}=\frac{V_{max}\cdot[S]}{K_m+[S]}$$

则 $$K_m=[S]$$

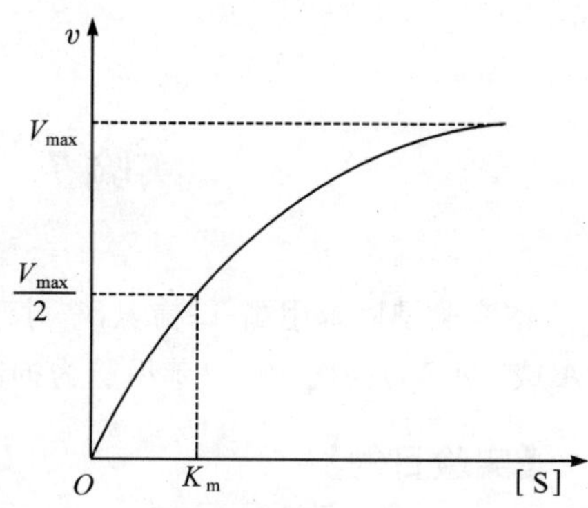

图 7-1 酶反应速度与底物浓度的关系

由此可看出 K_m 的物理意义，即 K_m 是当酶促反应速度达到最大反应速度一半时的底物浓度。在条件恒定的情况下，当米氏常数等于酶促反应的平衡常数(即 k_3 很小可忽略不计)时，K_m 的大小反应了底物与酶的亲和能力。K_m 愈小，达到最大反应速度所需的底物浓度就愈小，则底物与酶的亲和力就愈大。当一系列不同的酶催化一个代谢过程的连锁反应时，如能确定各酶的 K_m 及其相应的底物浓度，就可有助于寻找这个代谢过程的限速步骤。在实际应用中也可根据该酶的 K_m，计算出在某一底物浓度时，酶促反应速度相当于 V_{max} 的百分率。

例如，当$[S]=3K_m$ 时，

$$v=\frac{V_{max}\cdot 3K_m}{K_m+3K_m}=\frac{3}{4}V_{max}=75\%V_{max}$$

反之，为要达到最大反应速度的某一百分率，可同样按上法推出所需的底物浓度。

将米氏方程加以变换，可得到多种形式的直线方程，从而可用图解法求得 K_m，V_{max} 等酶促反应的重要常数。

本实验采用下列方程，用 Hanes 作图法求 K_m。

$$\frac{[S]}{v}=\frac{K_m}{V_{max}}+\frac{1}{V_{max}}\cdot[S] \tag{3}$$

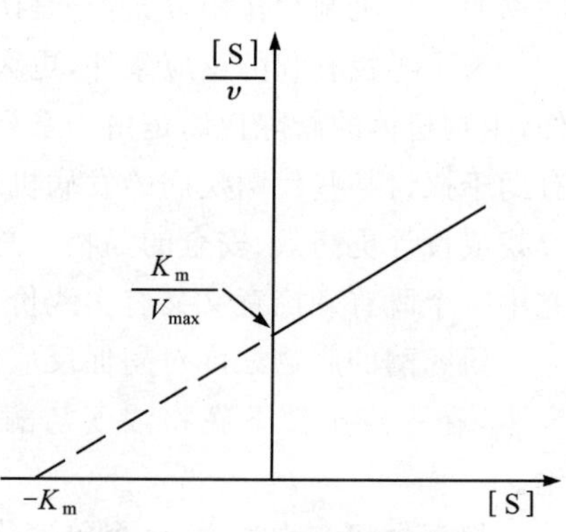

图 7-2 Hanes 作图法

以$[S]/v$ 对$[S]$作图，得一直线(图 7-2)，其横轴截距为$-K_m$，纵轴截距为 K_m/V_{max}，斜率为 $1/V_{max}$，进而可求出催化常数 K_{cat} ($K_{cat}=V_{max}/[E_0]$)以及特异常数 K_{cat}/K_m。

抑制剂是能降低酶促反应速度，但不引起酶蛋白变性的一类化合物。抑制剂对酶的抑制作用可分为可逆抑制与不可逆抑制，可逆抑制又根据抑制剂与底物的关系分为竞争性抑制(competitive inhibition)、非竞争性抑制(noncompetitive inhibition)和反竞争性抑制。根据米氏理论，可推出酶可逆抑制的动力学方程。

一、竞争性抑制

抑制剂和底物彼此竞争性地与酶结合，从而影响了底物与酶的结合。底物和抑制剂与酶的结合均是可逆的，存在下列平衡：

$$\begin{array}{l} E+S \underset{k_2}{\overset{k_1}{\rightleftharpoons}} ES \xrightarrow{k_3} E+P \\ + \\ I \\ k_{i1}\Big\Updownarrow k_{i2} \\ EI \end{array} \tag{4}$$

由此平衡可得到下列方程：

$$v=\frac{V_{max}\cdot[S]}{K_m\left(1+\frac{[I]}{K_i}\right)+[S]} \tag{5}$$

上两式中：I 代表抑制剂，[I]为抑制剂浓度(摩尔浓度)，k_{i1}，k_{i2} 为抑制剂反应速率常数，K_i 为抑制常数(摩尔浓度)。将式(5)变为双倒数方程，即

$$\frac{1}{v}=\frac{K_m}{V_{max}}\left(1+\frac{[I]}{K_i}\right)\frac{1}{[S]}+\frac{1}{V_{max}} \tag{6}$$

在不同[I]下，以 $1/v$ 对 $1/[S]$ 作图，可得到一组相交于纵轴的直线(图 7-3)。

在图 7-3 中，K'_m 为存在抑制剂浓度[I]情况下的米氏常数，$K'_m=K_m(1+[I]/K_i)$，直线在纵轴上的共同截距为 $1/V_{max}$。由图可见，竞争性抑制剂影响酶和底物的结合，使 K'_m 随[I]的增加而增加，不是一个恒定的常数，称为表观米氏常数，但 V_{max} 不变。

若在不同[S]下，以 $1/v$ 对[I]作图，可得到另一组相交直线(图 7-4)，其交点横坐标为 $-K_i$。

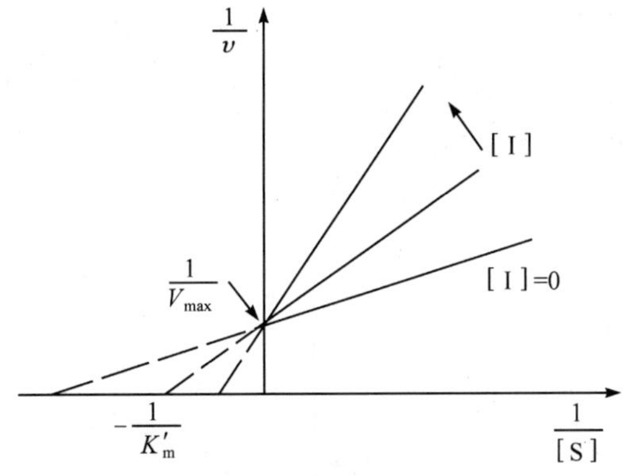

图 7-3 竞争性抑制双倒数作图法

随抵制剂浓度[I]的增加，斜率增加

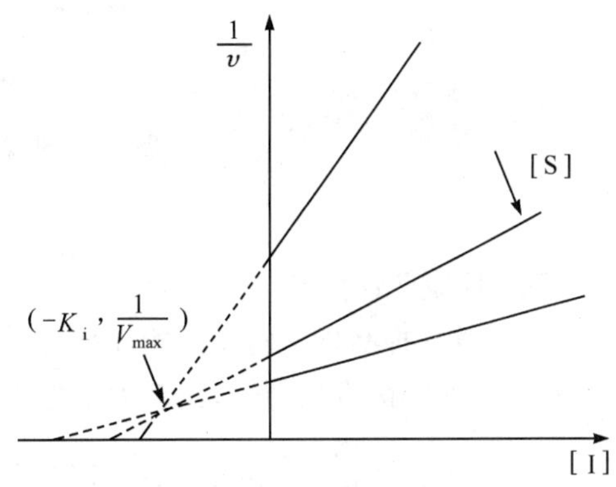

图 7-4 Dixon 作图法

随底物浓度[S]的增加，斜率减小

二、非竞争性抑制

抑制剂与酶的结合不影响底物与酶的结合，两者没有竞争作用，但整个酶促反应速度受到影响。它们之间存在下列平衡：

$$\begin{array}{c} E \underset{-I}{\overset{+I}{\rightleftharpoons}} EI,\quad EI \underset{-S}{\overset{+S}{\rightleftharpoons}} EIS \not\rightarrow \text{产物} \\ E \underset{-S}{\overset{+S}{\rightleftharpoons}} ES,\quad ES \underset{-I}{\overset{+I}{\rightleftharpoons}} EIS \\ ES \rightarrow E + P \end{array} \tag{7}$$

由以上平衡可推出动力学方程：

$$\frac{1}{v}=\frac{K_m}{V_{max}}\left(1+\frac{[I]}{K_i}\right)\frac{1}{[S]}+\frac{1}{V_{max}}\left(1+\frac{[I]}{K_i}\right) \tag{8}$$

在不同[I]下，以 $1/v$ 对 $1/[S]$ 作图，可得到一组相交于横轴的直线(图 7-5)，此组直线在横轴上的共同截距为 $-1/K_m$。由此可见，由于非竞争性抑制剂不影响酶和底物的结合，K_m 不变，但 V'_{max} 变小。

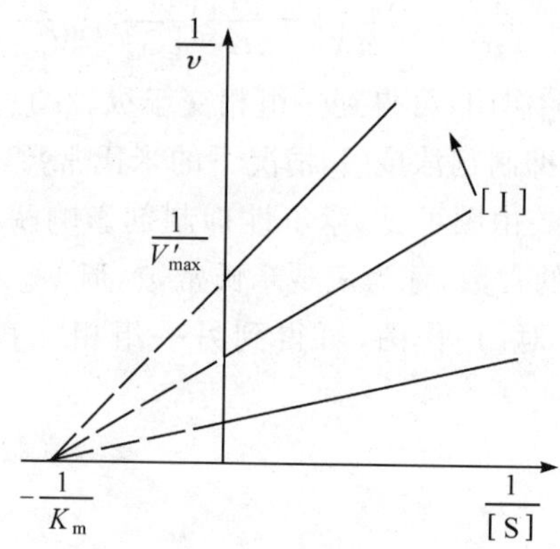

图 7-5 非竞争性抑制双倒数作图法

三、反竞争性抑制

反竞争性抑制指抑制剂只能和酶与底物的复合物 ES 结合，而不能和酶直接结合，其动力学方程是

$$\frac{1}{v}=\frac{K_m}{V_{max}}\cdot\frac{1}{[S]}+\frac{1}{V_{max}}\left(1+\frac{[I]}{K_i}\right) \tag{10}$$

将 $1/v$ 对 $1/[S]$ 作图(图 7-6)，由图可见，在反竞争性抑制剂的情况下，K'_m 和 V'_{max} 值都变小。

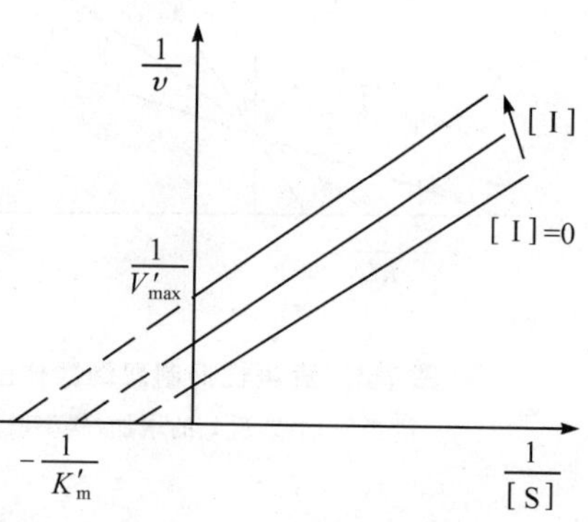

图 7-6 反竞争性抑制双倒数作图法

因此，可在几组不同抑制剂浓度下，测定初速度与底物浓度的关系，然后作出 $1/v$-$1/[S]$ 图，看其符合图 7-3，图 7-5，图 7-6 中的哪一种，从中可判断出此抑制剂属于可逆抑制中的哪种类型。

四、可逆抑制与不可逆抑制的判断

可逆抑制剂与酶的结合建立在解离平衡基础上，可用透析等物理方法解除或减轻抑制作用；不可逆抑制与酶活性基团以共价键方式结合牢固，无法用透析等物理方法解除。

区别这两大类抑制作用，除可用透析、超滤或凝胶过滤等方法除去抑制剂，以观察活性恢复情况外，还可采用动力学的作图法，如在不同浓度的抑制剂情况下，将每一个抑制剂浓度都作一条初速度对酶浓度的关系图，就可能有图 7-7，图 7-8 所示的两种情况。

由于可逆抑制剂的作用并没有降低酶的浓度，而只是降低了酶的活性，而且降低的程度随加入抑制剂浓度的增加而加剧，如图 7-7 所示；对于不可逆抑制作用，由于加入的抑制剂与酶结合牢固，因而降低了酶的浓度，但不影响游离酶的活性，如图 7-8 所示：随着抑制剂浓度的增加，有效酶浓度降低，酶活不变，得到一组向右平移的平行线。

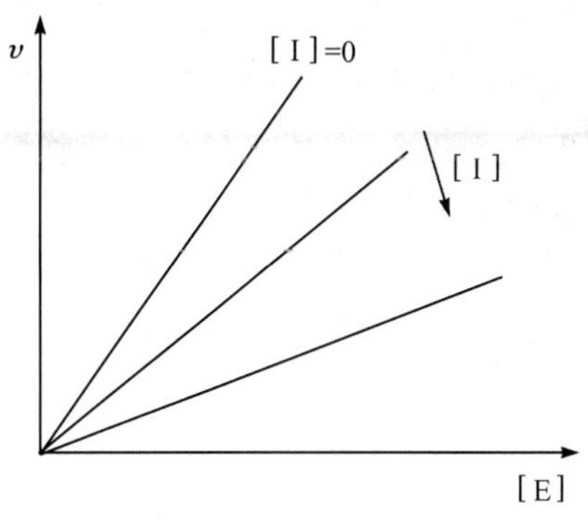

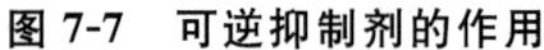

图 7-7 可逆抑制剂的作用

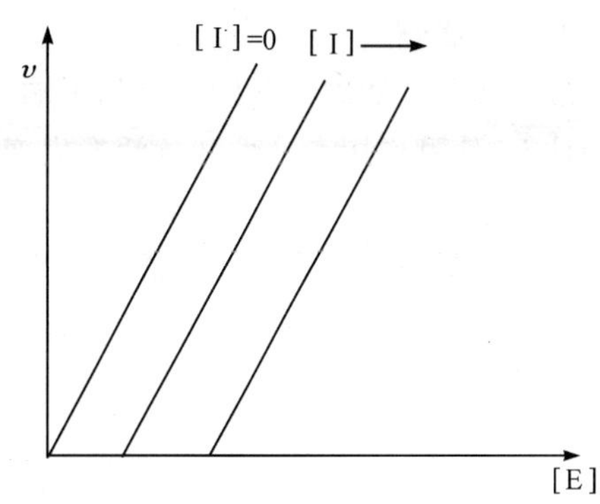

图 7-8 不可逆抑制剂的作用

五、时间-光吸收曲线测酶反应初速度

米氏方程式(2)中的 v 是指酶促反应的初速度，而在本实验测定胰蛋白酶的 K_m，K_i 时，我们采用了终止反应法，即在反应 2 min 后终止反应，再测定反应体系的 $A_{410\ nm}$，所求得的反应速度是 2 min 内的平均速度。实验证明，此酶促反应时间-光吸收曲线的前 2 min 基本成直线，因此平均速度与反应初速度可近似相等。

若通过绘制时间-光吸收曲线($A_{410\ nm}$-t 图)，直接求反应初速度时，可按下述实验方法进行：在比色杯中，先加入 3 mL 0.05 mol/L pH 8.1 Tris-HCl 缓冲液(含 0.2% $CaCl_2$)溶解的各个浓度的 BAPA 溶液和抑制剂，混匀后加入约 45 μg 胰蛋白酶(比活>1.0×10^4BAEE u/mg 胰蛋白)溶液后，立即混匀，每隔 30 s 读一次 $A_{410\ nm}$，读 3～4 min，作各种底物浓度下的 $A_{410\ nm}$-t 图，由图上双曲线初始部分的切线斜率求得 v。

六、影响酶反应速度的主要因素

1. 温度影响

温度对酶反应速度的影响主要可归结为两个方面：一方面是酶作为一种生物催化剂，具有普通无机催化剂一样的特性，即催化效率随温度的升高而增加；另一方面，酶促反应又具有生物学特性，反应温度升高到一定程度，随着酶蛋白变性，便会逐步以至完全失去其催化活力。所以，酶促反应的最适温度是综合以上两方面效应的结果。

可通过测定不同温度下的酶活力，绘制酶活力-温度图，以确定特定酶反应的最适温度(图 7-9)。

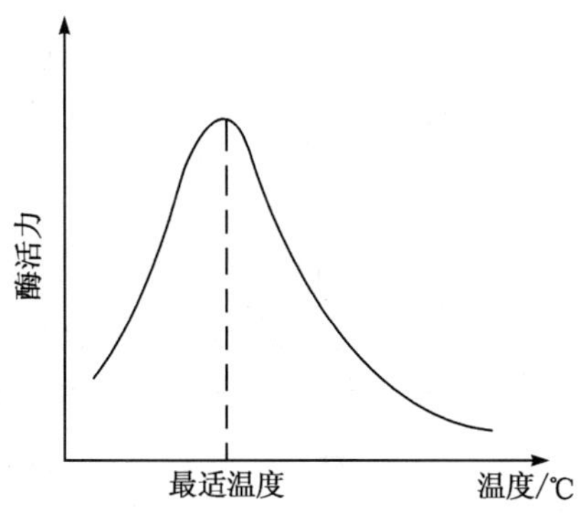

图 7-9 酶反应温度曲线

2. pH 影响

反应体系的酸碱度对酶活力的影响是多方面的，如影响到酶的分子构象，从而影响酶活性中心性能，使酶作用专一性和酶活发生变化；影响酶的解离状态，而往往只有一种解离状态是最适合酶促反应的，极端 pH 条件对酶还会引起不可逆的破坏。

酶反应最适 pH 是多种因素综合效应的结果，不仅与酶分子本身有关，而且与底物性质、浓度、反应液成分，甚至反应温度都有关系，是一个在一定条件下才有意义的相对值(图 7-10)。

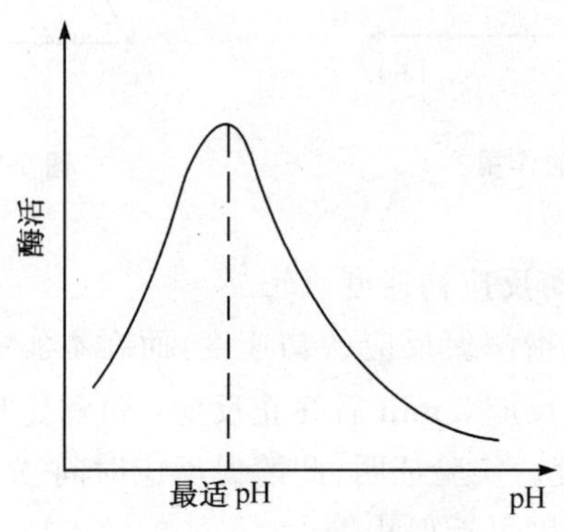

图 7-10 酶反应 pH 曲线

本实验研究胰蛋白酶的动力学，该酶能催化水解由碱性氨基酸的羧基所形成的肽键、酰胺键和酯键，水解活性酯键＞酰胺键＞肽键。通常用酪蛋白为底物测肽酶活力；用苯甲酰-L-精氨酰-对硝基苯胺(BAPA)和苯甲酰-L-精氨酰-β-萘酰胺(BANA)为底物测定酰胺酶活力；用苯甲酰-L-精氨酸乙酯(BAEE)、甲苯磺酰-L-精氨酸甲酯(TAME)为底物测定酯酶活力。

本实验用 BAPA 为底物，反应最适 pH 为 8.1，水解反应式如下：

$$\text{BAPA: } H_2N{-}C(=NH){-}NH{-}(CH_2)_3{-}CH[NH{-}C(=O){-}C_6H_5]{-}C(=O){-}NH{-}C_6H_4{-}NO_2 \xrightarrow[\text{胰蛋白酶}]{H_2O} \text{BA: } H_2N{-}C(=NH){-}NH{-}(CH_2)_3{-}CH[NH{-}C(=O){-}C_6H_5]{-}C(=O){-}OH + NH_2{-}C_6H_4{-}NO_2 \qquad (9)$$

BAPA 最大光吸收在 315 nm 处，高于 400 nm 几乎无任何吸收，而对硝基苯胺则在 380 nm 处有最大光吸收。随着水解反应的进行，产物对硝基苯胺的增加，使溶液逐渐由无色变为黄色，通过检测反应体系 410 nm 处的光吸收，可测得酶活性。

当 L-BAPA 浓度低于 5×10^{4} mol/L 时，此酶促反应符合米氏公式，可用 Hanes 作图法(见图 7-2)求得 K_m 等动力学常数。在 pH 8.15，15 ℃实验条件下，K_m 文献值为 0.939×10^{-3} mol/L。

胰蛋白酶的抑制剂可分为 3 类：蛋白抑制剂、竞争性抑制剂和活性中心滴定剂。胍、脒类化合物是胰蛋白酶、酰胺酶活性的竞争性抑制剂。本实验以苯甲脒为胰蛋白酶的抑制剂，用双倒数作图法和 Dixon 作图法（见图 7-3 和图 7-4）求得 K_i，并判断抑制反应类型。在 pH 8.15，15 ℃实验条件下，K_i 文献值为$(1.66\pm0.2)\times10^{-5}$ mol/L。

【器材与试剂】

一、器材

紫外-可见分光光度计，可调 25 ℃电恒温水浴，分析天平，秒表，容量瓶，移液管，微量注射器。

二、试剂

(1) 0.1 mol/L pH 8.1 Tris-HCl 缓冲溶液（含 0.4% $CaCl_2$）：取 100 mL 0.2 mol/L Tris（M_r=121.14）溶液与 52.4 mL 0.2 mol/L HCl 溶液混匀后，加入 0.8 g $CaCl_2$，用蒸馏水定容至 200 mL（用 pH 计检查校正 pH）。

(2) 1 mmol/L DL-BAPA（M_r=434.9）水溶液：称取 43.49 mg BAPA，用水溶解并加热至 80 ℃以上，待完全溶解后，置冰水中迅速冷却，最后用蒸馏水定容至 100 mL。使用时，用蒸馏水稀释成 0.8，0.6，0.4 mmol/L 各 25 mL；0.2，0.1 mmol/L 各10 mL（需用容量瓶定容）。

(3) 1 mmol/L 苯甲脒溶液：称取 19.25 mg 苯甲脒（M_r=192.5），先用少量蒸馏水溶解，然后定容至 100 mL。

(4) 60%(V/V)乙酸溶液。

(5) 胰酶溶液（该酶的比活>1.0×10^4 BAEE u/mg 蛋白酶）。

【实验步骤】

一、底物浓度对胰蛋白酶水解速度的影响——K_m 的测定

将试管编号，然后按表 7-1 加样。

表 7-1 K_m 的测定加样表

管号	组别	BAPA 底物原浓度/(mmol·L^{-1})	BAPA 底物终浓度/(mmol·L^{-1})	加入 BAPA 底物体积/mL	Tris-HCl 缓冲液体积/mL	胰蛋白酶体积/μL
1	Ⅰ	0.1	0.05	2.0	1.6	
2				2.0	1.5	
3	Ⅱ	0.2	0.1	2.0	1.6	
4				2.0	1.5	
5	Ⅲ	0.4	0.2	2.0	1.6	
6				2.0	1.5	
7	Ⅳ	0.6	0.3	2.0	1.6	
8				2.0	1.5	
9	Ⅴ	0.8	0.4	2.0	1.6	
10				2.0	1.5	
11	Ⅵ	1.0	0.5	2.0	1.6	
12				2.0	1.5	

注：表中，1，3，5，7，9，11 号管为对照管；2，4，6，8，10，12 号管为测定管。计算加酶的量后，补水定容至相同体积4.0 mL。

将加好样的试管在恒温水浴 28～30 ℃中放置 2 min 以上。待恒温后，向测定管中加入约

60 μg 胰蛋白酶(该酶的比活>1.0×10^4BAEE u/mg 蛋白酶,25 ℃),立即摇匀,记时。反应 2 min 后,加入 0.4 mL 60%(V/V)的乙酸溶液,终止反应,以相应对照管调空白,在紫外分光光度计上测定各管的光吸收值 $A_{410\ nm}$。BA 的消光系数为 8800×10^{-3} mol/L,反应时间为 60×2 s。v 可以由下面公式计算:

$$v(\mathrm{mmol\cdot L^{-1}\cdot s^{-1}})=\frac{A_{410\ \mathrm{nm}}}{8800\times10^{-3}\times60\times2}$$

用 Hanes 作图法,以[S]/v 对[S]作图,求 K_m,V_{max},K_{cat},K_{cat}/K_m。

二、抑制剂对胰蛋白酶水解速度的影响——抑制类型的判定及 K_i 的测定

将试管编号,然后按表 7-2 加样。

表 7-2 K_i 测定加样表

管号	组别	底物原浓度/(mmol·L⁻¹)	底物终浓度/(mmol·L⁻¹)	底物体积/mL	缓冲液体积/mL	抑制剂体积/μL	抑制剂终浓度/(mmol·L⁻¹)
1	Ⅰ	0.4	0.2	2.0	1.6	—	—
2					1.5	10	0.025
3						20	0.050
4						40	0.100
5						80	0.200
6	Ⅱ	0.6	0.3	2.0	1.6	—	—
7					1.5	10	0.025
8						20	0.050
9						40	0.100
10						80	0.200
11	Ⅲ	0.8	0.4	2.0	1.6	—	—
12					1.5	10	0.025
13						20	0.050
14						40	0.100
15						80	0.200
16	Ⅳ	1.0	0.5	2.0	1.6	—	—
17					1.5	10	0.025
18						20	0.050
19						40	0.100
20						80	0.200

注:表中的 1,6,11,16 号管为空白,其余为样品管。计算加酶和抑制剂的量后,补水定容至相同体积 4.0 mL。

其后测定步骤与 K_m 相同。求得 v 后,也可用双倒数作图法,在不同苯甲脒浓度([I])下以 1/v 对 1/[S]作图,判断抑制反应类型;用 Dixon 作图法,作不同[S]下的 1/v -[I]图 (可包括[I]=0 时的 1/v 点),求 K_i。

【结果讨论与注意事项】

一、底物 BAPA 的另一种配制方法

若要直接配制成用 0.05 mol/L pH 8.1 Tris-HCl 缓冲液(含 0.2% $CaCl_2$)溶解的 BAPA 溶液,可先用少量二甲酰胺(使终浓度约为 1%~2%)溶解 BAPA 固体,溶解温度高于 65 ℃,

待完全溶解后加入预热(>25 ℃)的 0.05 mol/L pH 8.1 Tris-HCl 缓冲液(含 0.2%$CaCl_2$)。该法配制的 BAPA 溶液需在 25 ℃以上保存,保存时间最好不超过 48 h。

二、实验结果的几点说明

在用 Hanes 作图法求 K_m 时,[S]=0.05 mmol/L,[S]=0.5 mmol/L 的两个实验点常易偏离直线,这是因为米氏公式只适用于一定的底物浓度范围。对[S]=0.5 mmol/L 点,底物浓度已接近临界点,容易使坐标点发生偏离;而对[S]=0.05 mmol/L 点,则因底物浓度较低,配制溶液时易出现较大的误差。

本实验是一个定量实验,为了获得理想的实验结果,要尽量减少人为的实验操作误差,为此,应注意以下几点:即配制各浓度底物溶液时,相对浓度要准确,最好以同一母液进行稀释,各管的加样量要准确,起始反应和终止反应的时间要准确。

【参考文献】

[1] 周先碗,胡晓倩. 生物化学仪器分析与实验技术. 北京:化学工业出版社,2003

[2] 王重庆,李云兰,李德昌,陈劲秋,周先碗,郝福英,廖助荣,袁洪生. 高级生物化学实验教程. 北京:北京大学出版社,1994

[3] 苏拨贤. 生物化学制备技术. 北京:科学出版社,1998

[4] 师治贤,王俊德. 生物大分子的液相色谱分离和制备. 北京:科学出版社,1999

实验8 蛋白质N-末端氨基酸分析

二甲氨基萘磺酰氯(Dansy-Cl,简称DNS-Cl)在碱性条件下与氨基酸的氨基或蛋白质、多肽的N-末端氨基酸的氨基结合,生成抗水解的、稳定的、有荧光的DNS-氨基酸。经薄层层析,可借其荧光以鉴定不同氨基酸或确定蛋白质、肽的N-末端氨基酸残基。

【实验目的】

本实验要求掌握DNS法测定蛋白质、肽的氨基酸组成和N-末端氨基酸残基的原理和技术;掌握薄层层析技术。

【实验原理】

一、反应机理

DNS-Cl在碱性条件里与蛋白质和肽的α-氨基酸的氨基起反应,生成带有荧光的、稳定的DNS-氨基酸,其反应如下:

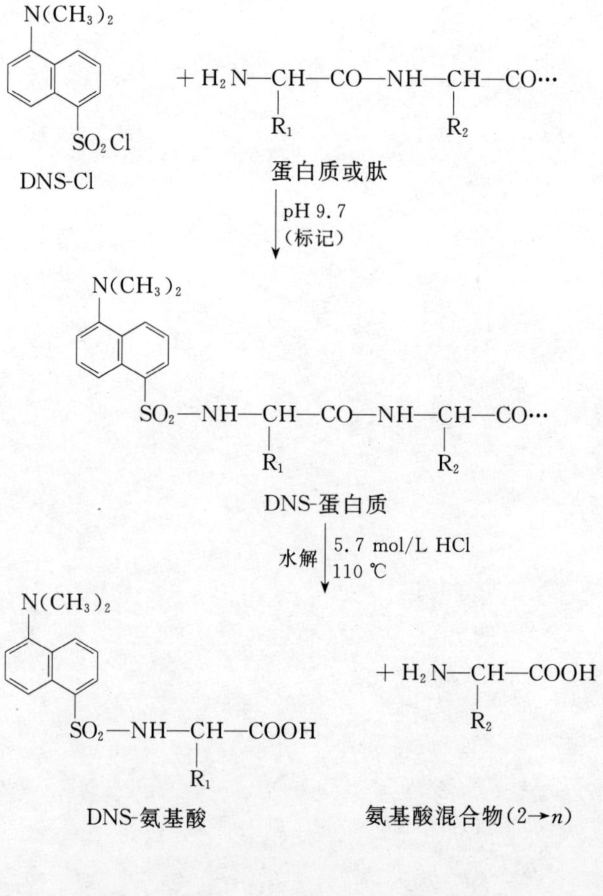

$N(CH_3)_2$

SO_2Cl

DNS-Cl

$+ H_2N—CH(R_1)—CO—NH—CH(R_2)—CO\cdots$

蛋白质或肽

pH 9.7
(标记)

$N(CH_3)_2$

$SO_2—NH—CH(R_1)—CO—NH—CH(R_2)—CO\cdots$

DNS-蛋白质

水解 5.7 mol/L HCl
110 ℃

$N(CH_3)_2$

$SO_2—NH—CH(R_1)—COOH$

DNS-氨基酸

$+ H_2N—CH(R_2)—COOH$

氨基酸混合物(2→n)

蛋白质在水解前与DNS-Cl反应,产生DNS-蛋白质,它标记在N-末端氨基酸残基上,经水解和薄层层析而测知是何种氨基酸。蛋白质水解后与DNS-Cl反应,标记的是蛋白质的氨基酸组成成分,如图8-1和图8-2所示。这是一种较为简便的、适用的蛋白质的氨基酸组成分析的方法。

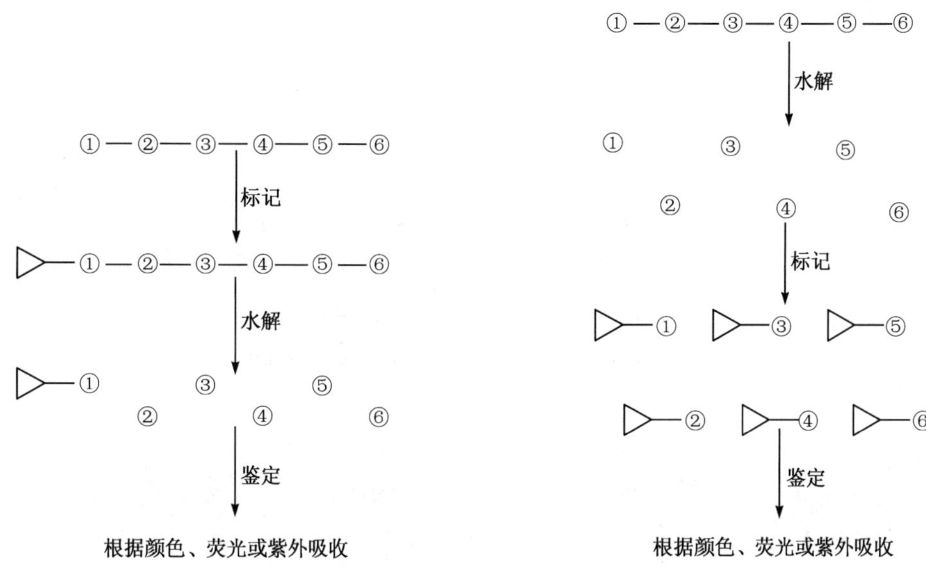

图8-1 蛋白质N-末端残基的测定

图8-2 蛋白质的氨基酸组分的测定

DNS-蛋白质水解产物中包括下列DNS-衍生物:相当于N-末端的DNS-α-氨基酸,从链内赖氨酸及酪氨酸残基形成的DNS-ε-赖氨酸和DNS-O-酪氨酸,这些衍生物相当稳定。此外,DNS-Cl还与溶液中的氨起反应生成DNS-NH_2;DNS-磺酰胺以及DNS-Cl水解生成DNS-OH(DNS-磺酸)。

此法与氟二硝基苯法(FDNB)相比,有两个突出的优点:水解产物无需提取,可用电泳或层析法直接鉴定氨基酸;灵敏度高,DNS-氨基酸的最大荧光激发值约为550 nm,由于其荧光十分强烈,1~5 nmol/L或0.2~1.0 nmol/L DNS-衍生物即可分别用低电泳或薄层层析容易地检测。

DNS-Cl能与所有的氨基酸生成具荧光的衍生物。其中赖氨酸、组氨酸、酪氨酸、天冬酰胺等氨基酸可与DNS-Cl生成双DNS-氨基酸衍生物。这些氨基酸相当稳定,可用于蛋白质的氨基酸组成的微量分析,灵敏度达10^{-9}~10^{-10} mol。比茚三酮法高10倍以上,比过去常用的氟二硝基苯法高100倍。

DNS-蛋白质(或肽),在5.7 mol/L HCl,110 ℃水解16~20 h,DNS-蛋白质的肽键被打开。由于DNS基团与氨基之间的键结合牢固,绝大部分DNS-氨基酸都抗水解。除DNS-色氨酸全部被破坏,DNS-脯氨酸(77%)、DNS-甲硫氨酸(35%)、DNS-苏氨酸(30%)、DNS-甘氨酸(18%)、DNS-丙氨酸(7%)部分被破坏外,其余DNS-氨基酸很少被破坏。

DNS-Cl与蛋白质的侧链基团巯基、咪唑基、ε-氨基和酚反应,前两者在酸碱条件下均不稳定,酸水解时完全破坏;DNS-ε-赖氨酸和DNS-O-酪氨酸较稳定,同时还有DNS-双-赖氨酸和DNS-双-酪氨酸生成,展层后在层析图谱的位点上,都与DNS-α-氨基酸有区别。

DNS-Cl 在 pH 过高时，水解产生副产物 DNS-OH，即

$$\text{DNS-Cl} + H_2O \longrightarrow \text{DNS-OH}$$

（DNS-Cl：$N(CH_3)_2$—萘—SO_2Cl；DNS-OH：$N(CH_3)_2$—萘—SO_2OH）

在 DNS-Cl 过量时，会产生 DNS-NH_2，即

$$N(CH_3)_2\text{-萘-}SO_2Cl + N(CH_3)_2\text{-萘-}SO_2\text{—NH—CH(}R_1\text{)—COOH}$$

$$\downarrow$$

$$N(CH_3)_2\text{-萘-}SO_2\text{—O—}\overset{O}{\overset{\|}{C}}\text{—CH(}R_1\text{)—NH—}SO_2\text{-萘-}N(CH_3)_2 + HCl$$

$$\downarrow OH^-$$

$$N(CH_3)_2\text{-萘-}SO_2 + CO + H\text{—}\underset{R_1}{C}\text{=O} + N(CH_3)_2\text{-萘-}SO_2\text{—}NH_2\ (\text{DNS—}NH_2)$$

DNS-OH 在紫外光下产生蓝色荧光，DNS-NH_2 的位点往往和丙氨酸重合，在本实验条件下，需要进行第三相展层。

根据鉴定方法需要，DNS-Cl 丙酮溶液的浓度为 5 mmol/L（约 2.0 mg/mL），保存在棕色瓶中，置避光处防止分解。样品浓度大约 1 mmol/L。反应液要求丙酮浓度 50%，pH 8.5～9.8，以保证游离氨基等功能团非质子化。在 37 ℃保温，黄色消退表示反应完全（一般需要约 1 h 左右），混合物中含有较多的 DNS-OH，最好除去副产物后再进行水解 DNS-蛋白质。蒸干除去丙酮，加 5.7 mol/L HCl，真空条件下封管口，在 110 ℃水解 20 h，除去残留的 HCl，加丙酮溶解，点样层析。在紫外灯下鉴定荧光产物，同标准图谱比较，可区分未知 DNS-氨基酸的种类。根据氨基酸的种类和数量可提供被测蛋白质或肽样品的纯度、肽链的数量和 N-末端氨基酸的性质等参数。

用聚酰胺薄层层析法鉴定 DNS-氨基酸，展层后可鉴定所有的 DNS-氨基酸。聚酰胺是一类锦纶的化学纤维原料（或称尼龙）。由己二酸与己二胺聚合而成的叫做锦纶 66：

$$n\text{HOOC(}CH_2)_4\text{COOH} + nH_2N(CH_2)_6NH_2 \longrightarrow \cdots\text{—NH—}\underset{\|}{\overset{}{C}}\text{—(}CH_2)_4\text{—}\underset{\|}{C}\text{—NH(}CH_2)_6\text{NH—}\underset{\|}{C}\text{—}\cdots$$

（各 C 下方为 =O）

由己丙酰胺聚合而成的称锦纶 6：

$$n\ \left[\begin{matrix} CH_2\text{—}CH_2\text{—}CH_2 \\ CH_2\text{—}CH_2\text{—}\underset{\|}{C}(=O) \end{matrix}\right]\text{NH} \longrightarrow \left[\text{NH(}CH_2)_5\underset{\|}{C}(=O)\right]_n$$

聚酰胺薄膜是将锦纶涂于涤纶片上制成，这类聚合物含有大量酰胺基团，所以称为聚酰胺薄膜。其酰胺基团可与被分离物质之间形成氢键，因此对极性物质有很强的吸附作用。被分离物质与酰胺基团形成氢键能力的强弱，确定了吸附能力的差异。在层析过程中，展层溶剂与被分离物质在聚酰胺表面竞相形成氢键，选用适当的展层溶剂，使被分离的各种物质在溶剂与聚酰胺表面之间的分配系数有较大差异，经过吸附与解吸的展层过程，形成一个分离顺序，彼此分开(图 8-3)。选择适当的溶剂系统在 5 cm×5 cm 大小的薄膜上双向层析，大部分氨基酸可有效地分开。用过的废膜用丙酮和浓氨水(25%～28%)按 9∶1(*V*/*V*)混合，或丙酮和 90%甲酸按 9∶1(*V*/*V*)混合的混合液浸泡 6 h，除污后再用甲醇洗净晾干，重新使用效果良好。

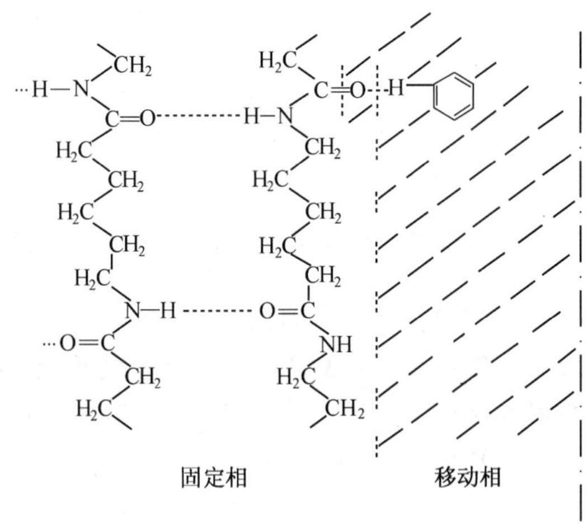

图 8-3 聚酰胺薄膜作为分离的固定相

二、混合标准 DNS-氨基酸图谱

(1) DNS-氨基酸混合样品，经双向展层后大部分可得到分离(如图 8-4)，第Ⅰ相用溶剂系统(1)(参见“器材与试剂”)，第Ⅱ相用溶剂系统(2)。

(2) DNS-天冬氨酸(Asp)和 DNS-谷氨酸(Glu)，DNS-丝氨酸(Ser)和 DNS-苏氨酸(Thr)，DNS-精氨酸(Arg)和 DNS-组氨酸(His)，DNS-α-赖氨酸(Lys)和 DNS-ε-赖氨酸(Lys)可能分不开；DNS-丙氨酸(Ala)和 DNS-NH_2 也可能重叠在一起。为了分离这些 DNS 化的氨基酸，可用溶剂系统(3)在第Ⅱ相再展层一次(图 8-5)。

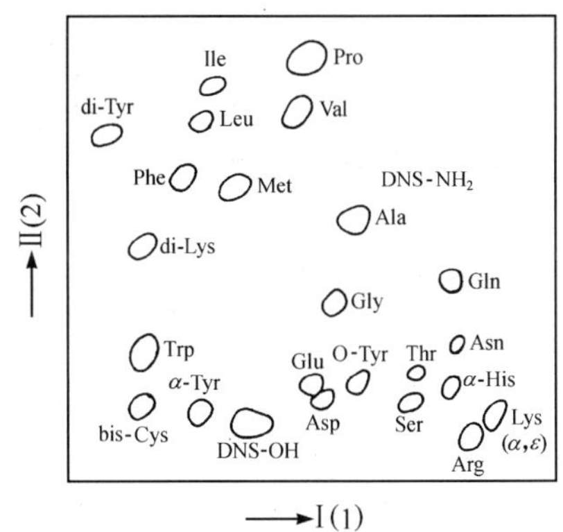

图 8-4 混合标准 DNS-氨基酸双向层析图谱

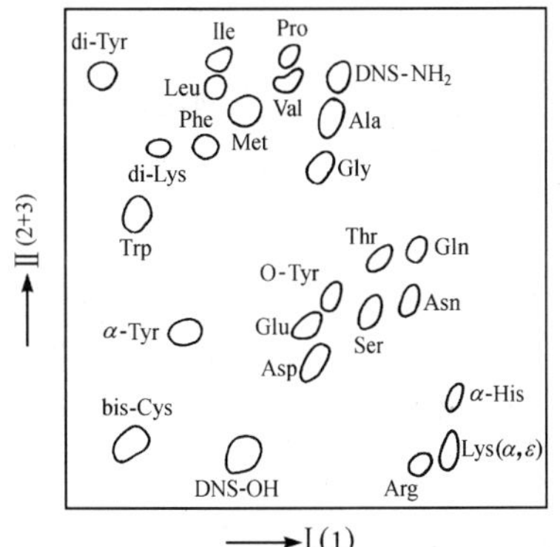

图 8-5 混合标准 DNS 氨基酸双向层析图谱

(3) 经过 3 次展层后,有时 α-组氨酸和精氨酸,α-和 ε-赖氨酸分离不完全,可用溶剂系统(4)在第Ⅱ相再展层一次(图 8-6)。

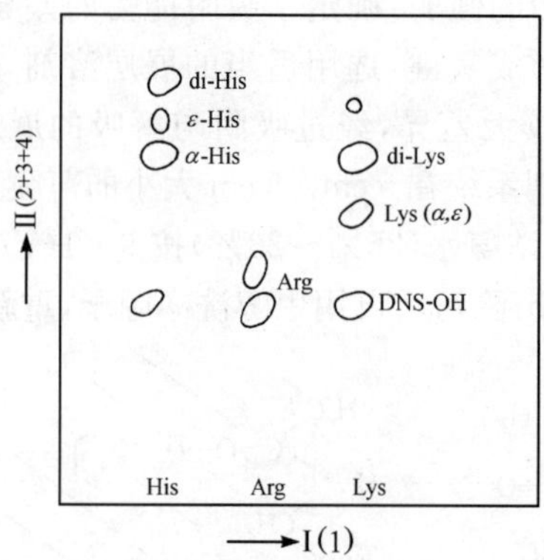

图8-6 混合标准 DNS-氨基酸(3 种碱性氨基酸)层析图谱

三、猪胰岛素 N-末端氮基酸残基图谱和氨基酸组成

(1) 猪胰岛素 N-末端分析(图 8-7):猪胰岛素由 2 条肽链组成,因此,纯的猪胰岛素有 2 个 N-末端氨基酸,即甘氨酸和苯丙氨酸。还有两种非 N-末端的氨基酸,即酪氨酸和赖氨酸。在紫外灯下可见到 DNS-Gly 和 DNS-Phe,同时还可见到 DNS-O-Tyr,DNS-ε-Lys。

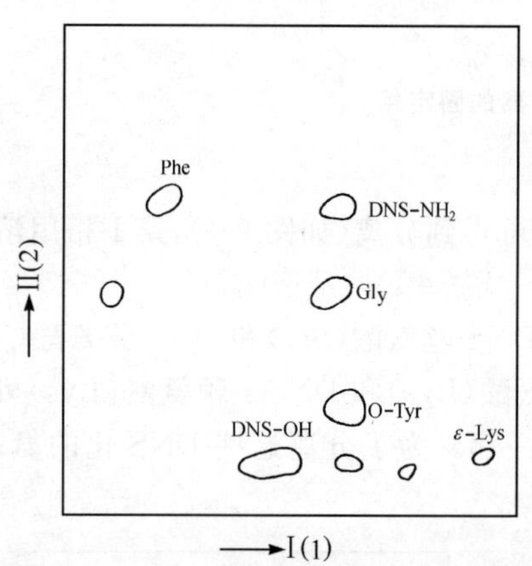

图 8-7 DNS 法测定猪胰岛素的 N-末端氨基酸的聚酰胺薄膜双向层析图谱

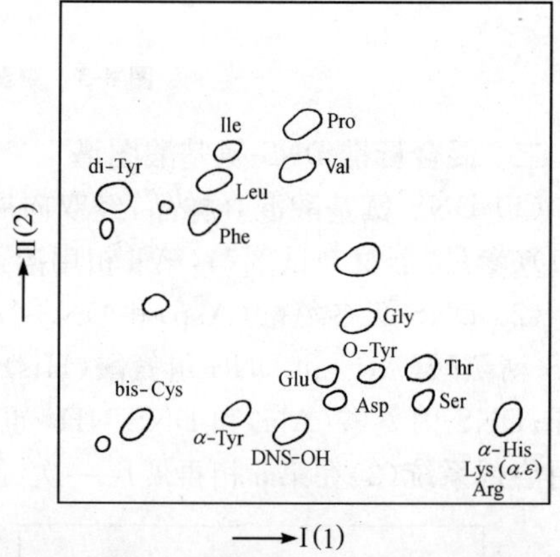

图 8-8 DNS 法测定猪胰岛素氨基酸组成的聚酰胺薄膜双向层析图谱

(2) 猪胰岛素氨基酸组成图谱(图 8-8):猪胰岛素氨基酸组成包括 Gly,Phe,Leu,Ile,Pro,Val,Ala,Cys,Glu,Asp,Thr,Ser,His,Arg。胰岛素氨基酸组成中,Asp 和 Asn,Glu 和 Gln 是分辨不出来的,因为经过水解之后,氨基酸的酰胺化合物都转变成为相应的酸,Trp 也完全被破坏,测不出来。

测 N-末端时,如果丹磺酰化完全得到负结果,则很可能此样品的 N-末端是 Trp,因为 Trp 的 DNS-衍生物盐酸水解时全部被分解。丹磺酰化后的肽或蛋白质用链霉蛋白酶水解,则能很容易地检测出 Trp。

酪氨酸DNS化时，一般产生3种DNS化产物，即DNS-α-Tyr的黄色荧光同一般的DNS氨基酸差不多，而DNS-O-Tyr和DNS-di-Tyr带有亮黄色荧光。这3种产物展层后分离得比较开(如图8-9)。如果Tyr的DNS化产物和甘氨酸、苯丙氨酸DNS化产物一起展层，得到的结果如图8-10。

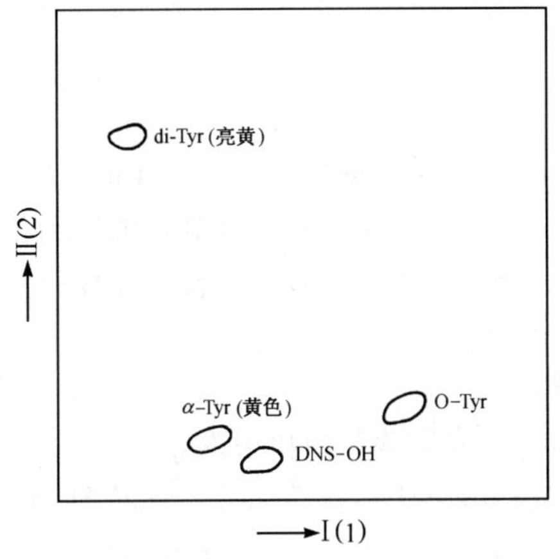

图8-9 酪氨酸的3种DNS化产物层析图谱

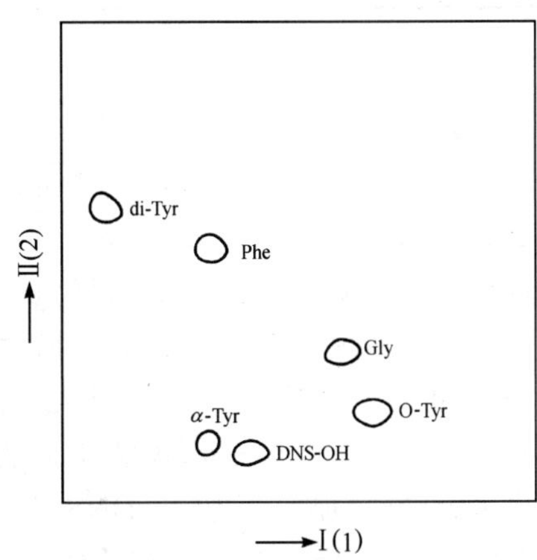

图8-10 甘氨酸和苯丙氨酸的DNS化混合产物与酪氨酸DNS化产物的层析图谱

鉴定DNS-氨基酸，可用夹心式聚酰胺薄膜板，即板的两面都涂有聚酰胺薄膜，在板的一面点上待检样品，另一面点上标准样品。展层后，利用板的透明性鉴定未知DNS-氨基酸。一般情况下，如无这种薄板，则利用所得到的图与标准的图谱进行比较，有时还要计算相对迁移率，然后才能鉴定氨基酸的种类。

DNS法鉴定肽和蛋白质的N-末端氨基酸或它们的氨基酸组成具有操作方便、灵敏度高等特点。但由于聚酰胺薄膜的质量不能保证完全一样，或者展层溶剂系统产生一些细微变化，有时所得图谱与标准图谱会产生某些差异，这就需要进行重复实验，证实差异原因。

【器材与试剂】

一、器材

紫外灯，恒温水浴，小型干燥器(或400 mL平底烧杯)，塑料膜，水解管，磨口小试管，毛细管，聚酰胺薄膜，烧杯，煤气灯，电炉，真空泵。

二、试剂

(1)DNS-Cl丙酮溶液：2～5 mg DNS-Cl溶在1 mL丙酮中，棕色瓶封口，暗处保存，数月稳定。买的商品可能含有一些白色不溶物质(水解产物DNS-OH)，这种物质在试剂的保存期间也会慢慢产生。如果水解程度很少，对实验不会有很大影响(不会有很大干扰)。

(2) 0.2 mol/L Na_2CO_3-$NaHCO_3$ 缓冲液(pH 9.5)：用 Na_2CO_3 和 $NaHCO_3$ 配制(Na_2CO_3 ∶ $NaHCO_3$＝3∶7)。

(3) 5.7 mol/L HCl：用优级纯HCl配制。

(4) 展层溶剂：

溶剂系统(1)：88%甲酸∶水＝1.5∶100(V/V)

溶剂系统(2)：苯：冰乙酸＝9：1(V/V)

溶剂系统(3)：乙酸乙酯：甲醇：冰乙酸＝20：1：1(V/V)

溶剂系统(4)：0.05 mol/L 磷酸三钠：乙醇＝3：1(V/V)

【实验步骤】

一、丹磺酰化

1. DNS-氨基酸制备

用 0.2 mol/L Na_2CO_3-$NaHCO_3$ 缓冲液配成 2 mmol/L 的氨基酸溶液。取 0.1 mL 加入带塞玻璃试管中，同时加入 0.1 mL DNS-Cl 丙酮溶液(2.5 mg/mL)，反应要求最终浓度为氨基酸 1 mmol/L，DNS-Cl 5 mmol/L，丙酮 50%(pH 8.5～9.8)。用 1 mol/L NaOH 调 pH 9～10，塞紧摇匀。置 37 ℃保温 1 h，反应完成后放暗处保存，备用。

2. 多肽和蛋白质 N-末端 DNS 化氨基酸溶液的制备

用 0.2 mol/L Na_2CO_3-$NaHCO_3$ 缓冲液配制 2 mmol/L 多肽或蛋白质溶液。取 0.1 mL 此溶液加入水解管中，加入 0.1 mL DNS-Cl 丙酮溶液(2.5 mg/mL)，用 1 mol/L NaOH 调 pH 9～10，混匀后用 parlfin 封口，置 37 ℃保温 1 h。反应完成后蒸干丙酮，加 5.7 mol/L HCl，抽真空封口，110 ℃保温 16～20 h，水解完成后，开管将溶液转移到 5 mL 小烧杯内，置沸水浴内蒸干盐酸，加几滴水再蒸干，反复数次使盐酸完全除净。用丙酮溶解样品，点样展层，即可得到样品的 N-末端 DNS-氨基酸。

3. 多肽和蛋白质 DNS 化氨基酸组成的溶液的制备

(1) 水解肽和蛋白质：取 0.1 mL 2 mmol/L 的多肽或蛋白质溶液，加入水解管中，再加优级纯盐酸，使盐酸浓度达到 5.7 mol/L，抽真空封口，置 110 ℃水解 16～20 h(最好分别水解 24,48,72 h)，水解完成后，开管转移到 5 mL 烧杯内，置沸水浴中蒸去盐酸，蒸干后加几滴蒸馏水，继续蒸干，反复数次除净盐酸。

(2) 水解氨基酸 DNS 化：加入 0.1 mL 0.2 mol/L Na_2CO_3-$NaHCO_3$ 缓冲液和 0.1 mL DNS-Cl丙酮溶液，用 1 mol/L NaOH 调 pH 9～10，转移到带塞磨口试管中，置 37 ℃保温 1 h，到此，肽和蛋白质 DNS 化的氨基酸组成的样品制备完成，即可点样展层。

此法与二硝基化苯法相比，其优点是水解后无须提取水解产物，可直接鉴定氨基酸，且灵敏度高。

二、以聚酰胺薄层层析鉴定 DNS-氨基酸

1. 选择聚酰胺薄膜

聚酰胺薄膜有夹心式(即两面都涂有聚酰胺的板)和单面聚酰胺薄膜，单面的有 4 cm×4 cm，7 cm×7 cm，5 cm×15 cm 和 7 cm×11 cm 等几种规格。本实验选用 4 cm×4 cm 或 7 cm×7 cm 均可，并要求质地均匀，与尼龙板贴附牢固，无剥脱现象。

2. 点样

将粗细合适的毛细管用砂纸或砂轮将较齐的一头磨平，小心地将样品点在薄膜的右下角距离边缘 0.5 cm 的地方。样品点要求圆、小，不能把膜触破，最好一次点样成功，即在一处只点一下，因此样品的浓度要合适，如果浓度不够，则需重复在一处多次点样，即在第一次点样后，用吹风机吹干再点第二次、第三次等，在膜上作标记。展层第Ⅰ相样品在右下角，展层后彻底吹干，将膜顺时针转 90°，即样品原点转到左下角展层第Ⅱ相。

3. 展层

点样后在小的干燥器里进行展层，首先要在干燥器盖的边缘涂一薄层凡士林，使之密闭不漏气，放入培养皿并调水平。向培养皿里加入展层剂，溶剂高度不超过 3 cm，盖上干燥器盖，使溶剂蒸气在干燥器内达到饱和。

用皮筋或线将点好样的薄膜捆成半圆筒型，并能垂直放稳，皮筋不接触膜，膜在板的内面，即光面在外与皮筋接触。打开干燥器盖，将捆好的薄膜垂直放入盛有展层剂的培养皿里，立即盖好盖，溶剂即向上展层，当溶剂上升到离膜顶端 0.5 cm 处时，停止展层，立即开盖标记前沿，取出，彻底吹干后顺时针旋转 90°，以同样方法进行第Ⅱ相展层(用溶剂系统(2)展层，或根据需要可在溶剂系统(3)中展层)。

【结果讨论与注意事项】

一、DNS-氨基酸制备的条件

在 DNS-氨基酸制备时，DNS 化必须在碱性条件(pH 9.7～10.5)下进行，否则会有很多副产物 DNS-NH_2 或 DNS-OH 产生。

测蛋白质或肽的 N-末端氨基酸时，可用透析或 Sephadex G-25，G-15，G-10 层析，除去 DNS-OH 和 DNS-NH_2及小分子物质后再水解。

二、封管水解的几个问题

(1) DNS 化后，加 5.7 mol/L HCl 水解，一定要抽真空封管，否则 110 ℃水解时易氧化破坏氨基酸。

(2) 水解后一定要把 HCl 彻底除净。

三、点样展层

(1) 点样：样品的点要小、圆、量要适当，否则易拖尾，因此毛细管要细，头要平，样品浓度要合适，聚酰胺薄膜要选择优质的。

(2) 展层要在小的、密闭的、底部水平的容器里进行，每次展层的温度、时间、展层剂的浓度要保持一致，否则不易重复。

四、鉴定未知样品的 N-末端氨基酸

(1) 内标法确定未知样品 N-末端氨基酸：在一块薄膜上点未知的 DNS-氨基酸，第二块膜上点已知标准 DNS-氨基酸，第三块膜上将未知的和已知的同时点在一个点上。展层后观察结果，如果在第三块膜的荧光加样强并重合，表明此未知氨基酸同已知标准 DNS-氨基酸一样，否则为不同的氨基酸。

(2) 采用夹心式聚酰胺薄膜，其膜的两面都涂有聚酰胺，可在一侧面点上待测的 DNS-氨基酸，另一侧面点上对照的标准 DNS-氨基酸。层析后可利用板的透明性质，比较、鉴定未知的 DNS-氨基酸。

【参考文献】

[1] 周先碗，胡晓倩．生物化学仪器分析与实验技术．北京：化学工业出版社，2003

[2] 王重庆，李云兰，李德昌，陈劲秋，周先碗，郝福英，廖助荣，袁洪生．高级生物化学实验教程．北京：北京大学出版社，1994

[3] 张龙翔等．生物化学实验方法和技术．北京．高等教育出版社，1997

实验 9 猪脾 DNA 的制备及其含量测定

核酸是重要的生物大分子,任何有机体,包括病毒、细菌、动植物等都无一例外地含有核酸。早在 1953 年,Watson-Crick 提出 DNA 的双螺旋结构模型,把遗传学提高到分子遗传学的高度,使生物学进入了分子生物学水平。DNA 是染色体的重要成分,与生物的遗传有关,存在于线粒体、叶绿体及微生物质粒中。核酸分脱氧核糖核酸(deoxyribonucleic acid, DNA)和核糖核酸(ribonucleic acid, RNA)两大类。核酸由核苷酸组成,核苷酸又由碱基(嘌呤和嘧啶碱基)、核糖或脱氧核糖以及磷酸组成。我们以核糖或脱氧核糖的检测来区别 RNA 和 DNA,也可用对糖、碱基或磷酸的测定来定量 DNA 和 RNA。

【实验目的】

采用浓盐法制备 DNA;掌握从动物组织中提取、分离、纯化、制备 DNA 的基本原理及其操作;用紫外分光光度法和化学法测定 DNA 的含量。

实验 9.1 猪脾 DNA 的制备

【实验原理】

在细胞核内,核酸通常是与某些组织蛋白质结合成复合物——核糖核蛋白(RNP)和脱氧核糖核蛋白(DNP)形式存在的。因而,初步的提取、分离技术是设法将这两大类的核蛋白分开。在不同浓度的电解质溶液中,RNP 及 DNP 的溶解度有很大的差别。例如:在低浓度的 NaCl 溶液中,DNP 的溶解度随着 NaCl 浓度的增加而逐渐下降,当 NaCl 浓度为 0.14 mol/L 时,DNP 的溶解度仅为其在纯水中溶解度的 1%。但当 NaCl 的浓度继续增加时,DNP 的溶解度又渐次增大;NaCl 浓度增至 0.5 mol/L 时,DNP 的溶解度约与其在纯水中的溶解度近似;当 NaCl 浓度继续增至 1.0 mol/L 时,DNP 的溶解度则约为其在纯水中的溶解度的 2 倍了,且随着盐浓度的上升其溶解度仍继续呈增大之趋势。但 RNP 与之不同,在 0.14 mol/L 盐溶液中,DNP 溶解度很低,而 RNP 的溶解度仍相当大。因此,常常采用 0.14 mol/L 的盐溶液来提取 RNP,以使其与 DNP 分开。

由于 DNP 在浓盐溶液中的溶解度比在稀盐溶液中溶解度大很多,所以为了尽量提取 DNP,往往先采用浓盐(如 1.0 mol/L,甚至 1.71 mol/L NaCl),以增大提取收率。

为了提纯核酸,制备核酸粗品需要进一步采用适当的试剂和实验方法进行分离,如:通过变性或者溶解的方法除去核酸中的结合蛋白。常用的除蛋白方法有氯仿法和苯酚法。若制品中的多糖类杂质过多,也应通过适当的方法除去。

经上述分离,纯化处理后的核酸盐溶液,再利用其不溶于有机溶剂的性质,而使其在适当浓度的亲水性有机溶剂(如:乙醇)中呈絮状沉淀析出。重复进行上述处理,即可制成所要求纯度的脱氧核酸制品。提纯的 DNA(或 DNA 钠盐)为白色纤维状固体。

【器材与试剂】

一、器材

培养皿，手术刀，电动组织捣碎机，光学显微镜，离心机，冰箱，带塞磨口玻璃锥形瓶，弯头滴管，真空干燥器，烧杯。

新鲜猪脾脏。

二、试剂

柠檬酸钠，曲利本蓝，NaCl，氯仿，异戊醇，无水乙醇，乙醚，冰块。

(1) 0.1 mol/L NaCl-0.05 mol/L pH 7.0 柠檬酸钠混合盐溶液。

(2) 2%曲利本蓝(trypan blue)染液。

(3) 其他溶液：1.71 mol/L NaCl 溶液，氯仿-异戊醇(V/V，24∶1)溶液，95%乙醇。

【实验步骤】

一、猪脾细胞核的提取

取猪脾脏 40 g(新鲜或冷冻的)置冰浴上的培养皿中，迅速剪成小块，加 80 mL 0.1 mol/L NaCl-0.05 mol/L pH 7.0 柠檬酸钠的混合液后，全部转移到组织捣碎机内，用慢档或中档绞碎 3～4 次，每次 5 s，间隔 30 s。将绞碎后的匀浆液滴一滴在载玻片上，以曲利本蓝染色，在显微镜下检查。观测到有大量完整的被染成紫色的细胞核即可。

上述匀浆液以 3000 r/min 转速离心 20 min，收集沉淀(含细胞核)，弃去上清液。

二、脱氧核糖核蛋白(DNP)的提取

加 240 mL(约 6 倍组织重)的 1.71 mol/L NaCl 溶液至上述沉淀中，充分搅匀，置 0～5 ℃冰箱过夜(或放置 16 h 以上)以充分提取出 DNP。盐溶液可改变细胞核膜的透性。DNP 溶出后，溶液应为粘稠状，如果结成凝胶块状物，可置组织捣碎机中慢速匀浆 5 s，使 DNP 溶出。

将粘稠液成线状倾入预冷的 2640 mL(约原体积的 14 倍)蒸馏水中(NaCl 溶液终浓度约为0.14 mol/L)，边加边轻轻搅动溶液，以使 DNP 呈絮状沉淀析出。放入冰箱静置数小时使 DNP 沉淀完全。

将沉淀溶液先用乳胶管虹吸出部分上清液，剩下部分转移到离心杯中，以3000 r/min转速离心 20 min，弃去上清液，收集 DNP 沉淀。

三、DNA 的提取

向沉淀中加入原组织重的 4 倍体积(约160 mL)的 1.71 mol/L NaCl 溶液，DNP 重新溶解后转入 500 mL 带塞磨口锥形瓶内，加入 80 mL(原体积的 1/2 量)氯仿-异戊醇(V/V，24∶1)剧烈振荡 10 min，使结合在 DNA 上的组蛋白变性分离。振荡后转入离心杯中以 3000 r/min 转速离心 30 min，分层后(见图 9-1)用吸管小心地吸取上层水相(含 DNA 钠盐)。中层为变性组蛋白沉淀，下层为氯仿混合液。

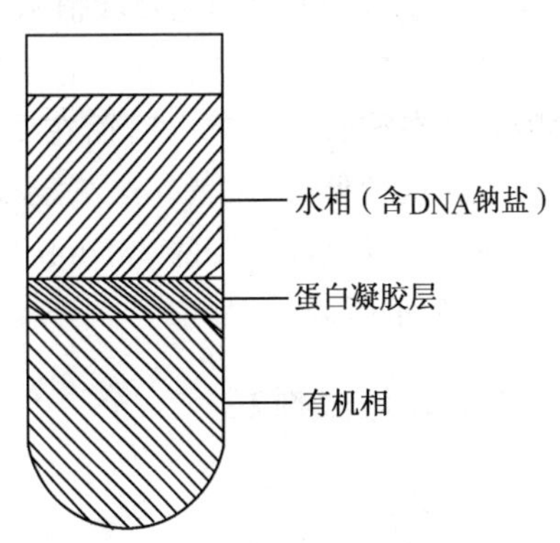

图 9-1 氯仿-异戊醇去蛋白离心分层示意图

合并上层水相，加 40 mL 氯仿-异戊醇溶液，剧烈振荡继续除去蛋白，然后再离心，反复

4～5 次直至中间层的蛋白凝胶层消失，蛋白方被除尽。吸取收集水相层(DNA 钠盐溶液)，体积约为 160 mL。

取 0.5 mL DNA 钠盐溶液加到预冷的 1 mL 95%乙醇中，检查有否 DNA 钠盐的纤维状沉淀析出。如有明显的 DNA 钠盐析出，则可将全部 DNA 钠盐溶液慢慢地、成线状地倾入 2 倍体积的、预冷的 95%乙醇中。在冰箱内静置数小时后，用玻璃棒小心地将纤维状的 DNA 钠盐沉淀捞出，再依次用 80%和 95%乙醇脱水，最后可用少量无水乙醚再脱水一次。脱水后的 DNA 钠盐置真空干燥器内干燥。DNA 钠盐应为白色纤维状固体。

实验 9.2 紫外吸收法测定 DNA 的含量

紫外法测定核酸的含量，操作简便、快速、灵敏、用量少、对样品无损害，是一种常用的核酸测定方法。

【实验原理】

DNA 和 RNA 都有吸收紫外光的性质，它们的最大吸收峰在波长 260 nm 处。这是嘌呤环和嘧啶环的共轭双键系统所具有的，凡是含有嘌呤和嘧啶的一切物质，不论是核苷、核苷酸，均具有吸收紫外光的特性。核苷和核苷酸的摩尔消光系数 ε(P)(或吸收系数)表示为：每升溶液中含有 1 mol 原子磷的消光值(即光密度或称光吸收值)。RNA 的 $\varepsilon(P)_{260\,nm}$(pH 7.0)为7700～7800。RNA 的含磷量约 9.5%，因此，每毫升溶液含 1 μg RNA 的光吸收值相当于 0.024。计算如下：

原子磷量：1 mol/L＝31 g/1000 mL＝31 mg/mL(磷相对原子质量：31)

RNA 量：31 mg/mL÷9.5%＝330 mg/mL

1 mg/mL RNA 的光吸收值：7800÷330＝24

1 μg/mL RNA 的光吸收值：0.024

再如，小牛胸腺 DNA 钠盐的 $\varepsilon(P)_{260\,nm}$(pH 7.0)为 6600，含磷量为 9.2%，因此，每毫升溶液含 1 μg DNA 钠盐的光吸收值为 0.020。

由于蛋白质分子中含有芳香族氨基酸，因此，也具有吸收紫外光的特性。通常蛋白质的最大吸收峰在波长 280 nm 处，而在 260 nm 处的吸收值仅是核酸的 1/10 或更低，故核酸样品中蛋白质含量较低时，用紫外法测定核酸含量的影响不大。RNA 的 260 nm 与 280 nm 的光吸收比值在 2.0 以上，DNA 的 260 nm 与 280 nm 光吸收的比值在 1.9 左右。当样品中蛋白质含量较高时，比值下降。

【器材与试剂】

一、器材

25 mL、50 mL 容量瓶，离心机，紫外分光光度计。

二、试剂

DNA 溶液的配制：取 20 mg 猪脾 DNA 钠盐制品，先用少量 0.1 mol/L NaOH 使其溶解，用 0.05 mol/L NaOH 溶液定容至 25 mL，浓度为 0.8 mg/mL。

【实验步骤】

一、DNA 光吸收曲线的绘制

准确吸取 0.5 mL DNA 溶液(0.8 mg/mL)置于 25 mL 容量瓶内,用蒸馏水定容至 25 mL(稀释 50 倍)。取 3 mL 在紫外分光光度计上测定 220～300 nm的光吸收曲线(见图 9-2)。由光吸收值 $A_{260\ nm}$可直接计算出 DNA 的含量。

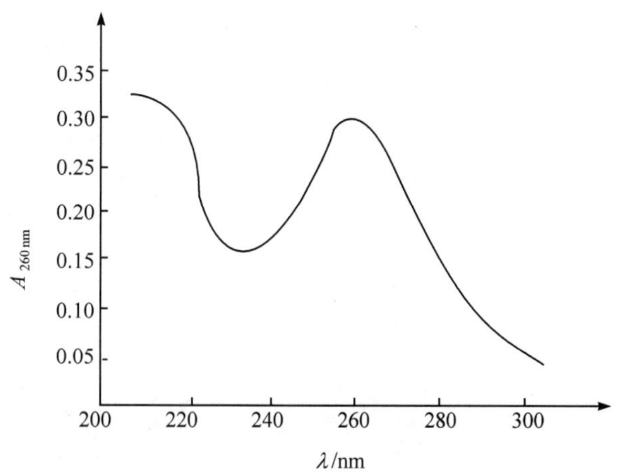

图 9-2 猪脾 DNA 在不同波长下的光吸收曲线

猪脾 DNA 的紫外光吸收曲线与小牛胸腺 DNA 紫外光谱基本一致。

二、DNA 的含量测定

将样品配成 5～50 μg/mL 的核酸溶液,在紫外分光光度计上测定波长260 nm和 280 nm 的光吸收值,根据以下公式计算核酸的浓度和光吸收的比值。

$$\text{RNA 浓度}(\mu g/mL)=\frac{A_{260\ nm}\times \text{稀释倍数}}{0.024\times \text{比色杯厚度(cm)}}$$

$$\text{DNA 浓度}(\mu g/mL)=\frac{A_{260\ nm}\times \text{稀释倍数}}{0.020\times \text{比色杯厚度(cm)}}$$

式中的 $A_{260\ nm}$为波长 260 nm 处的光吸收读数。

如果待测样品中含有酸溶性核苷酸或可透析的寡核苷酸,在测定时需要用钼酸铵-过氯酸沉淀剂沉淀,除去大分子核酸。具体操作如下:

取两支小离心管,甲管加 0.5 mL 样品和 0.5 mL 蒸馏水,乙管加入 0.5 mL 样品和0.5 mL 钼酸铵-过氯酸沉淀剂,摇匀后,放置冰浴中 30 min,以 3000 r/min 离心 10 min,从甲、乙两管中分别吸取 0.4 mL 上清液到两个 50 mL 容量瓶内,定容至刻度,于紫外分光光度计上测定波长 260 nm 的光吸收值。

$$\text{RNA(或 DNA)浓度}(\mu g/mL)=\frac{\text{测得的吸光值差}(\Delta A_{260\ nm})\times \text{稀释倍数}}{0.024(\text{或 }0.020)\times \text{比色杯厚度(cm)}}$$

式中 $\Delta A_{260\ nm}$为甲管稀释液在波长 260 nm 处的吸收值减去乙管稀释液在波长 260 nm 处的吸收值。

$$\text{核酸含量}(\%)=\frac{\text{待测液中测得的核酸 }\mu g\text{ 数}}{\text{待测液中待测品的 }\mu g\text{ 数}}\times 100$$

【参考文献】

[1] 周先碗,胡晓倩. 生物化学仪器分析与实验技术. 北京：化学工业出版社，2003
[2] 王重庆,李云兰,李德昌,陈劲秋,周先碗,郝福英,廖助荣,袁洪生. 高级生物化学实验教程. 北京：北京大学出版社,1994
[3] 张龙翔等. 生物化学实验方法和技术. 北京：高等教育出版社,1997

实验 10 抗血清的制备

一、免疫反应

在免疫学发展的早期人们给动物注射细菌或细菌的外毒素，经过一定时期后用体外实验证明在动物血清中存在一种能特异中和外毒素毒性的组分或能使细菌发生特异性凝集的组分，后来人们将血清中这种具有特异性反应的组分称为抗体(antibody，简称 Ab)，将能刺激机体产生抗体的物质称为抗原(antigen，简称 Ag)。免疫学的概念是机体对异体、异种或"自身"物质的各种反应性，包括免疫防御、免疫自稳和免疫监视等一整套生理功能。

免疫系统功能正常时，对"非己"抗原产生排异，起免疫保护作用，如抗感染免疫和抗肿瘤免疫；免疫功能失调时，免疫应答可造成机体组织损伤，产生过敏性疾病；如果打破对自身抗原的耐受，则可对自身抗原产生免疫应答，发生自身免疫疾病。因此免疫系统以它识别和区分"自己"和"非己"抗原分子的能力，起着排异和维持自身耐受的作用。

二、抗原决定簇

从抗原的化学结构上分析，决定产生免疫应答的不是抗原的整个分子而是分子上的一些特定的化学基团或结构，这些化学基团称为抗原决定簇(antigenic determinant)。它们既是诱导机体产生抗体又是抗原与抗体结合的部位。一个复杂的蛋白质大分子可以有多个抗原决定簇，具有多个抗原决定簇的生物大分子可以诱导产生不同类别的抗体。

抗原决定簇存在于抗原分子表面，是决定抗原特异性的特殊化学基团，又称表位(epitope)。抗原决定簇是抗原与相应淋巴细胞表面的抗原受体结合、激活淋巴细胞引起免疫应答的部位，也是抗原与相应抗体发生特异性结合的部位，是被免疫细胞识别的标志和免疫反应具有特异性的物质基础。天然蛋白质有多个抗原决定簇，诱发机体产生的抗体是多克隆抗体。

三、佐剂的生物学作用

佐剂的应用可增强抗原的免疫原性，使无或弱免疫原转变为有效免疫原；机体对抗原的免疫应答加强，提高抗体的效价；可改变抗体的类型，使机体由产生 IgM 转变为 IgG 抗体；引起或增强迟发型超敏反应。佐剂广泛地应用于抗原物质的动物免疫，以提高抗原诱导机体特异性免疫应答的免疫原性。例如：免疫动物时加用佐剂可获得高效价的抗体；预防接种时加用佐剂可增强疫苗的免疫效果；临床上可用佐剂作为免疫增强剂，用于肿瘤或慢性感染患者的辅助治疗等。

四、佐剂的作用机理

各种佐剂的作用机理尚未了解清楚，有以下几种可能的解释：

(1) 佐剂可改变抗原的物理性状，有利于抗原在体内缓释，延长抗原在体内的存留时间，增加与免疫细胞接触的机会，持续有效地刺激机体。

(2) 被佐剂吸附的可溶性抗原易被巨噬细胞吞噬，佐剂还可以刺激巨噬细胞的吞噬作用及对抗原的处理。

(3) 佐剂可诱发抗原注射部位及其局部淋巴结的炎症反应，促进淋巴细胞的增殖、分化，从而增强机体的免疫应答。

五、免疫应答

当抗原分子进入机体后，激发免疫细胞活化、分化和效应的复杂的生物学过程，称为免疫应答(immune response)。免疫应答的过程包括：①感应阶段即免疫细胞对抗原的识别；②反应阶段即免疫细胞的活化、增殖与分化；③效应阶段即效应分子和效应细胞的排异作用。免疫应答是由多细胞、多因子参加的复杂生理过程，受体内各种因素的调控，效应阶段主要表现在以B淋巴细胞介导的体液免疫和以T淋巴细胞介导的细胞免疫。

体液免疫主要是通过效应分子抗体发挥效应。抗体是由B淋巴细胞产生，以分泌形式分布于血液和组织液中或结合在B淋巴细胞膜上作为抗原的受体。抗原经过MΦ及T_H细胞的处理、加工后，呈递给淋巴细胞，淋巴细胞对特异性抗原识别、分化和增殖并发育成浆细胞，分泌大量针对该抗原的特异抗体。作为膜上的抗原受体由于分子结构不同，有选择地结合抗原分子的某一种或少数几种抗原决定簇。由于大分子抗原有多个抗原决定簇，就必然导致激活多种抗体形成细胞克隆，于是一种复杂的抗原分子诱导多种抗体分子的产生。

现在已知机体内存在多于10^7种的不同抗体分子，它们的结构大体相同，但每种抗体分子都带有与相应抗原结合的特异性。抗体的多样性主要由基因控制，与Ig基因结构的特点、重组、突变有密切关系。

六、抗体产生过程

(1) 当抗原初次进入具有免疫应答能力的动物体内后，要经过一段较长的潜伏期才能在血液中出现抗体，经过一段高峰期后抗体量下降至消失。在这段时期内总抗体量较少，且维持时间短，初期抗体是低亲和力的IgM，随后产生IgG，在一段时间内保持比IgM稍高水平，这次机体对抗原产生的应答反应为初次免疫应答。

(2) 机体初次接触抗原数日至数年后，当同一抗原再次进入机体时，潜伏期短，血液中很快出现抗体，含量明显高于初次应答反应，可高出几倍甚至几十倍，且维持时间较长，抗体主要成分是高亲和力的IgG类抗体，这次机体对抗原产生的应答反应为再次免疫答应(图10-1)。

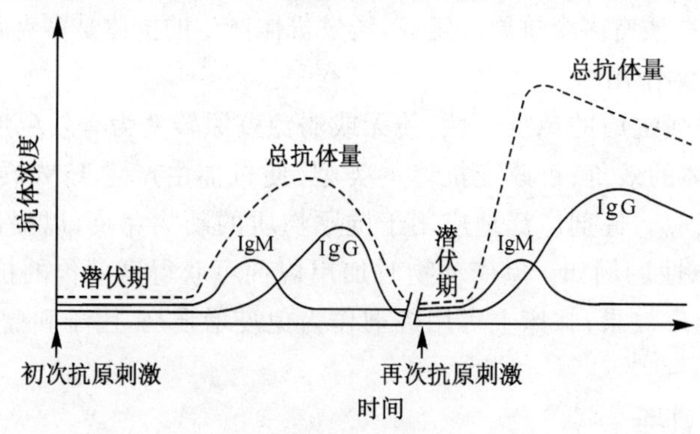

图10-1 动物机体的初次及再次免疫应答反应示意图

七、免疫记忆现象

在再次免疫应答中，机体再次接触抗原可引起比初次免疫更强的抗体产生，称为免疫记忆。在细胞免疫和体液免疫中均有免疫记忆现象。在体液免疫中，B淋巴细胞对TD抗原应答过程中有免疫记忆细胞形成，从而机体再次接触抗原后，发生再次应答反应，潜伏期短，特异性免疫记忆细胞能很快增殖、分化并产生大量抗体，免疫球蛋白由IgM转变为IgG，抗体亲和力增加，且维持时间较长，IgM 转变为 IgG 只是 Ig 分子的类别变化，V 区结构相同，只是 C 区结构发生了变化，其识别抗原的特异性仍相同；而 B 淋巴细胞对 TI 抗原应答过程中不形成记忆细胞，只能引起初次应答，无再次应答反应。

【实验目的】

学习免疫学的基本知识，掌握免疫动物的基本原理和方法，掌握免疫动物颈动脉采血和抗血清制备的基本技术。

【实验原理】

动物经人工被动免疫后，机体内 B 淋巴细胞被激活，增殖分化，分泌针对相应抗原的抗体于血液中，这种含有某种抗体的血清称为抗血清或免疫血清。根据抗体产生的规律，将具有免疫原性的免疫原注射动物，进行动物免疫，经二次免疫后，可产生高效价的 IgG 抗体。

以生物大分子作抗原，主要是蛋白类。如果要想得到多种抗体，可以用多种蛋白混合物同时免疫动物，如用动物血清直接免疫；如果要想得到单一抗体，可以用单一的纯蛋白免疫动物，如用牛血清清蛋白免疫。

【器材与试剂】

一、器材

注射器(10 mL 、1 mL 各一支)，针头(9# 或 12# 、5# 各一支)，研钵，兔板，高压灭菌锅，止血钳，解剖剪，解剖刀。

家兔(健康，雄性，6 个月左右，体重约 3 kg)，鸡血清(抗原)。

二、试剂

羊毛脂，液体石蜡，NaCl，卡介苗，碘酒，医用酒精。

【实验步骤】

一、注射的准备

(1) 卡介苗灭活：将购置的医用卡介苗置于 60 ℃水浴中灭活 20 min，用无菌水溶解，浓度为 10～20 mg/mL。

(2) 鸡血清制备：采集鸡动脉血，凝固后室温放置，自然析出血清，将血块和血清分离。

(3) 不完全弗氏佐剂配制：将羊毛脂和液体石蜡按一定比例混合，一般在夏季羊毛脂与液体石蜡的比例是 1∶2，冬季羊毛脂与液体石蜡的比例是 1∶3。配制后的不完全弗氏佐剂，于 6.8×10^5 Pa 高压灭菌 30 min，4 ℃冰箱内保存备用。使用时在 60 ℃水浴中融化，即可。

二、动物免疫

(1) 免疫动物：最好选择年轻的雄性青紫蓝种实验用兔，也可选择灰色或白色的家兔，购进的实验兔要进行一周的适应性喂养，选用健康体壮的兔进行实验，每周注射 1 次，共注射 4 次。

(2) 第一次注射完全弗氏佐剂的制备：完全弗氏佐剂的配制的比例是不完全弗氏佐剂∶抗原∶卡介苗＝1∶1∶0.5。取 1 mL 不完全弗氏佐剂置于无菌研钵中，一边研磨一边滴加灭活的卡介苗 0.5 mL 和 1 mL 鸡血清，直到混合物完全乳化形成油包水的注射用抗原乳剂，滴一滴该乳剂于冷水中不再扩散，即达到油包水的乳化效果。吸入到 5 mL 的注射器内。

(3) 注射：第一次注射的部位是兔的四只足掌。将实验兔仰卧，四肢固定于兔架上，剪去四个足掌上的毛，经碘酒消毒，酒精脱碘后，在四个足掌皮内分别各注射 0.5 mL 完全弗氏佐剂(夏季用 9# 针头，冬季用 12# 针头注射)。

(4) 第二、三次注射完全佐剂的制备：此次完全佐剂配制的比例是不完全弗氏佐剂：抗原＝1.5：1。取 1.5 mL 不完全佐剂置于无菌研钵中，一边研磨一边滴加鸡血清 1 mL，直到混合物完全乳化形成油包水的注射用抗原乳剂。吸入到 5 mL的注射器内。

(5) 注射：第二、三次注射的部位为肩关节和髋关节，选择背部肩关节和髋关节部位多点注射。将实验兔俯卧在实验台上，剪去肩关节和髋关节部位四个注射点毛，经碘酒消毒，酒精脱碘后，每个注射点注射 0.5 mL完全弗氏佐剂(用 9# 针头)。

(6) 第四次注射抗原的制备：取鸡血清 0.2 mL 置于已灭菌的小塑料离心管中，加入 0.2 mL灭菌的生理盐水，混匀后，吸入到 1 mL 的注射器内。

(7) 注射：这次注射属于加强免疫，注射部位是耳缘静脉。先用碘酒将耳缘静脉处消毒，酒精脱碘，用手拇指和食指掐住耳缘的向心端，使耳缘静脉舒张，然后将吸有抗原的注射器内的气泡排尽，每只兔注射 0.2 mL 左右(用 5# 针头)。加强免疫 7 天后，可以采血。

三、抗血清的制备

(1)颈动脉放血：将兔仰卧固定四肢，颈部消毒，在气管附近纵切颈部皮肤约 5 cm，用止血钳将皮分开，夹住。剥离皮下结缔组织时，注意避开血管。用止血钳分开肌肉，可见搏动的颈动脉，剥离颈动脉旁的迷走神经。用丝线结扎颈动脉的远心端，与其相隔 3～5 cm 的近心端用动脉夹夹住。用一丝线提起这段血管，食指垫在血管下面，用无菌眼科剪刀剪一斜切口，切口朝向远心端，取一斜口薄壁塑料管(200 mm×2 mm)沿切口插入到血管内约 1 cm，用上述提起血管的丝线结扎牢固，将塑料管另一头插入血液收集瓶(250 mL 锥形瓶)内，松开动脉夹，血液自行流入容器内。操作时注意器械及容器无菌、干燥，将血放入底面积较大的容器中。颈动脉放血可收集兔血 80～100 mL 左右。

(2) 抗血清的分离：等采集的血液凝固后，用玻璃棒轻轻搅动血块，防止血块粘在容器壁上，也可将血块划成小块，室温放置数小时，血清即可析出，析出的血清直接用滴管吸取，剩余的血块离心(1500 g，15 min)分离，收集血清，一只兔子可得血清 20～30 mL 左右。

四、抗血清的保存

在抗血清中加入 0.02%叠氮钠(NaN_3)，分装成适当体积于－20 ℃保存，一般可保存 2 年；4 ℃可保存半年。

【参考文献】

[1] 周先碗，胡晓倩. 生物化学仪器分析与实验技术. 北京：化学工业出版社，2003

[2] 王重庆，李云兰，李德昌，陈劲秋，周先碗，郝福英，廖助荣，袁洪生. 高级生物化学实验教程. 北京：北京大学出版社，1994

[3] 张龙翔等. 生物化学实验方法和技术. 北京：高等教育出版社，1997

[4] 苏拨贤. 生物化学制备技术. 北京：科学出版社，1998

实验 11 抗血清测定

利用抗原和抗体在体外特异结合后出现的各种实验现象，可对抗原或抗体进行定性、定量、定位的检测。免疫检测方法特异灵敏，用途广泛。

抗原抗体反应的高度特异性能精确区分抗原间的微细差别，这种特异性是由抗原表面决定簇的化学组成、空间排列和立体构型决定的。抗原表面的抗原决定簇与抗体分子超变区的结构和空间构型互补，发生特异结合。相同抗原分子可具有多种不同的抗原决定簇，不同抗原分子也可具有相似的抗原决定簇，在与抗体反应时可出现交叉反应。

可溶性抗原与抗体比例合适时，可结合形成较大的不溶性免疫复合物，在反应体系中出现肉眼可见的不透明的沉淀物，这种抗原抗体反应称为沉淀反应(precipitation reaction)，它具有特异性和可逆性。

抗原与抗体以非共价键结合，其结合物在一定条件下，如溶液 pH 改变，从而改变蛋白质分子上各基团的解离和带电状况，即可发生抗原-抗体复合物的解离，解离后抗原和抗体仍保持原有的性质。抗原决定簇和抗体分子可变区的空间构型互补程度不同，抗原与抗体分子之间结合力强弱也不同，抗原和抗体互补程度越高，则亲和力越强，两者结合越牢固，越不容易解离。

抗原与抗体的比例决定结合物的大小和能否出现肉眼可见的沉淀现象。不同比例的抗原、抗体相互作用，形成复合物的量和大小不同(图 11-1)。在一定量的抗体中加入不同量的抗原时，产生抗原-抗体复合物的数量是不同的，可分成 3 个区带，其中等价带抗原、抗体比例最合适，形成大且多的抗原-抗体复合物，出现明显的沉淀反应，此时在反应体系中测不出或有极低的游离抗原或抗体；前带为抗体过剩带，后带为抗原过剩带，抗原和抗体比例均不合适，所

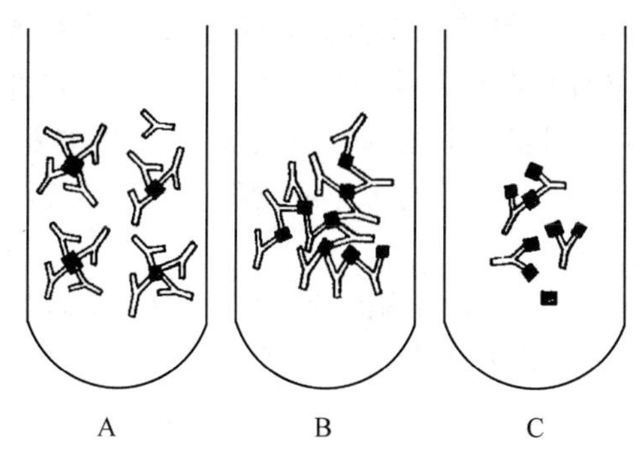

图 11-1 抗原、抗体结合的比例关系

A—抗原∶抗体＝1∶4，抗体过剩，形成抗原-抗体复合物小，沉淀少

B—抗原∶抗体＝1∶1.5，抗原、抗体比例合适，形成抗原-抗体复合物大，沉淀明显

C—抗原∶抗体＝3∶1，抗原过剩，形成抗原-抗体复合物小，沉淀少

形成的结合物小且少,反应体系中存在着大量游离的抗原或抗体(图 11-2)。因此在抗原抗体的检测中,应调整抗原抗体的比例,得到肉眼可见的沉淀反应。

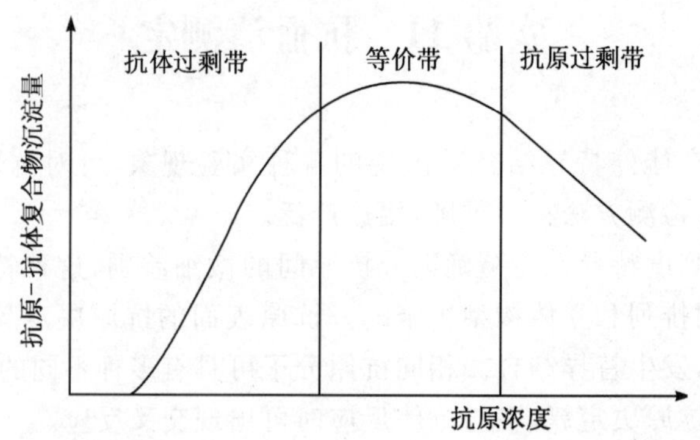

图 11-2 一定量抗体存在下加入不同抗原量时抗原-抗体复合物沉淀量的曲线

【实验目的】

掌握抗体效价测定的基本原理和方法。

【实验原理】

将可溶性抗原与相应的抗体混合,当抗原和抗体比例合适并有电解质(如氯化钠)存在时,就会出现抗原-抗体沉淀反应。如果该沉淀在琼脂糖凝胶介质中就可看到白色的沉淀线,根据沉淀出现与否及沉淀量的多少,可以定性、定量地检出样品中抗原或抗体的存在和含量。

在抗原-抗体的结合反应中,只有在抗原-抗体分子比例合适时才能见到沉淀线,所以抗原-抗体结合反应中能否出现沉淀线,并不能完全反映抗原、抗体是否存在并发生结合反应。因为抗原可有多个抗原决定簇,可以结合多个抗体分子,所以称抗原是多价的;抗体一般只能结合两个抗原分子的抗原决定簇,故称抗体是二价的。因此,只有当抗原、抗体的结合价被饱和时,才能出现大量的抗原-抗体复合物沉淀。当抗原为单价(如某些有机小分子、多肽、小分子蛋白质等)或抗体为单价(可能因空间阻碍造成)时,虽然抗原、抗体能发生结合,但不会形成大分子复合物,也就不出现沉淀反应,所以单价的抗原或抗体不能用沉淀反应直接进行抗原或抗体的检测。

抗原、抗体的结合依赖于两者分子结构的互补性,故其具有高特异性。这种结合是相当稳定的,也是可逆的。如:在偏酸、偏碱或高盐的条件下,两者可以解离,且解离后抗原、抗体的活性一般保持不变。

免疫电泳技术是根据抗原在电场下能够发生电泳迁移以及抗原、抗体在一定的条件下发生专一性免疫沉淀反应的基本原理而进行的一种免疫检测手段。采用巴比妥缓冲液并以琼脂粉或琼脂糖作为免疫电泳的支持介质,在 pH 8.6 的条件下,抗原带负电荷,电场下向正极运动,抗体不带电,在电场下不运动,当电泳进行到一定的时候就会出现抗原-抗体结合,出现沉淀。由于免疫电泳方法简便、结果准确,因此广泛应用到临床医学、农业、食品及科研工作中。

【器材与试剂】

一、器材

电泳仪，免疫电泳槽，恒温箱，微波炉，恒温水浴，滴定白磁板，玻璃板，微量加样器，滴管。

实验用兔，鸡血清。

二、试剂

琼脂粉(Agaragar)，巴比妥酸，巴比妥钠，NaCl。

(1) 巴比妥缓冲液(pH 8.6，0.06 mol/L，离子强度 0.06 μ)：称取 10.3 g 巴比妥钠，1.84 g 巴比妥酸，溶于 800 mL 蒸馏水中，稍加热溶解，用蒸馏水定容至 1000 mL。

(2) 离子琼脂(1.5%，pH 8.6，0.03 mol/L，离子强度 0.03 μ)：称取 1.5 g 琼脂粉，加巴比妥缓冲液和蒸馏水各 50 mL，加热溶解，混匀，置于 60 ℃恒温水浴中保温。

(3) 生理盐水：0.9% NaCl。

【实验步骤】

一、抗体测定

1. 双向扩散法

双向扩散法(double diffusion)又称琼脂扩散法，是利用琼脂凝胶为介质的一种沉淀反应。琼脂粉或琼脂糖凝胶是多孔网状结构，具有一定间隔距离的抗原和相应的抗体通过自由扩散作用相遇，形成抗原-抗体复合物，当抗原、抗体比例合适时就会出现白色沉淀线。由于琼脂凝胶透明度高，可以直接观察到抗原-抗体复合物沉淀线，根据出现沉淀线的抗体最高稀释倍数，可以很方便地确定抗体的效价。沉淀线的特征和位置取决于抗原相对分子质量的大小、分子结构、扩散系数和浓度等因素。当抗原、抗体存在多种系统时，会出现多条沉淀线。根据沉淀线的形状、数量和相对位置可以定性抗原，诊断疾病。此方法操作简便，数据可靠，是常用的免疫学测定方法。

(1) 制备离子琼脂板：取 4 mL 融化的离子琼脂粉凝胶液倒在载玻片(7.5 cm×2.5 cm)上，凝固后按图 11-3 用打孔器打孔，孔径 4 mm，相邻孔距 5 mm，用注射器针头将孔内琼脂挑出。在酒精灯上稍微烘烤载玻片背面，使琼脂与玻璃板贴紧。

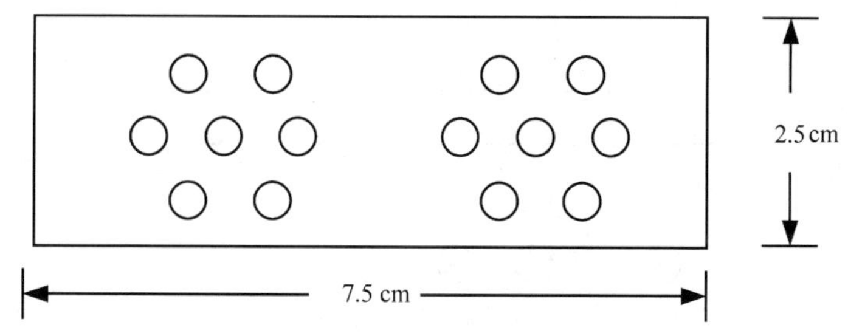

图 11-3 双向扩散打孔示意图

(2) 稀释抗体：将抗血清采用二倍稀释法用生理盐水连续稀释，其稀释倍数分别为 2，4，8，16，…倍。

(3) 加样：将稀释的抗体依次加到外周孔内，各孔的抗体稀释梯度依次为 $2^{-1} \sim 2^{-6}$，中心孔加入原浓度抗原，加样量以加之与琼脂表面平齐为限。

(4) 温育：加样后载玻片放入带盖的大培养皿内（皿内放入湿滤纸以维持湿度），置 37 ℃ 恒温箱中温育 24 h，抗原、抗体扩散后出现清晰的沉淀线，以出现沉淀线的最高抗体稀释倍数为抗体的效价。

(5) 实验结果：见图 11-4。

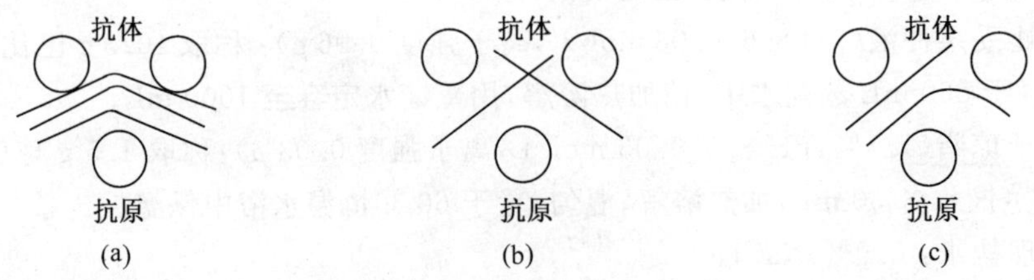

图 11-4 双向扩散结果示意图

2. 对流免疫电泳

对流免疫电泳（counter immunoelectrophoresis）是一种外加电场以限制抗原、抗体的自由扩散，提高抗原、抗体的局部浓度，加快抗原、抗体移动速度的免疫测定方法。对流免疫电泳主要是利用抗原在巴比妥缓冲液（pH 8.6）的离子琼脂凝胶中带负电荷，在电场作用下向正极移动，而血清中的抗体在该 pH 的溶液中由于接近其等电点而不带电，在琼脂凝胶中由于电内渗效应向负极移动。经过一段时间电泳，向正极移动的抗原就会与抗体相遇，形成抗原-抗体复合物，在抗原、抗体比例合适的情况下出现白色沉淀。采用此方法可以测定抗体效价或抗原效价，测定方便快速，结果准确。

测定抗体效价的方法是：抗原为原浓度，抗体采用二倍稀释法，沉淀显出的最高稀释倍数就是该抗体的效价。

测定抗原效价的方法是：抗体为原浓度，抗原采用二倍稀释法，沉淀显出的最高稀释倍数就是该抗原的效价。

(1) 制备离子琼脂板：方法同双向扩散法，琼脂凝固后按图 11-5 打孔，孔径 4 mm，相对孔距 3～5 mm。

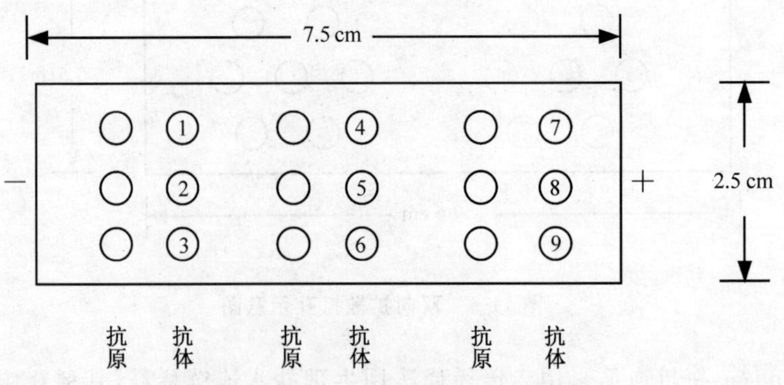

图 11-5 对流免疫电泳打孔示意图

(2) 加样：将原浓度抗原加入左侧孔内，二倍连续稀释的抗血清分别加入相对应的孔内，1～9号孔抗体的稀释梯度依次为 2^{-1}～2^{-9}，加样量与琼脂表面相平。

(3) 转移：在水平免疫电泳槽的两侧电极槽内倒入 pH 8.6，离子强度 0.06 μ 的巴比妥缓冲液，将琼脂板平置于电极槽之间，抗原加样孔靠近负极一端，抗体加样孔靠近正极一端，用两层滤纸分别在琼脂板两端与临近的电极缓冲液之间搭桥。

(4) 电泳：接通稳压电源，调电压 100～150 V，或者控制电流 4 mA/cm，电泳 2 h 左右。如发现沉淀线，可关闭电源；如沉淀线不清晰，可取出琼脂板，于室温或 37 ℃恒温箱中放置数小时后观察。

(5) 实验结果：见图 11-6。

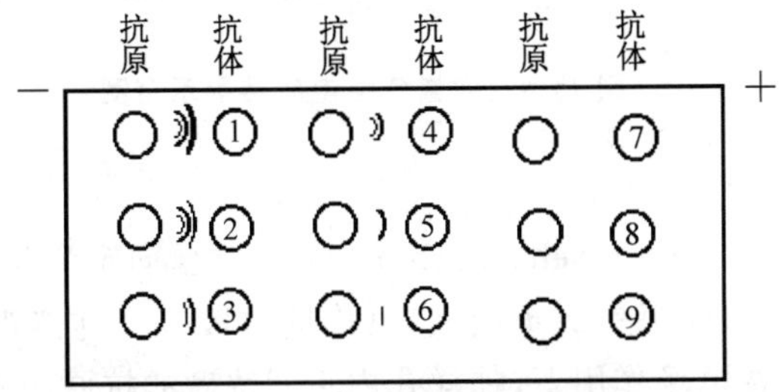

图 11-6 对流免疫电泳结果示意图

3. 微量免疫电泳

微量免疫电泳(micro-immunoelectrophoresis)是将免疫电泳和免疫双向扩散技术结合起来的一种检测方法，以此来提高免疫检测的分辨率和灵敏度。该方法首先将抗原在琼脂凝胶上通过电泳把抗原的各个组分分开，并沿抗原分离的边线开一个小槽，然后在槽内加满抗体，抗体在琼脂的网状结构中自由扩散，与抗原的相应组分相遇出现白色沉淀线。微量免疫电泳不仅可以用于抗原、抗体的定性测定和纯度鉴定，而且可以用于临床诊断，检测灵敏度高，方法简便。

(1) 制备离子琼脂板：方法同双向扩散法，琼脂凝固后按图 11-7 打槽和打孔。孔径 4 mm，槽长约 60 mm，宽 1～2 mm，其方向与电场相平行；孔与槽相距 3～4 mm。将孔内琼脂挑出，槽内琼脂待电泳后再挑出，以免电泳时琼脂粉凝胶受电压的影响使沟槽变形，从而影响双向扩散。

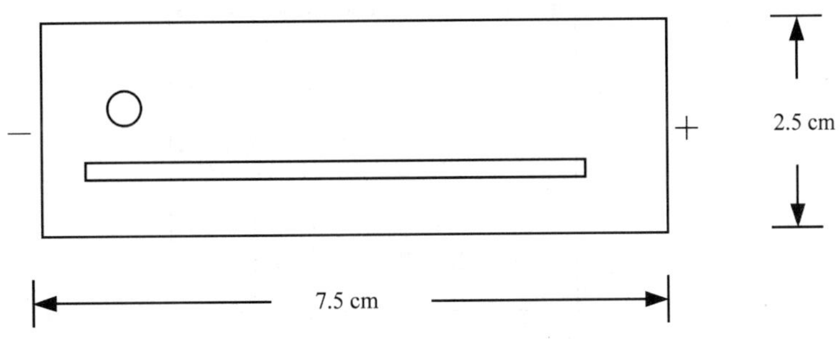

图 11-7 微量免疫电泳打孔和打槽示意图

(2) 加样：孔内加入原浓度抗原，加样量平于琼脂表面。

(3) 电泳：琼脂板两端用滤纸搭桥与电极槽缓冲液（巴比妥缓冲液）相连接，抗原加样孔靠近负极一端，接通电源，调电压 100～150 V，电泳 4 h 左右。当血清中的色素前沿泳动到距边缘 1.5 cm 时，关闭电源，取出琼脂板。

(4) 双向扩散：用注射器针头将横槽中的琼脂挑出，加入抗血清，水平置于保湿的培养皿中，37 ℃恒温箱中温育 24 h 进行双向扩散。

(5) 实验结果：见图 11-8。

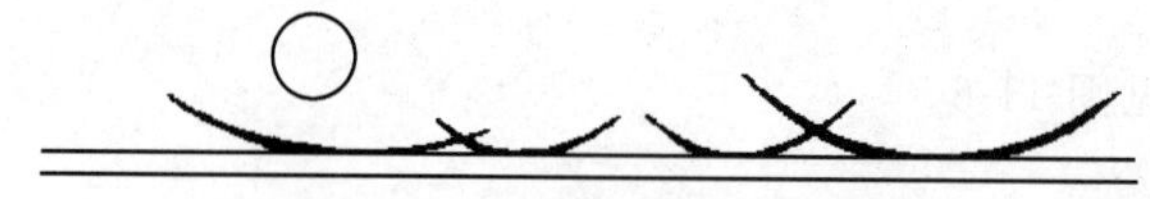

图 11-8　微量免疫电泳结果示意图

4. 火箭电泳

火箭免疫电泳（rocket immunoelectrophoresis）又称单向定量免疫电泳。首先在融化的琼脂中加入一定量的抗体，混匀后铺成琼脂板（也称抗体板），在抗体板的一端打一排小孔，依次加入不同浓度的抗原。在电场作用下，加样孔内不同浓度的抗原向正极泳动，当遇到琼脂板中的抗体时，就会形成抗原-抗体复合物。由于刚开始时抗原的不断增加造成了抗原的过剩，使原先形成的抗原-抗体复合物沉淀又被溶解。当抗原在电场的作用下继续往前移动，遇到琼脂板中的未被结合的抗体，又会形成新的抗原-抗体复合物。因此，在电泳过程中抗原、抗体不断地发生沉淀-溶解-沉淀。只有在加样孔内的抗原完全进入凝胶并与抗体形成复合物时，才出现稳定的沉淀线。沉淀线形状类似于子弹头，故火箭电泳也因此而得名。“火箭”的高度与所加抗原量大致成正比，抗原的浓度越大，形成火箭峰越高；反之，形成峰越低。它可以用于抗原的效价测定和抗体的组分测定。

(1) 抗体琼脂板的制备：取 15 mL 融化的 1.5％离子琼脂置 55 ℃恒温水浴平衡，加入适量抗体（抗体的加入量参考双向扩散法测定的抗体效价，一般抗体效价在 1∶64 以上时，抗体与 1％琼脂粉凝胶液的体积比为 1∶9；抗体效价在 1∶32 时，抗体与琼脂的体积比为 2∶8），混匀，将抗体琼脂倒在 8 cm×8 cm 玻璃板上，凝固后按图 11-9 打孔，孔距底边约 10 mm，孔间距约 6 mm，挑出孔内琼脂。

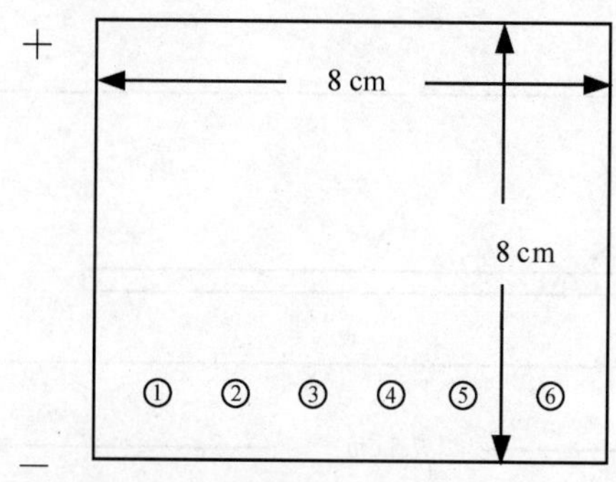

图 11-9　火箭免疫电泳琼脂板打孔示意图

(2) 加样：将抗原二倍法连续稀释成不同浓度，依次加入孔内，1～6 号孔抗原的稀释梯度依次为 2^{-1}～2^{-6}，加样量与琼脂粉凝胶表面相平。

(3) 电泳：用滤纸条将琼脂板与电极缓冲液连接，抗原加样孔靠近负极一端，接通电源，调电压 100～150 V，电泳 3～4 h 左右，当火箭峰高 3～5 cm 且峰形不变时，关闭电源，取出琼脂板。

(4) 实验结果：见图 11-10。

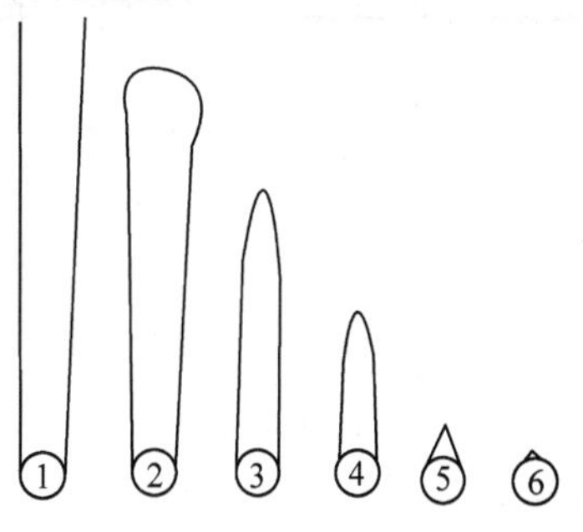

图 11-10 火箭电泳结果示意图

5. 双向免疫电泳

双向免疫电泳也称为交叉免疫电泳(crossed immuno-electrophoresis)。用一块 8 cm×8 cm 玻璃板作为电泳板和一块 8 cm×8 cm的玻璃板作为覆盖板，首先用覆盖板将电泳板的 3/4 面积覆盖住，留出 1/4 的面积铺上 1%的琼脂粉凝胶，凝固后在一端打一个孔，加入抗原，像微量免疫电泳一样将抗原的各组分分开，称之为第一向。然后垂直于第一向像火箭电泳一样铺上抗体琼脂板，称之为第二向，抗体琼脂板与第一向凝胶紧密衔接。由于第一向已经将抗原的蛋白组分分开了，在进行第二向时只有单一组分的抗原向前泳动，出现的沉淀是各个组分的抗原-抗体复合物。利用双向免疫电泳抗原-抗体复合物的沉淀线可以判断抗体的组分。

(1) 第一向电泳：取 8 cm×8 cm 玻璃板 2 块叠放，下面 1 块玻璃板留出约 2 cm，制备离子琼脂板(即 8 cm×2 cm)，打孔，孔距琼脂内侧边约 5 mm，孔内加入抗原，小心移去覆盖在上面的玻璃板，进行第一向电泳。如图 11-11 所示。

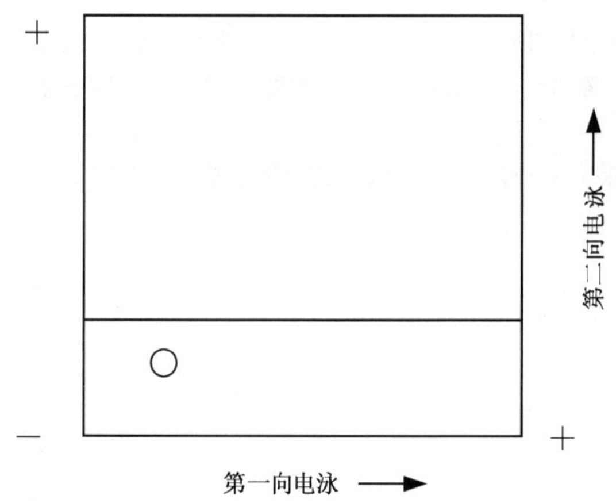

图 11-11 双向免疫电泳示意图

(2) 第二向电泳：配置含适量抗体的抗体琼脂(参见火箭免疫电泳)，将抗体琼脂倾倒在已进行第一向电泳的玻璃板上，与第一向电泳后的琼脂紧密粘合，冷却后进行第二向电泳，稳压 100～150 V，电泳 3～4 h 左右，取下琼脂板。

(3) 实验结果：见图 11-12。

二、染色及保存方法

上述测定结果均可通过考马斯亮蓝法染色，具体操作如下：

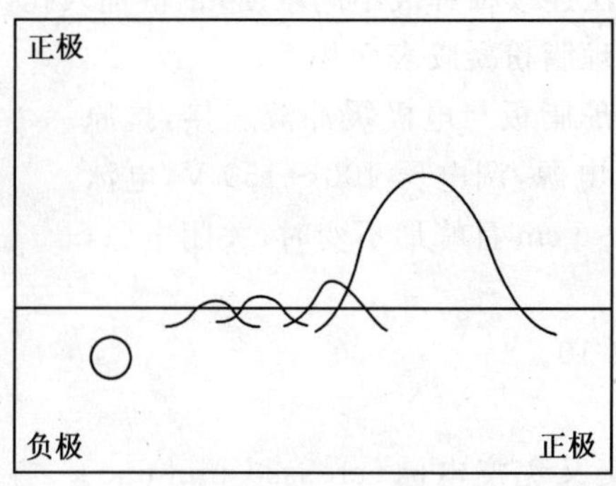

图 11-12 双向免疫电泳结果示意图

(1) 漂洗琼脂板：用生理盐水浸泡琼脂板，琼脂凝胶与玻璃板自动分离，取出玻璃板，浸泡两天，每天更换生理盐水两次，以洗去未结合的抗原和抗体，然后再用蒸馏水浸泡一天，并更换两次，以除去盐分。

(2) 将琼脂板放入考马斯亮蓝染色液中(与电泳用染色液相同)染色约 0.5 h(注意观察染色深度)，再用 7%乙酸脱去背景颜色。

(3) 琼脂板浸泡于 5%甘油中 0.5 h，小心取出琼脂凝胶，用两张玻璃纸制成夹心式薄膜干板(方法同电泳干胶)，以长期保存。

【参考文献】

[1] 周先碗，胡晓倩. 生物化学仪器分析与实验技术. 北京：化学工业出版社，2003

[2] 王重庆，李云兰，李德昌，陈劲秋，周先碗，郝福英，廖助荣，袁洪生. 高级生物化学实验教程. 北京：北京大学出版社，1994

[3] 张龙翔等. 生物化学实验方法和技术. 北京：高等教育出版社，1997

实验 12 酶联免疫吸附测定

一、酶联免疫

酶免疫测定法是利用抗原-抗体的初级免疫学反应和酶的高效催化底物反应的特点，具有生物放大作用，所以反应灵敏，可检出浓度在纳克(ng)级水平。在免疫反应部分，抗原-抗体的亲和力、抗原和半抗原的性质、测定方法的实验条件、酶标记物的性质等因素影响反应的敏感性；在酶学反应部分，酶的浓度、底物的浓度、反应 pH 和温度、酶的抑制剂和激活剂等因素也影响反应的敏感性。

酶免疫测定法中所使用的试剂都比较稳定，按照一定的实验程序进行测定，实验结果重复性较好，有较高的准确性。酶免疫测定法成本低，操作简便，可同时快速测定多个样品，不需要特殊的仪器设备。

酶免疫测定法用来检测液体中可溶性的抗原、抗体成分。测定方法可分为均相和非均相两类。均相测定法不需要固相载体作为免疫吸附剂，测定中不需分离结合的和游离的酶标记物，主要用于相对分子质量小的抗原和半抗原物质的测定。非均相测定法根据方法不同又可分为液相和固相两种：液相非均相测定法机理与放射免疫测定相似，利用双抗体或沉淀分离未结合的酶标记物，应用较少；固相非均相测定法应用固相载体作为免疫吸附剂，反应在固相载体表面进行，便于分离结合的与游离的酶标记物，这类方法根据首创者 Engvall 的定名，称为酶联免疫吸附测定(enzyme-linked immunosorbent assay，简称 ELISA)法或酶标固相免疫测定法。

二、ELISA 的几种方法

ELISA 法各种各样，根据实验的需要和实验室的条件可以灵活地设计出符合自己要求的实验方法。下面举例说明几种常用的测定抗体抗原的 ELISA 法。

1. 间接法测定

首先将过量的抗原加入聚苯乙烯微量反应板的凹孔中进行吸附，洗涤除去未吸附抗原；然后将待测抗体(一抗)溶液加入反应凹孔，温育，形成抗原-抗体复合物，洗涤除去未结合的杂蛋白；加酶标记抗抗体(二抗)，温育后洗涤除去未结合的酶标记物；加入底物生成有色产物，加终止液终止酶促反应，用酶标仪测定光吸收值，计算第一抗体量(图 12-1)。

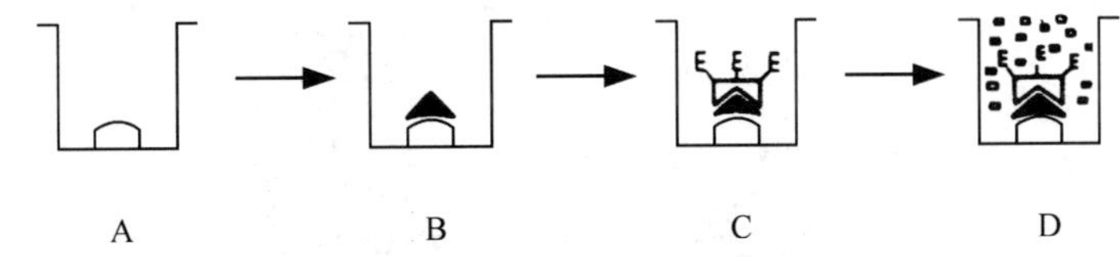

图 12-1 间接法测定抗体效价原理示意图

A—将抗原吸附于固相载体表面； B—加入待测抗体，温育，形成抗原-抗体复合物；
C—加入酶标记抗抗体，温育； D—加入底物生成有色产物，测定光吸收值

酶标第二抗体是将第一抗体免疫另一种动物，将抗体纯化再与酶交联而成的。这个方法的优点是只需制备一种酶标抗体，便可用于多种抗原-抗体系统中抗体的检测，免去了逐一纯化并标记各种第一抗体的麻烦，使用商品化的酶标记抗体，经济方便。

2. 双抗体夹心法测定

首先将抗原免疫第一种动物获得的特异性抗体的免疫球蛋白加入聚苯乙烯微量反应板的凹孔中进行吸附，洗涤除去未吸附抗体，将待测抗原溶液加入反应凹孔，温育形成抗原-抗体复合物，洗涤除去未结合的杂蛋白，再加抗原免疫第二种动物获得的特异性抗体，经温育形成抗体-抗原-抗体复合物，洗涤后加入抗第二种动物抗体的酶标记抗体，温育后洗涤除去未结合的酶标记物，加底物生成有色产物，终止酶促反应，用酶标仪测定光吸收值，经计算得到抗原量（图 12-2）。在此方法中待测抗原必须有两个结合位点，分别和包被的抗体和酶标抗体结合，所以不能用此方法检测半抗原。

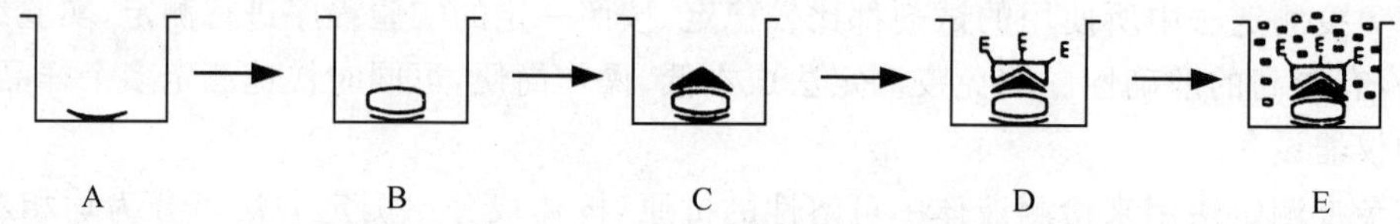

图 12-2　双抗体夹心法测定抗原量原理示意图

A—将抗原免疫第一种动物获得的抗体吸附于固相载体表面；B—加入抗原，温育，形成抗原-抗体复合物；C—加抗原免疫第二种动物获得的抗体，温育，形成抗体-抗原-抗体复合物；D—加入抗第二种动物抗体的酶标记抗体，温育；E—加入底物生成有色产物，测定光吸收值

3. 竞争法测定

将两份相同的含有特异性抗体的免疫球蛋白在载体甲和乙中进行吸附，然后在甲中加入酶标抗原和待测抗原，乙中只加入浓度与甲相同的酶标抗原，甲、乙中的抗原均竞争性地与固相抗体结合，温育后洗涤，加底物生成有色产物。由于固相抗体结合位点有限，待测抗原量越多时，则酶标抗原与固相抗体结合的量越少，酶含量低则有色产物就少（图 12-3）。因此显色后用乙与甲中底物反应的光吸收值之差计算出未知抗原的量。

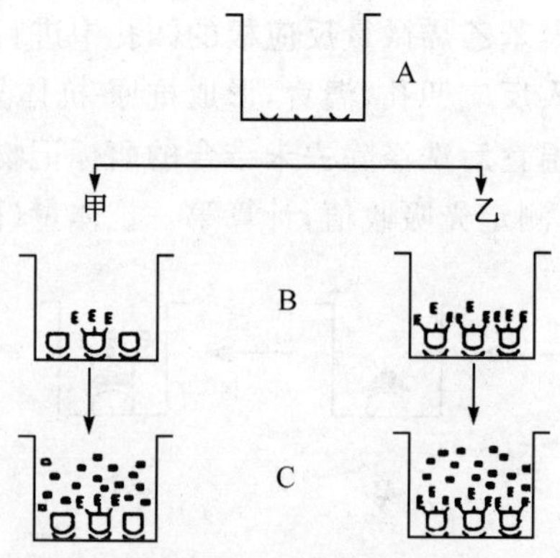

图 12-3　竞争法测定抗原量原理示意图

A—将抗体吸附于固相载体表面；B—甲加入酶标抗原和待测抗原，乙加入酶标抗原，温育；C—加入底物生成有色产物，分别测定光吸收值

【实验目的】

掌握酶联免疫吸附测定的基本原理和方法。

【实验原理】

免疫酶技术就是用酶促反应的放大作用来显示初级免疫学反应。具体来讲就是用化学方法将酶与抗原或抗体结合形成酶标记抗原或酶标记抗体,统称酶结合物。该结合物保留原先的免疫学活性和酶学活性,既有抗原-抗体反应的特异性又有酶促反应的生物放大作用。免疫酶技术包括一次或数次免疫学反应和一次酶促反应。首先是抗原、抗体之间的特异性结合,然后加入酶相应的底物,发生酶促反应,生成有色产物,根据产物颜色有无或深浅,定位或定量抗原或抗体。

ELISA 法测定过程中抗原、抗体的免疫反应可进行一次或数次,酶促反应只进行一次,免疫反应和酶促反应是在微量反应板的测定孔表面进行。ELISA 法有多种类型,在实际工作中根据需要灵活运用。以间接法测定抗体为例简要说明其原理:利用聚苯乙烯微量反应板作为固相免疫吸附剂,吸附抗原,使之固定化,此步过程称为包被,之后加待测抗体,再加相应的酶标记抗抗体进行两次抗原抗体的特异性免疫反应,生成抗原-抗体-酶标记抗抗体复合物,最后加入酶的底物,进行酶促反应,生成有色产物,待测抗体的量与有色产物的颜色成正比,用特定波长测定产物的光吸收值即可得到待测抗体的量。免疫多种动物制成的各种抗体、酶标抗体、酶标抗抗体已试剂化出售,便于各种 ELISA 法测定。

具体实验方法如下:

一、包被

在酶免疫测定法中,将抗原或抗体固定于载体表面,此过程称为包被。包被可采用物理吸附或共价交联的方法。可作为固相载体的物质很多,如聚苯乙烯、纤维素、聚丙烯酰胺、聚乙烯、聚丙烯、交联葡聚糖、玻璃、硅橡胶、琼脂糖凝胶等。载体的形式可以是试管、微量反应板凹孔、小珠、小圆片等。ELISA 实验通常采用聚苯乙烯微量反应板,它所用样品量少,使用方便,敏感性和重复性好,国内已有生产和市售,价格低廉。

抗原、抗体主要是以物理吸附作用固定于聚苯乙烯固相载体表面,过程简单,不发生化学反应,不需要特殊条件,吸附的效果与包被缓冲液的浓度、pH、温育时间有关,还与载体的表面性质有关。包被蛋白质时缓冲液宜偏碱性、离子强度较低,这有利于蛋白质的吸附;包被缓冲液(pH$<$6)时非特异性吸附增加,实验室中包被时常采用 50 mmol/L pH 9.5 的碳酸盐缓冲液。聚苯乙烯塑料表面能吸附较多的蛋白质,常用浓度 1～10 μg/mL 的免疫球蛋白。浓度过高,蛋白质分子间的相互作用力妨碍了蛋白质与聚苯乙烯载体表面的吸附,不仅浪费试剂,还会降低检测灵敏度。包被物质必须是可溶的,最适包被浓度可通过棋盘滴定法加以确定,选择阳性孔光吸收值$\geqslant$1,阴性孔光吸收值$<$0.2 的包被物浓度为最适工作浓度。包被温度和时间与固相载体吸附蛋白质多少有关,多采用 4 ℃冰箱过夜或 37 ℃温育 2 h,可以达到同样的吸附效果。

二、封闭

已包被的固相载体与待测样品或酶结合物之间会发生非特异性吸附,降低检测的敏感性和特异性。包被后用牛血清清蛋白(BSA)封闭凹孔中未结合抗原或抗体的部位,封闭液由

1% BSA，0.1%Tween-20 组成，清蛋白属于无关蛋白，Tween-20 属于非离子型去污剂，用以减少其后各步的非特异性吸附。酶标抗体可以用封闭液稀释，以减少酶结合物的非特异性吸附。

三、温育

为使酶免疫测定法中的免疫学反应和酶学反应顺利进行，反应体系需要有合适的 pH 和离子强度，保持一定的温度，并作用一段时间，这个过程称为温育或孵育。在抗原和抗体的结合反应中，低温可提高结合率，高温可加速免疫结合反应的进行。酶免疫测定法温育一般选用 37 ℃或室温(18～22 ℃)。每种测定系统中对温育的时间要求不同，应通过测定其反应动力学来确定。定量测定时选用较长的温育时间以保证结果的准确性，但温育时间较短对于反应的敏感性和特异性有益。

四、待测样品

样品中蛋白质浓度过高会产生非特异性吸附干扰固相包被，而过度稀释的血清或血浆样品也会影响抗原、抗体之间的免疫学反应，样品中可能存在的内源性过氧化物酶也会干扰显色反应，克服或减少这些问题的简单办法是采用适当的稀释法。稀释法虽然可减少样品中蛋白质或其他成分与固相的非特异性结合，并降低底物反应时非特异性显色反应的程度，但也可降低酶免疫测定法的敏感性。

五、洗涤

ELISA 操作过程中无论是免疫反应还是酶促反应，每次反应后都要反复洗涤，除去未反应的游离抗原或抗体、酶结合物，保证反应的定量关系。例如固相载体包被后，洗涤除去未吸附的包被蛋白；待测样品与固相温育后，洗涤除去未结合的免疫反应物及无关杂质，终止抗原、抗体继续结合；酶结合物与固相温育后，洗涤除去未结合的酶结合物。洗涤的效果直接关系到 ELISA 的检测结果。洗涤液是含 0.05%Tween-20 的 PBS，pH 7.2 或 7.4，洗涤液中加入 Tween-20 就是为了减少非特异性吸附。

六、显色

ELISA 测定中可供 HRP 使用的底物较多，实验室中最常用的是邻苯二胺(ortho-phenylenediamine，OPD)，测定波长在 492 nm 和 460 nm，以及 3,3′,5,5′-四甲基联苯胺(3,3′,5,5′-tetramethylbenzidine，TMB)，OPD 和 TMB 经 HRP 催化反应后生成橘红色或黄色产物，底物温育时间短，在暗处稳定，显色结果可用目测法或比色法判定。

【器材与试剂】

一、器材

酶标仪，酶标板，恒温箱，加样器，保鲜膜。

辣根过氧化酶标抗体(兔抗鼠 IgG-HRP)，抗原(鸡血清)，抗体(兔抗鸡 IgG)，牛血清清蛋白(BSA)。

二、试剂

二甲亚砜(dimethyl sulfoxide，DMSO)，邻苯二胺，$NaH_2PO_4 \cdot 2H_2O$，KCl，NaCl，$Na_2HPO_4 \cdot 12H_2O$，Na_2CO_3，$NaHCO_3$，KH_2PO_4，吐温-月桂酸(Tween-20)，H_2SO_4，TMB。

(1) 包被液(50 mmol/L pH 9.5 的碳酸盐溶液)：称 0.159 g Na_2CO_3，0.294 g $NaHCO_3$，加蒸馏水溶解，定容至 100 mL。

(2) 磷酸盐-NaCl 缓冲液(10 mmol/L pH 7.4 的 PBS)：称 8.0 g NaCl,2.9 g $Na_2HPO_4 \cdot 12H_2O$,0.2 g KCl,0.2 g KH_2PO_4,加蒸馏水溶解,定容至 1000 mL。

(3) 洗涤液(0.05% Tween-20 的 PBS 溶液)：1000 mL PBS 中加入 500 μL Tween-20。

(4) 封闭液(1%BSA-0.1%Tween-20 的 PBS 混合溶液)：在 10 mL PBS 溶液中加入 100 mg BSA,10 μL Tween-20。

(5) 底物溶液：

贮液 A(0.1 mol/L pH 6.0 磷酸钠缓冲液)：称 2.2 g $Na_2HPO_4 \cdot 12H_2O$,6.84 g $NaH_2PO_4 \cdot 2H_2O$,用蒸馏水溶解,定容至 500 mL。

贮液 B(TMB 溶液)：称 60 mg TMB 溶于 10 mL 二甲亚砜中,4 ℃避光保存。

(6) 底物溶液(底物应用液)：取 10 mL 贮液 A,100 μL 贮液 B,加入 15 μL 30% H_2O_2,混匀(使用前配制)。

(7) 终止液：2 mol/L H_2SO_4。

【实验步骤】

(1) 抗原包被：将鸡血清用包被液稀释约 10 000 左右,取一块聚苯乙烯 96 孔板,每一个孔各加入 100 μL 抗原稀释液,保鲜膜封住,4 ℃放置过夜。

(2) 洗涤：次日倾去凹孔内的液体,用洗涤液加满各孔,放置 5 min,倾出洗涤液,再次加满洗涤液,如此重复 3 次。

(3) 封闭：每一个孔各加入 100 μL 封闭液,保鲜膜封住,室温放置约 1 h。

(4) 洗涤：按步骤(2)洗涤 3 次。

(5) 加待测抗体(一抗)：将兔抗鸡抗体用 PBS 溶液连续稀释(按照 1∶2 或 1∶10),将不同稀释度的抗体加到已包被的酶标板孔内,每孔加入 100 μL,每个样品平行做两份,以 PBS 溶液作空白,以此为阴性对照,用已知样品作阳性对照。保鲜膜封住,37 ℃恒温箱温育 1～2 h。

(6) 洗涤：按步骤(2)洗涤 3 次。

(7) 加酶标抗体(二抗)：兔抗鼠酶标抗体,用封闭液 1∶8000 稀释,按每孔 100 μL 加样,保鲜膜封住,37 ℃温育 1 h。

(8) 洗涤：用洗涤液洗 5 次,蒸馏水洗 2 次。

(9) 显色：加新鲜配制的底物溶液 100 μL/孔,室温暗处反应 5～30 min,显示。

(10) 终止反应：每孔加 50 μL 终止液,颜色变黄。

(11) 比色：用酶标仪测定 450 nm 处各孔的光吸收值,阳性反应的最大稀释度为待测样品的效价。

【结果讨论与注意事项】

(1) 待测样品溶液中不存在与标记酶相同的酶、底物、酶抑制剂和其他干扰因素,以防止干扰作用。

(2) 聚苯乙烯酶标板测定时,溶液宜垂直滴入凹孔中间,相继加入的溶液都覆盖相同的载体表面积。在吸附、温育和洗涤等操作中应避免剧烈振摇、搅拌等,以保证恒定的吸附容量。在洗涤操作中,由于聚苯乙烯反应板凹孔容量小、孔间距离近,故洗涤时要注意每次加入的洗涤液量既要达到洗涤充分又要避免相邻孔内液体互相污染。

(3) 在 ELISA 中血清阴性对照的显色反应常常是因酶结合物与固相之间的非特异性吸附所致,可在酶结合物稀释时加入去污剂(Tween-20)或非特异性蛋白(牛血清清蛋白),减少酶结合物的非特异性吸附作用。稀释的酶结合物置于室温条件下过久,会影响底物的显色反应,所以酶结合物应使用前稀释。

(4) 一些底物如 OPD 和 TMB 在暗处稳定,底物溶液要现用现配,酶促反应时注意避光。某些含苯环的底物有致畸变作用或致癌作用,使用时要多加小心,测完数据后,收集反应溶液,集中处理,不要流入下水道。

【参考文献】

[1] 周先碗, 胡晓倩. 生物化学仪器分析与实验技术. 北京: 化学工业出版社, 2003

[2] 王重庆,李云兰,李德昌,陈劲秋,周先碗,郝福英,廖助荣,袁洪生. 高级生物化学实验教程. 北京: 北京大学出版社,1994

[3] 张龙翔等. 生物化学实验方法和技术. 北京: 高等教育出版社,1997

[4] 蒋成淦. 酶免疫测定法. 北京:人民卫生出版社,1984

B 分子生物学部分

实验 13 质粒 DNA 的分离纯化

将大肠杆菌在 LB 固体培养基上培养或者在 LB 液体培养基里进行培养，用碱性十二烷基硫酸钠(SDS)快速方法从大肠杆菌细胞中分离、提取质粒 DNA，再经限制性内切酶酶切后，进行琼脂糖凝胶电泳分离，溴乙锭染色，最后在紫外监测仪下检测。

【实验目的】

通过本实验，学会微生物(细菌)的培养方法以及提取纯化质粒 DNA 的试剂的配法，学会使用各种离心机设备，全面掌握质粒 DNA 的提取纯化技术。

【实验原理】

要把一个有用的外源基因通过基因工程手段，送进细胞中去进行繁殖和表达，需要运载工具，携带外源基因进入受体细胞的这种工具就叫载体(vector)。载体的设计和应用是 DNA 体外重组的重要条件。作为基因工程的载体必须具备下列条件：① 是一个复制子，载体有复制点才能使与它结合的外源基因复制繁殖；② 载体在受体细胞中能大量增殖，只有高复制率才能使外源基因在受体细胞中大量扩增；③ 载体 DNA 链上有一到几个限制性内切酶的单一识别与切割位点，便于外源基因的插入；④ 载体具有选择性的遗传标记，如有抗氨苄青霉素基因(Amp^r)、抗四环素基因(Tet^r)、抗新霉素基因(Ne^r)等，以此知道它是否已进入受体细胞，也可根据这个标记将受体细胞从其他细胞中分离筛选出来。细菌质粒具备上述条件，它是基因工程中常用的载体之一。

质粒(plasmid)是一种染色体外的稳定遗传因子，是大小在 1～200 kb 之间，具有双链闭合环状结构的 DNA 分子，主要发现于细菌、放线菌和真菌细胞中。质粒具有自主复制和转录能力，能使子代细胞保持它们恒定的拷贝数，可表达它携带的遗传信息。它可独立游离在细胞质内，也可以整合到细菌染色体中，它离开宿主细胞就不能存活，而它控制的许多生物学功能也是对宿主细胞的补偿。

质粒在细胞内的复制，一般分为两种类型：严密控制型(stringent control)和松弛控制型(relaxed control)。前者只在细胞周期的一定阶段进行复制，染色体不复制时，它也不复制。每个细胞内只含有 1 个或几个质粒分子。后者的质粒在整个细胞周期中随时可以复制，在细胞里，它有许多拷贝，一般在 20 个以上。通常大的质粒如 F 因子等，拷贝数较少，复制受到严格控制。小的质粒，如 Co*l*E Ⅰ质粒(含有产生大肠杆菌素 E1 基因)，拷贝数较多，复制不受严格控制。在使用蛋白质合成抑制剂——氯霉素时，染色体 DNA 复制受阻，而松弛型 Col*E* Ⅰ质粒继续复制 12～16 h，由原来 20 多个拷贝可扩增至 1000～3000 个拷贝，此时质粒 DNA 占总 DNA 的含量由原来的 2%增加到 40%～50%。本实验分离纯化的质粒 pBR322 或 pUC19 就是由 Col*E* Ⅰ衍生的质粒。

所有分离质粒 DNA 的方法都包括 3 个基本步骤：培养细菌，使质粒扩增；收集和裂解细菌；分离和纯化质粒 DNA。采用溶菌酶可破坏菌体细胞壁，十二烷基硫酸钠（SDS）可使细胞壁裂解，经溶菌酶和阴离子去污剂（SDS）处理后，细菌染色体 DNA 缠绕附着在细胞壁碎片上，离心时易被沉淀出来，而质粒 DNA 在合适的 pH 条件下，则留在上清液中。用乙醇沉淀、洗涤，可得到质粒 DNA。

质粒 DNA 的相对分子质量一般在 10^6～10^7 范围内，如质粒 pBR322 的相对分子质量为 2.8×10^6，质粒 pUC19 的相对分子质量为 1.7×10^6。在细胞内，共价闭环 DNA（covalently closed circular DNA，简称 cccDNA）常以超螺旋形式存在。如果两条链中有一条链发生一处或多处断裂，分子就能旋转而消除链的张力，这种松弛型的分子叫做开环 DNA（open circular DNA，简称 ocDNA）。在电泳时，同一质粒如以 cccDNA 形式存在，它比其 ocDNA 和线状 DNA（linear DNA）的泳动速度快，一般情况下质粒的泳动速度为：cccDNA＞线状 DNA＞ocDNA。因此在本实验中，自制质粒 DNA 在电泳凝胶中呈现 3 条区带。

【器材与试剂】

一、器材

1.5 mL 塑料离心管（又称 Eppendorf 离心管）10 个，0.5 mL Eppendorf 离心管 7 个，塑料离心管架（30 孔）1 个，20，200，1000 μL 微量加样器各一支，常用玻璃仪器及滴管等，台式高速离心机一台。

大肠杆菌 DH5α 和带有质粒 pUC19 或 pBR322 的大肠杆菌（DH5α）。

二、试剂

（1）pH 8.0 GET 缓冲液：50 mmol/L 葡萄糖，10 mmol/L EDTA-Na_2，25 mmol/L Tris-HCl。用前加 4 mg/mL 溶菌酶。

（2）pH 4.8 乙酸钾溶液：60 mL 5 mol/L KAc，11.5 mL 冰醋酸，28.5 mL H_2O。该溶液 K^+ 浓度为 3 mol/L，Ac^- 浓度为 5 mol/L。

（3）酚-氯仿（V/V，1∶1）：酚需在 160 ℃重蒸，加入抗氧化剂 8-羟基喹啉，使体积分数为 0.1%，并用 Tris-HCl 缓冲液平衡两次。氯仿中加入异戊醇，氯仿/异戊醇为 24∶1（V/V）。

（4）pH 8.0 TE 缓冲液：10 mmol/L Tris-HCl，1 mmol/L EDTA，其中含 RNA 酶（RNase A）20 μg/mL。

（5）液体 LB（Luria-Bertani）培养基：每升含有胰蛋白胨（Bacto-tryptone）10 g，酵母提取物（Bacto-yeast extract）5 g，NaCl 10 g，用 NaOH 调 pH 至 7.5。一般水质情况下 pH 已至 7.5，不需用 NaOH 调 pH。

（6）固体 LB 培养基：每升含有胰蛋白胨 10 g，酵母提取物 5 g，NaCl 10 g，琼脂粉 15 g，用 NaOH 调 pH 至 7.5。一般水质情况下 pH 已至 7.5，不需用 NaOH 调 pH。

（7）其他试剂：7.5 mol/L pH 7.5～8.0 醋酸铵（NH_4Ac），异丙醇，70%乙醇，无水乙醇。

【实验步骤】

一、培养细菌

将带有质粒 pUC19 或 pBR322 的大肠杆菌(DH5α)接种在 LB 固体琼脂培养基上或液体培养基中,37 ℃培养 12～18 h。

二、从菌落中快速提取制备质粒 DNA

1. 方法一

(1) 用 LB 固体培养基培养单个菌落:挑单个菌落在 LB 固体培养基上划线,过夜培养菌落。用 3～5 根牙签分别挑取菌落,放入 1.5 mL Eppendorf 离心管中。加入 150 μL GET 缓冲液。充分混匀,在室温下放置 10 min。溶菌酶在碱性条件下不稳定,必须在使用时新配制溶液。

(2) 加入 200 μL 新配制的 0.2 mol/L NaOH(内含 1% SDS)。加盖,颠倒 4～5 次,使之混匀。冰上放置 5 min。

(3) 加入 150 μL 冰冷的乙酸钾溶液(pH 4.8)。加盖后颠倒数次使之混匀,冰上放置 15 min。

(4) 用台式高速离心机,以转速为 10 000 r/min 离心 5 min,上清液倒入另一干净的离心管中,乙酸钾能沉淀 SDS 与蛋白质的复合物,在冰上放置 15 min 是为了使沉淀完全。如果上清液经离心后仍混浊,应混匀后再冷却至 0 ℃并重新离心。

(5) 向上清液中加入等体积酚-氯仿(V/V,1 ∶ 1)振荡混匀,用台式高速离心机以 10 000 r/min 离心 2 min,将上清液转移至新的离心管中。用酚与氯仿的混合液除去蛋白,效果比单独使用酚或氯仿更好。

(6) 向上清液加入 2 倍体积无水乙醇,混匀,室温放置 2 min;离心 5 min,倒去上清乙醇溶液,把离心管倒扣在吸水纸上,吸干液体。

(7) 加 0.5 mL 70%乙醇,振荡并离心,倒去上清液,真空抽干或室温自然干燥,待用(可在 −20 ℃保存)。

(8)加入 20 μL 含有 20 μg/ mL RNase A 的无菌蒸馏水溶解提取物,室温放置 30 min 以上,使 DNA 充分溶解待用。

(9) 将 4 μL 自提 pUC19 DNA 稀释到 400 μL,使用紫外检测仪检测质粒 DNA 的浓度,使自提 pUC19 DNA 终浓度为 0.1 μg/ μL,备用。

2. 方法二

(1) 取液体 LB 培养基,培养大肠杆菌(DH5α)16 h。取菌液 1.5 mL,置 Eppendorf 小管中,以 10 000 r/min 离心 1 min,去掉上清液,然后将 Eppendorf 小管倒扣在吸水纸上,尽量去除干净。加入 150 μL GET 缓冲液,充分混匀,在室温下放置 10 min。溶菌酶在碱性条件下不稳定,必须在使用时新配制溶液。

(2) 加入 200 μL 新配制的 0.2 mol/L NaOH(内含 1% SDS)。加盖,颠倒 4～5 次,使之混匀。冰上放置 5 min。

(3) 加入 150 μL 冰冷的乙酸钾溶液(pH 4.8),加盖后颠倒数次使混匀,冰上放置 15 min。

(4) 用台式高速离心机以 10 000 r /min 离心 5 min,上清液倒入另一干净的离心管中,乙酸钾能沉淀 SDS 与蛋白质的复合物,在冰上放置 15 min 是为了使沉淀完全。如果上清液经离心后仍混浊，应混匀后再冷却至 0 ℃并重新离心。

（5）在上清中加入等体积异丙醇，混匀，室温放置 5 min，以 12 000 r/min 转速离心 5 min，弃去上清液。

（6）加入 200 μL 无菌蒸馏水溶解沉淀，加入 1/2 体积 7.5 mol/L NH_4Ac，混匀后冰浴 3～5 min，以 12 000 r/min 转速离心 5 min。

（7）转移上清液至新管中，并加入 2 倍体积无水乙醇，室温放置 5 min 后以 12 000 r/min 转速离心 30 min，弃去上清液。

（8）沉淀用 500 μL 70%乙醇洗涤一次，以 12 000 r/min 转速离心 5 min，小管倒置于吸水纸上，除尽乙醇，室温自然干燥。

（9）加入 20 μL 含有 20 μg/ mL RNase A 的无菌蒸馏水溶解提取物，室温放置 30 min 以上，使 DNA 充分溶解待用。

（10）将 4 μL 自提 pUC19 DNA 稀释到 400 μL，使用紫外检测仪检测质粒 DNA 的浓度，使自提 pUC19 DNA 终浓度为 0.1 μg/ μL，备用。

【结果讨论与注意事项】

（1）pUC 系列质粒是由 J. Messing 等构建的质粒系列，包括 pUC8，pUC9，pUC18，pUC19。pUC 质粒具有 M13 载体的特点。pUC 是一类非常重要的质粒，它含有一个 Amp^r 和 *lac*I，*lac*Z，并含有多个限制性内切酶的单一识别位点。它有如下优点：

- 基因组小，拷贝数高，DNA 产量高。
- 有 *lac*Z 筛选标记，由于 *lac*Z 基因插入失活，可用蓝白菌落筛选阳性重组子。
- 有 13 个以上的单一限制位点可用于外源基因克隆。

pUC 质粒的用途非常广泛，包括：

- 克隆载体。pUC 质粒至今仍是重要的克隆载体，有 10 个单一限制位点可供克隆，在 MCS 区的插入可使 *lac*Z 基因插入失活。
- 测序载体。pUC 质粒是 DNA 序列测定的重要载体系统，克隆在 pUC 质粒中的外源片段可用化学直接法测序，也可用 M13 载体的测序引物进行双脱氧法测序。
- 表达载体。pUC 质粒也可作为表达载体。当克隆的外源基因与 *lac*Z 启动子驱动下，外源基因可能被表达，与 β-半乳糖苷酶成为融合蛋白。

（2）实验采用溶菌酶破坏大肠杆菌细胞壁，溶菌酶在碱性条件下不稳定，必须在使用时新配制 GET 缓冲液。使用 EDTA 是为了除去细胞壁上的 Ca^{2+}，使溶菌酶更易与细胞壁接触。SDS 能使细胞膜裂解，并使蛋白质变性。KAc 能沉淀 SDS 和 SDS 与蛋白质的复合物。实验中没有用氯仿或酚除去蛋白、抽提 DNA，原因是防止有毒作业，同时由于酚类物质很难除净会影响下面的操作。

【思考题】

1. 为什么能在细菌破碎后的细菌抽提液中（复杂成分中）分离到质粒 DNA？
2. 质粒 DNA 的三种形式是什么？为什么有三种形式？

【时间安排】

第一天上午：教师讲解实验内容，为实验做准备工作（配试剂，实验用具灭菌等）。

下午：5：00 接菌，置 37 ℃摇床培养过夜。

第二天上午：提取质粒 DNA，干燥样品。

下午：用内切酶切质粒 DNA，置 37 ℃温箱保温 2 h，加反应终止液，低温保存。

【参考文献】

[1] Sambrook J., Fritsch E. P., Maniatis T. Molecular cloning: A laboratory manual. New York: Cold Spring Harbor Laboratory Press, 1989

[2] L. 戴维斯等编著，姚志建等译. 分子生物学实验技术. 北京：科学出版社，1990. 34～36

[3] 蔡良婉. 核酸研究技术(下册). 北京：科学出版社，1990. 16～27，125～126

[4] 张龙翔，吴国利. 高级生物化学实验选编. 北京：高等教育出版社，1989. 6～122

[5] 贺竹梅，刘秋云. 一种提取质粒 DNA 的改良方法. 生物技术，1996，6(1)：37～38

[6] 王重庆等. 高级生物化学实验教程. 北京：北京大学出版社，1994. 95～107

[7] 郝福英，朱玉贤等. 分子生物学实验技术. 北京：北京大学出版社，1998. 1～12

实验 14 质粒 DNA 的限制性内切酶酶切及琼脂糖凝胶电泳分离、鉴定

本实验以商品 pUC19 或 pBR322 质粒 DNA 为标准，以自己提取的 pUC19 或 pBR322 质粒 DNA 为样品，用限制性内切酶酶切两种质粒 DNA，再经琼脂糖凝胶电泳分离两者酶切片段，以鉴定自制 pUC19 或 pBR322 质粒 DNA。

【实验目的】

训练学生正确使用加样器，了解限制性内切酶及酶切的条件，学会分析质粒 DNA 的酶切图谱，系统掌握琼脂糖凝胶电泳的基本技术。

【实验原理】

限制性内切核酸酶(也可称限制性内切酶)是在细菌对噬菌体的限制和修饰现象中发现的。细菌细胞内同时存在一对酶，分别为限制性内切酶(限制作用)和 DNA 甲基化酶(修饰作用)。它们对 DNA 底物有相同的识别顺序，但生物功能却相反。由于细胞内存在 DNA 甲基化酶，它能在限制性内切酶所识别的若干碱基上甲基化，就避免了限制性内切酶对细胞自身 DNA 的切割破坏；而对感染的外来噬菌体 DNA，因无甲基化而被切割破坏。

目前已发现的限制性内切酶有数百种。*Eco*R Ⅰ和 *Hin*d Ⅲ都属于Ⅱ型限制性内切酶，这类酶的特点是具有能够识别双链 DNA 分子上的特异核苷酸顺序的能力，能在这个特异性核苷酸序列内切断 DNA 的双链，形成一定长度和顺序的 DNA 片段。*Eco*R Ⅰ和 *Hin*d Ⅲ的识别序列和切口分别是：

*Eco*R Ⅰ：G↓AATTC　　*Hin*d Ⅲ：A↓AGCTT

其中 G,A 等核苷酸表示酶的识别序列，箭头表示酶切口。限制性内切酶对环状质粒 DNA 有多少切口，就能产生多少个酶解片段，因此鉴定酶切后的片段在电泳凝胶中的区带数，就可以推断酶切口的数目，从片段的迁移率可以大致判断酶切片段大小的差别。用已知相对分子质量的线状 DNA 为对照，通过电泳迁移率的比较，可以粗略地测出分子形状相同的未知 DNA 的相对分子质量。我们采用 *Eco*R Ⅰ和 *Hin*d Ⅲ分别酶切 λDNA，其酶切片段作为样品酶切片段大小的相对分子质量标准，参见表 14-1，表 14-2。

表 14-1 λDNA-*Eco*R Ⅰ酶解片段

片　段	碱基对数目/kb	相对分子质量
1	21.226	13.7×10^{6}
2	7.421	4.74×10^{6}
3	5.804	3.73×10^{6}
4	5.643	3.48×10^{6}
5	4.878	3.02×10^{6}
6	3.530	2.13×10^{6}

表 14-2 λDNA-*Hind* Ⅲ酶解片段

片 段	碱基对数目/kb	相对分子质量
1	23.130	15.0×10^6
2	9.419	6.12×10^6
3	6.557	4.26×10^6
4	4.371	2.84×10^6
5	2.322	1.51×10^6
6	2.028	1.32×10^6
7	0.564	0.37×10^6
8	0.125	0.08×10^6

质粒的改造需要工具酶,限制性内切酶是重要的工具酶之一。将质粒和外源基因用限制性内切酶酶切,再经过退火和 DNA 连接酶封闭切口,便可获得携带外源基因的重组质粒。

重组质粒可以转移到另一个生物细胞中去(细胞转化或转染),进而复制、转录和表达外源基因产物。这样通过基因工程可获得所需的各种蛋白质产物。

【器材与试剂】

一、器材

1.5 mL 塑料离心管(又称 Eppendorf 离心管)10 个,0.5 mL Eppendorf 离心管 7 个,塑料离心管架(30 孔)1 个,20,200,1000 μL 微量加样器各一支,锥形瓶(100 mL 或 50 mL),白搪瓷盘(小号),玻璃纸,一次性塑料手套,常用玻璃仪器及滴管等,电泳仪,电泳槽,样品槽模板(梳子),有机玻璃内槽,水平仪,橡皮膏,台式高速离心机一台,台式高速冷冻离心机一台,微型瞬间离心机一台,凝胶自动成像仪。

自提的 pUC19 质粒和市场购买的 pUC19 质粒,*Eco*R Ⅰ内切酶,λDNA+*Hind* Ⅲ酶切的相对分子质量标准,琼脂糖(进口)。

二、试剂

(1) *Eco*R Ⅰ 酶解反应液(10×):1 mol/L pH 7.5 Tris-HCl,0.5 mol/L NaCl,0.1 mol/L $MgCl_2$。

(2) *Hind* Ⅲ酶解反应液(10×):1 mol/L pH 7.4 Tris-HCl,1 mol/L NaCl,0.07 mol/L $MgCl_2$。

(3) TBE 缓冲液(0.5×TBE):称取 1.36 g Tris,0.69 g 硼酸和 0.09 g $EDTA\text{-}Na_2$,用蒸馏水溶解后,定容至 250 mL。取 30 mL TBE 缓冲液(0.5×TBE)制作电泳用的琼脂糖凝胶,取 220 mL TBE 缓冲液(0.5×TBE)作为电泳缓冲液。

(4) 酶反应终止液(10×):两种反应终止液可供选择。① 0.1 mol/L $EDTA\text{-}Na_2$,20% FiCoLL,适量橙 G。② 0.25%溴酚蓝,0.025%二甲苯青 FF(或二甲苯蓝),40%蔗糖水溶液(*W*/*V*)(或用 30%蔗糖水溶液)。

(5) 菲啶溴红染色液:将菲啶溴红(溴乙啶)溶于蒸馏水或电泳缓冲液,使最终浓度达到 0.5~1 μg/mL。避光保存。临用前,用电泳缓冲液稀释 1000 倍。

【实验步骤】

一、质粒 DNA 的酶解

(1) 将实验 13 纯化的并经自然干燥的自制的 pUC19 质粒 DNA 加 20 μL 无菌水(内含 RNase A),使 DNA 完全溶解,一般用 30 min。取出 4 μL 稀释至 400 μL,使用紫外检测仪检测质粒 DNA 的浓度,使终浓度为 0.1 μg/ μL。

(2) 将清洁、干燥、灭菌的带塞离心小管编号,用微量加样器按表 14-3 所示将各种试剂分别加入每个小管内。需要说明的是:所加的 λDNA+*Hin*d Ⅲ浓度为 0.1 μg/μL,市售质粒的浓度为 0.1 μg/ μL,自提 pUC19 浓度为 0.1 μg/ μL,内切酶的活性为 4.8 u/μL。所加酶解缓冲液为 10×。

(3) 加样时,要精神集中,严格操作,反复核对,做到准确无误。加样时不仅要防止错加或漏加的现象,而且还要保持公用试剂的纯净。应注意,此项操作环节是整个实验成败的关键之一。

表 14-3 质粒 DNA 酶解的反应成分及加样量

试剂 \ 编号	1	2	3	4	5	6	7
市售 pUC19 (0.1 μg/ μL)/μL				3	3		
自提 pUC19 (0.1 μg/ μL)/μL	6	6				6	6
λDNA+*Hin*d Ⅲ (0.1 μg/ μL)/μL			4				
*Eco*R Ⅰ(4.0 μg/ μL)/μL	2			2		2	
酶解缓冲液(5×)/μL	2	2	2	2	2	2	2
H_2O/μL		2	4	3	5	2	
总体积/μL	10	10	10	10	10	10	10

(4) 加样后,小心混匀,置于 37 ℃水浴中,酶解 2~3 h(有时可以过夜)。

(5) 向每个小管中分别加入 1/10 体积的酶反应终止液,混匀以停止酶解反应。各酶解样品于冰箱中贮存备用。

二、琼脂糖凝胶板的制备

(1) 琼脂糖凝胶的制备:称取 0.2 g 琼脂糖,置于锥形瓶中,加入 30 mL TBE 缓冲液,瓶口倒扣一个小烧杯(或小漏斗),将该锥形瓶置于手提式高压锅内加热,待排气口冒出大量蒸汽时,将限压阀扣在排气口上,继续加热至 121 kPa 时维持 5 min,琼脂糖即可全部融化在缓冲液中,取出摇匀,则为 1.0%琼脂糖凝胶液。除此之外,也可用沸水浴或微波炉加热直至琼脂糖溶解。

(2) 胶板的制备:取有机玻璃内槽,洗净、晾干。取橡皮膏(宽约 1 cm)将有机玻璃内槽的两端边缘封好(注意,将橡皮膏紧贴在有机玻璃内槽两端边上,不要留空隙),形成一个边脚模子。

(3) 将有机玻璃内槽置于一水平位置,放好样品槽模板(梳子)(图 14-1)。

(4) 将冷却至 65 ℃左右的琼脂糖凝胶液,小心地倒在有机玻璃内槽上,控制灌胶速度,使胶液缓慢地展开,直到在整个有机玻璃板表面形成均匀的胶层(图 14-2)。室温下静置 1 h 左右。

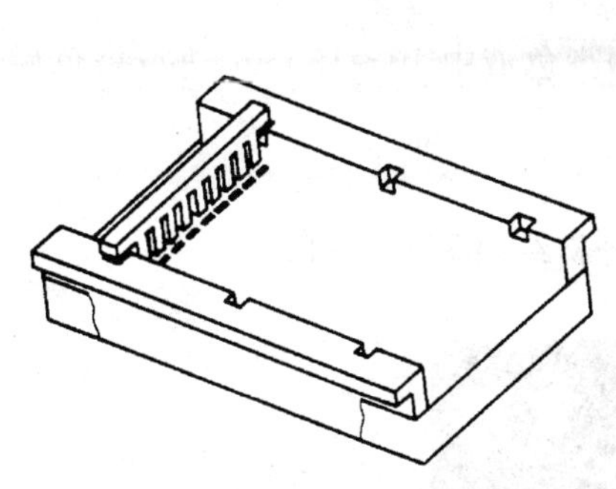

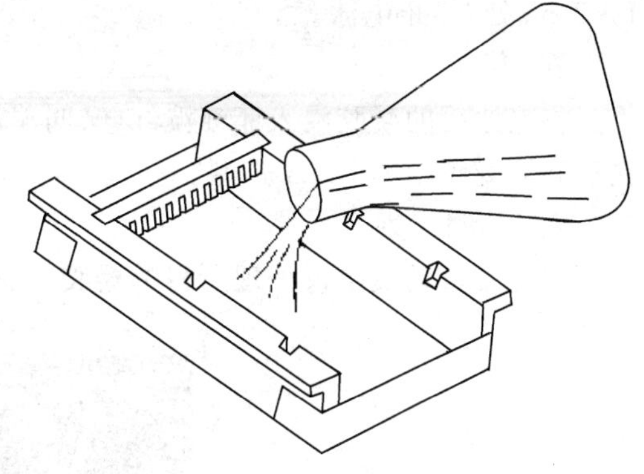

图14-1 有机玻璃内槽和放置好的模板(梳子)

图 14-2 灌胶过程示意图

(5) 待凝固完全后大约 30 min，制备好胶板后应取下橡皮膏，将铺胶的有机玻璃内槽放在电泳槽中备用。将电泳槽内注满 TBE 稀释液，注意！使 TBE 稀释液刚没过胶即可。

(6) 轻轻拔出样品槽模板(梳子)，在胶板上即形成相互隔开的九孔样品槽。

三、加样

(1) 用微量加样器将上述样品分别加入胶板的样品小槽(图 14-3)内，加样时，微量加样器的枪头垂直于样品槽上方插入 TBE 稀释液，但不能碰到样品槽的凝胶面，将样品加入样品槽内。

(2) 每加完一个样品，要用蒸馏水反复洗净微量加样器，以防止相互污染。加样时，应防止碰坏样品槽周围的凝胶面，每个样品槽的加样量不宜过多，本实验室样品槽容量约 15～20 μL 左右。

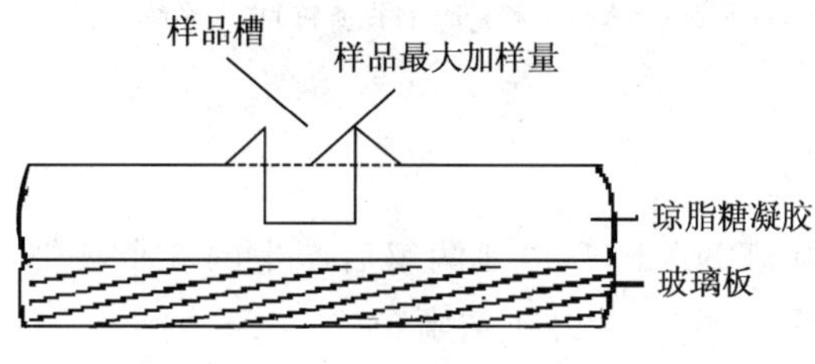

图 14-3 胶板内的样品小槽

四、电泳

在低电压条件下，线状 DNA 片段的迁移速度与电压成比例关系，但是，电场强度增加时，不同相对分子质量的 DNA 片段泳动度的增加是有差别的。因此，随着电压的增加，琼脂糖凝胶的有效分离范围随之减小。为了获得电泳分离 DNA 片段的最大分辨率，电场强度不应高于 5 V/ cm。

电泳温度视需要而定，对大分子的分离，以低温较好，也可在室温下进行。在琼脂糖凝胶浓度低于 0.5%时，由于胶太稀，最好在 4 ℃进行电泳以增加凝胶硬度。

加完样品后的凝胶板立即通电，进行电泳。但要注意控制一定的条件，样品进胶前，应使电流控制在 10 mA，样品进胶后电流为 20 mA。当橙 G 或溴酚蓝染料移动到距离胶板下沿约

1～2 cm 处，停止电泳。

五、染色

将电泳后的凝胶浸入菲啶溴红（又叫溴乙啶，EB）染色液中 10～15 min，进行染色后，观察在琼脂糖凝胶中的 DNA 带型。

六、拍照观察

用凝胶自动成像仪处理所得的凝胶，拍摄照片，分析结果见图 14-4。

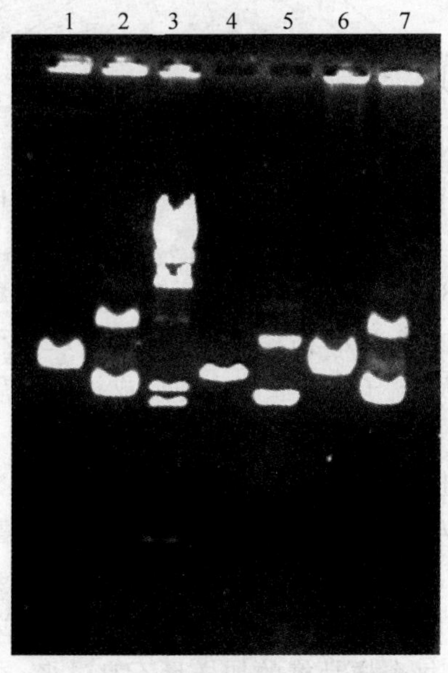

图 14-4 DNA 酶解后的电泳图谱

1—自提质粒 DNA 经酶解；2—自提质粒 DNA 未酶解；3—λDNA＋*Hind* Ⅲ酶解；4—市售质粒 DNA 经酶解；5—市售质粒 DNA 未酶解；6—自提质粒 DNA 经酶解；7—自提质粒 DNA 未酶解

【实验结果】见图 14-4

3 号泳道从上至下为 λDNA＋*Hind* Ⅲ酶解后产生的 6 个条带，其他的 2 个条带，即 0.37 $\times 10^6$ 和 0.08 $\times 10^6$ 的两个片断过小，并不清晰。

4 号泳道为标准的 pUC19 质粒经过酶解后产生的单一条带。

5 号泳道从上至下为标准的 pUC19 质粒的共价闭环 DNA、线状 DNA、开环的双链环状 DNA。其中线状 DNA 的条带并不清晰（与 7 号对照）。

6 号和 7 号为自提质粒的实验结果，由于浓度原因，较市售样品的亮度要低一些。

【结果讨论与注意事项】

（1）质粒 DNA 电泳速度共价闭环 DNA＞线状 DNA＞开环的双链环状 DNA，酶切后只剩下单一的线状 DNA 条带。根据 Marker 走出的条带，其大小约为 2.5～3 kb 之间。

（2）灌胶时，可以先灌胶后加梳子，这样可以防止胶在梳孔周围形成气泡。电泳加样前，先把凝胶置于 TBE 中浸泡片刻，再拔出梳子。加样时另一只手扶住加样器的下部，避免手的晃动将样品槽戳坏。加样时动作要快，否则 DNA 会扩散。

电泳结果(6,7 号条带)表明质粒提取效果较好,酶切比较完全。

【思考题】

1. 为什么 DNA 电泳速度共价闭环 DNA>线状 DNA>开环的双链环状 DNA?酶切后只剩下单一的线状 DNA 条带?

2. 在琼脂糖凝胶电泳(制备胶板,加样,电泳)过程中的注意事项是什么?

【时间安排】

上午:教师讲解实验内容,为实验做准备工作(配试剂,做胶,实验用具灭菌等)。

下午:电泳,照相。

【参考文献】

[1] Sambrook J., Fritsch E. P., Maniatis T. Molecular cloning: A laboratory manual. New York: Cold Spring Harbor Laboratory Press, 1989

[2] J.萨姆布鲁克,E.F.费里奇,T.曼尼阿蒂斯著;金冬雁,黎孟枫译. 分子克隆实验指南(第二版). 北京:科学出版社,1993. 304~316

[3] 郝福英,朱玉贤等. 分子生物学实验技术. 北京:北京大学出版社,1998. 1~11

实验 15　大肠杆菌感受态细胞的制备及质粒 DNA 分子导入原核细胞

本实验以氯化钙法制备大肠杆菌（*E. coli* DH5α），使其成为感受态细胞，将 pBR322 或 pUC19 质粒转化到感受态细胞中并用含抗菌素的平板培养基筛选转化体。

【实验目的】

通过本实验，了解细胞转化的概念及其在分子生物学研究中的意义；学习氯化钙法制备大肠杆菌感受态细胞和外源质粒 DNA 转入受体菌细胞，并筛选转化体的方法。

【实验原理】

转化(transformation)是将异源 DNA 分子引入另一细胞品系，使受体细胞获得新的遗传性状的一种手段。它是微生物遗传、分子遗传、基因工程等研究领域的基本实验技术。

转化过程所用的受体细胞一般是限制-修饰系统缺陷的变异株，即不含限制性内切酶和甲基化酶的突变株，常用 R^-、M^- 符号表示。受体细胞经过一些特殊方法（如：电击法，$CaCl_2$、RuCl 等化学试剂法）的处理后，细胞膜的通透性发生变化，成为能容许带有外源 DNA 的载体分子通过的感受态细胞(competence cells)。在一定条件下，将带有外源 DNA 的载体分子与感受态细胞混合保温，使载体 DNA 分子进入受体细胞。进入细胞的 DNA 分子通过复制、表达，实现遗传信息的转移，使受体细胞出现新的遗传性状。将经过转化后的细胞在选择性培养基中培养，即可筛选出转化体(transformant)，即带有异源 DNA 分子的受体细胞。

本实验以 *E. coli* DH5α 菌株为受体细胞，用 $CaCl_2$ 处理受体菌使其处于感受态，然后与 pBR322(或 pUC19)质粒共保温，实现转化。

pBR322 质粒携带有抗氨苄青霉素和抗四环素的基因，因而使接受了该质粒的受体菌具有抗氨苄青霉素和抗四环素的特性，常用 Amp^r 和 Tet^r 表示。将经过转化后的全部受体细胞经过适当稀释，在含氨苄青霉素和四环素的平板培养基上培养，只有转化体才能存活，而未受转化的受体细胞则因无抵抗氨苄青霉素和四环素的能力而死亡（若用 pUC19 质粒，则只具有抗氨苄青霉素的特性，即 Amp^r）。

转化体经过进一步纯化扩增后，可再将转入的质粒 DNA 分离提取出来，进行重复转化、电泳、电镜观察，并作限制性内切酶图谱、分子杂交或 DNA 测序等实验鉴定。

【器材与试剂】

一、器材

恒温摇床，电热恒温培养箱，无菌操作超净台，电热恒温水浴，分光光度计，台式高速离心机，台式高速冷冻离心机，微型瞬间离心管，加样器，Eppendorf 管等。

E. coli DH5α 受体菌：R^-，M^-，氨苄青霉素(Amp^s)和四环素(Tet^s)。

pBR322(或 pUC19)质粒 DNA：购买商品和实验室分离提纯所得样品。

二、试剂

(1) 液体 LB(Luria-Bertani)培养基：每升含有胰蛋白胨(Bacto-tryptone)10 g，酵母提取物(Bacto-yeast extract)5 g，NaCl 10 g，用 NaOH 调 pH 至 7.5。用来培养液体过夜菌。一般水质情况下 pH 已至 7.5，不需用 NaOH 调 pH。

(2) 固体 LB 培养基：每升含有胰蛋白胨 10 g，酵母提取物 5 g，NaCl 10 g，琼脂粉 15 g，用 NaOH 调 pH 至 7.5。一般水质情况下 pH 已至 7.5，不需用 NaOH 调 pH。

(3) 25 mg/mL Amp^s：用无菌水配制。

(4) 含抗菌素的 LB 平板培养基：将配好的 LB 固体培养基高压灭菌后，倒入玻璃平皿，当培养基温度降至室温时会形成固体。将菌液涂抹在固体 LB 培养基上并培养过夜，如需要加 Amp^s 时，一定要在 LB 培养基温度降至 60 ℃时再加入(加入 Amp^s 使培养基终浓度为 50 μg/mL)，摇匀后立即倒入玻璃平皿。

(5) 0.1 mol/L $CaCl_2$ 溶液：每 100 mL 溶液含 1.1 g $CaCl_2$(无水，分析纯)，用双蒸水配制，灭菌处理。

【实验步骤】

一、大肠杆菌感受态细胞的制备

(1) 从新活化的 *E. coli* DH5α 菌平板上挑取一单菌落，接种于 3～5 mL LB 液体培养基中，37 ℃振荡培养 12 h 左右，直至对数生长期。将该菌悬液以 1：100～1：50 接种置转接于 100 mL LB 液体培养基中，37 ℃振荡扩大培养，当培养液开始出现混浊后，每隔 20～30 min 测一次 $A_{600\ nm}$，至 $A_{600\ nm} \leqslant 0.7$，停止培养。

(2) 培养液在冰上冷却片刻后，转入离心管中，置离心机上，以 4000 r/min 速度离心 5 min。

(3) 倒净上清培养液，用 600 μL 冰冷的 0.1 mol/L $CaCl_2$ 液轻轻悬浮细胞，冰上放置 15～30 min。

(4) 置离心机上，以 4000 r/min 速度离心 5 min。

(5) 弃去上清液，加入 500 μL 冰冷的 0.1 mol/L $CaCl_2$ 溶液，小心悬浮细胞，冰上放置片刻后，即制成了感受态细胞悬液。

(6) 以上制备好的感受态细胞悬液可在冰上放置，24 h 内直接用于转化实验，也可加入占总体积 15%左右高压灭菌过的甘油，混匀后分装于 Eppendorf 管中，置于－70 ℃条件下，可保存半年至一年。

二、细胞转化

(1) 各取 100 μL 摇匀后的感受态细胞悬液(如是冷冻保存液，则需化冻后马上进行下面的操作)，按表 15-1 细胞转化溶液配制表来分配制备好的感受态细胞。

(2) 加入 pBR322(或 pUC19)质粒 DNA(含量不超过 50 ng，体积不超过 2 μL)，此管为转化实验组。

(3) 将以上各样品轻轻摇匀，冰上放置 30 min 后，于 42 ℃水浴中保温 1.5 min，然后迅速在冰上冷却 3～5 min。

(4) 上述各管中分别加入 100 μL LB 液体培养基，使总体积约为 0.2 mL，该溶液称为转

表 15-1 细胞转化溶液配制表

No.	DNA(pUC19)/μL	感受态细胞/μL	无菌水/μL	0.1 mol/L $CaCl_2$/μL
1. 样品(甲自提)	2	100	/	/
2. 样品(乙自提)	2	100	/	/
3. 样品(市售)	2	100	/	/
4. 对照	/	100	2	/
5. 对照	2	/	/	100
6. 对照	/	100	2	/

化反应原液,摇匀后于 37 ℃温育 15 min 以上(欲获得更高的转化率,则此步也可振荡培养),使受体菌恢复正常生长状态,并使转化体产生抗药性(Amp^r,Tet^r)。

● 第 1,2 管,质粒 DNA 组:取 100 μL 感受态细胞溶液(含 pUC19 质粒 DNA),涂匀于含抗菌素的 LB 平板培养基上,观察菌生长状况。

● 第 3 管,受体菌对照组:取 100 μL 感受态细胞溶液(含无菌双蒸水),涂匀于含抗菌素的 LB 平板培养基上,观察菌生长状况。

● 第 4,6 管,质粒 DNA 对照组:取 100 μL 0.1 mol/L $CaCl_2$ 溶液(含 pBR322 或 pUC19 质粒 DNA),涂匀于含抗菌素的 LB 平板培养基上,观察菌生长状况。

● 第 5 管,受体菌对照组:取 100 μL 感受态细胞溶液,涂匀于不含抗菌素的 LB 平板培养基上,观察菌生长状况。

三、稀释和平板培养

(1) 将上述经培养的转化反应原液摇匀后进行梯度稀释,具体操作见表 15-2。

表 15-2 细胞转化后溶液梯度稀释表

试管号	样品培养液/mL		稀释液/mL	稀释度	稀释倍数
1	原液	0.1	0.9	10^{-1}	10^1
2	稀释液 1	0.1	0.9	10^{-2}	10^2
3	稀释液 2	0.1	0.9	10^{-3}	10^3
4	稀释液 3	0.1	0.9	10^{-4}	10^4
5	稀释液 4	0.1	0.9	10^{-5}	10^5
6	稀释液 5	0.1	0.9	10^{-6}	10^6
7	稀释液 6	0.1	0.9	10^{-7}	10^7
8	稀释液 7	0.1	0.9	10^{-8}	10^8
9	稀释液 8	0.1	0.9	10^{-9}	10^9
10	稀释液 9	0.1	0.9	10^{-10}	10^{10}

(2) 取适当稀释度的各样品培养液 0.1 mL,分别涂于含抗菌素和不含抗菌素的 LB 平板培养基上,一定要涂匀。

● pBR322 质粒参考转化量:1~20 ng;涂板时取转化反应原液(0.2 mL)的 1/2 体积。

● pUC19 质粒参考转化量:0.5~5 ng;涂板时取转化反应原液(0.202 mL)的 1/2 体积。

以上各步操作均需在无菌超净台中进行。

(3) 菌液完全被培养基吸收后,倒置培养皿,于 37 ℃恒温培养箱内培养 24 h 左右,待菌落生长良好而又未互相重叠时停止培养。

四、检出转化体和计算转化率

统计每个培养皿中的菌落数，各实验组在培养皿内菌落生长状况应如表 15-3 所示。

表 15-3 各实验组在培养皿内菌落生长状况及结果分析

	不含抗菌素培养基	含抗菌素培养基	结果分析
受体菌对照组	有大量菌落长出	无菌落长出	本实验未产生抗药性突变株
DNA 对照组		无菌落长出	质粒 DNA 溶液不含杂菌
转化实验组		有菌落长出	DNA 进入受体细胞，产生抗药性

由上表可知，转化实验组含抗菌素培养基平皿中长出的菌落即为转化体，根据此皿中的菌落数则可计算出转化体总数和转化频率，计算公式如下：

$$\text{转化体总数}=\text{菌落数}\times\frac{\text{转化反应原液总体积}}{\text{涂板菌液体积}}\times\text{稀释倍数}$$

$$\text{转化频率}=\text{转化总数}/\text{加入质粒 DNA 的质量}$$

再根据受体菌对照组不含抗菌素平皿中检出的菌落数，则可求出转化反应液内受体菌总数，进一步计算在本实验条件下，由多少受体菌可获得一个转化体。

【结果讨论与注意事项】

(1) 为提高转化率，实验中要注意以下几个重要因素：

● 细胞生长状态和密度。细胞生长密度以每毫升培养液中的细胞数在 5×10^7 个范围为最佳(可通过测定培养液的 $A_{600\text{ nm}}$控制)。密度不足或过高均会使转化率下降。不要使用已经过多次转接及储存在 4 ℃的培养菌液，否则效果欠佳。

● 转化的质粒 DNA 的质量和浓度。用于转化的质粒 DNA 应主要是共价闭环 DNA(即 cccDNA，又称超螺旋 DNA)；转化率与外源 DNA 的浓度在一定范围内成正比，但当加入的外源 DNA 的量过多或体积过大时，则会使转化率下降。

● 试剂的质量。所用的试剂，如 $CaCl_2$ 等，应是高质量的，且最好保存于干燥的暗处。

● 防止杂菌和其他外源 DNA 的污染。所用器皿，如离心管、分装用的 Eppendorf 管等，一定要洗干净，最好是新的。整个实验过程中要注意无菌操作。少量其他试剂在器皿中残留或 DNA 的污染，会影响转化率。

(2) 实验中凡涉及溶液的移取、分装等需敞开实验器皿的操作，均应在无菌超净台中进行，以防污染。

(3) 衡量受体菌生长情况的 $A_{600\text{ nm}}$值和细胞数之间的关系随菌株的不同而不同，因此不同菌株的合适 $A_{600\text{ nm}}$值是不同的。

(4) 本实验方法也适用于其他 *E. coli* 受体菌株和不同质粒 DNA 的转化，但它们的转化效率是不一样的，一般重组质粒转化率很低。筛选转化体时，甚至需将加入的恢复生长活性的液体培养基的体积减小，以增加转化体浓度，便于筛选和准确计算转化率。

计算公式为：

$$\text{转化率}=\text{含抗菌素平皿中的菌落数}/\text{不含抗菌素平皿中的菌落数。}$$

(5) 若在对照组不该长出菌落的平皿中长出了一些菌落，首先确定是否抗生素已失效，先排除了这一因素，则说明实验有污染。如果长出的菌落相对于转化实验组的平皿中长出的菌落而言，数量极少(一般在5个以下)，则此次转化还算成功，可继续以后的实验；如果长出的菌落很多，则需设计对照实验，找出原因后，再重新进行转化。

(6) 根据所需质粒DNA的特性，选择相应的选择性培养基进行筛选，有的可能还需进行多步筛选。

【思考题】

1. 此细胞转化实验的筛选标记是什么？为什么细菌在抗生素中能够生长？
2. 据你所知，细胞转化实验的筛选标记还有哪些？
3. 细胞转化实验中有哪些注意事项？

【时间安排】

第一天上午：教师讲解实验，学生配试剂，灭菌实验用品。

下午：5∶00接菌，置37℃摇床上过夜。

第二天上午：活化过夜菌(2 h)，制备感受态细胞。

下午：准备培养平板，细胞转化，涂培养平板，置37℃温箱过夜。

第三天上午：观察结果，计算细胞转化率。

【参考文献】

[1] Sambrook J., Fritsch E. P., Maniatis T. Molecular cloning: A laboratory manual. New York: Cold Spring Harbor Laboratory Press, 1989

[2] J.萨姆布鲁克，E.F.费里奇，T.曼尼阿蒂斯著；金冬雁，黎孟枫译. 分子克隆实验指南(第二版). 北京：科学出版社，1993. 49～55

[3] 张龙翔等. 生物化学实验方法和技术. 北京：高等教育出版社，1981. 229～238

[4] 北京大学生物系遗传教研室. 遗传学实验方法和技术. 北京：高等教育出版社，1983. 35～37

[5] 王尔中. 分子遗传学. 北京：科学出版社，1982. 206～208

[6] 中山大学生物系生化微生物学教研室. 生化技术导论. 北京：人民教育出版社，1978. 131～132

[7] 郝福英，朱玉贤等. 分子生物学实验技术. 北京：北京大学出版社，1998. 12～15

实验 16 DNA 重组

本实验分别采用粘端连接法和粘-平端连接法将来自小牛胸腺 DNA 和 pBR322 质粒的外源 DNA 插入到 pUC19 质粒载体中，再进行细胞转化，用 α-互补现象或抗性现象检查进行重组 DNA 的鉴定。

【实验目的】

通过本实验，了解 DNA 克隆技术的概念及其在分子生物学研究中的重大意义；掌握 DNA 重组的方法以及鉴别重组体和非重组体的方法。

【实验原理】

DNA 克隆技术是 20 世纪 70 年代分子生物学发展的重大成果，这项技术的主要目的是获得某一基因或 DNA 片段的大量拷贝，有了这些与亲本分子完全相同的分子克隆，就可以深入分析基因的结构与功能，并可达到人为改造细胞及物种个体遗传性状的目的。DNA 克隆的一项关键技术就是 DNA 重组技术，所谓 DNA 重组，就是指把外源目的基因"装进"载体这一过程，即 DNA 的重新组合。这样重新组合的 DNA 叫做重组体，因为是由两种不同来源的 DNA 组合而成，所以又称为异源嵌合 DNA。载体在 DNA 克隆中是不可缺少的，目的基因片段只有与载体片段共价连接形成重组体后，才能进入合适的宿主细胞内进行复制和扩增。作为载体 DNA 分子，它应具备一些基本性质：

(1) 它必须具有能够在某些宿主细胞中独立地自我复制和表达的能力，只有这样，外源目的基因装入该载体后，才能在载体的带动下一起复制，达到无性繁殖的目的。

(2) 载体分子不宜过大，以便于 DNA 体外操作，同时载体 DNA 与宿主核酸应容易分开，便于提纯。

(3) 载体上应具有两个以上的容易检测的遗传标记，以区分阳性重组分子和阴性重组分子。选择性标记包括抗药性基因、酶基因、营养缺陷型及形成噬菌斑的能力等。

(4) 载体应该具有多个限制性内切酶的单一切点，这样容易从中选出一种酶使它在目的基因上没有切点，保持目的基因的完整性。载体上的酶切位点最好是位于检测表型的遗传标记基因之内，这样目的基因是否连进载体就可以通过这一表型的改变与否而得知，便于筛选重组体。

DNA 重组本质上是一个酶促生物化学过程，显而易见，DNA 连接酶是其中的重要角色。DNA 连接酶主要有两种：T4 噬菌体 DNA 连接酶和大肠杆菌 DNA(*E. coli* DNA)连接酶。T4 噬菌体 DNA 连接酶催化 DNA 连接反应分为三步：首先，ATP 与 T4 噬菌体 DNA 连接酶通过 ATP 的磷酸与连接酶中赖氨酸的氨基形成磷酸-氨基键而连接产生酶-ATP 复合物；然后，酶-ATP 复合物活化 DNA 链 5′端的磷酸基团，形成磷酸-磷酸键；最后，DNA 链 3′端的烃基活化并取代 ATP，与 5′端磷酸根形成磷酸二酯键，并释放出 AMP，完成 DNA 之间的连接。*E. coli* DNA 连接酶催化 DNA 分子连接的机理与 T4 噬菌体 DNA 连接酶基本相同，只是辅助因子不是 ATP 而是 NAD^+（见图 16-1）。

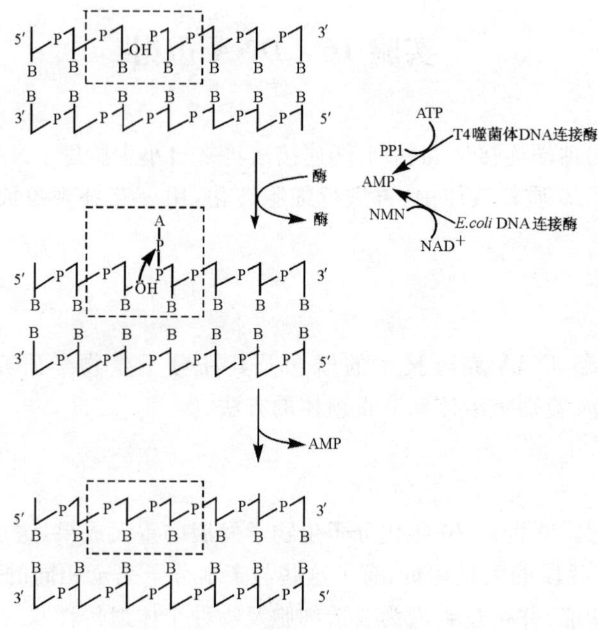

图 16-1 DNA 连接酶连接作用的分子机理

具有相同粘性末端的 DNA 分子比较容易连接在一起，因为相同的粘性末端容易通过碱基配对氢键形成一个相对稳定的结构，连接酶利用这个相对稳定的结构，行使间断修复的功能，就可以使两个 DNA 分子连在一起。

E. coli DNA 连接酶和 T4 噬菌体 DNA 连接酶都有将两个带有相同粘性末端的 DNA 分子连在一起的功能，但 T4 噬菌体 DNA 连接酶还有一种 *E. coli* DNA 连接酶没有的特性，即使两个平末端的双链 DNA 分子连接起来的功能。对于这种连接反应的机理目前还不清楚，总的来说这种连接的效率比粘性末端的连接效率要低得多，可能是因为平末端 DNA 分子无法形成类似粘性末端分子那样的相对稳定的结构。一般通过增加 DNA 的浓度或提高 T4 噬菌体 DNA 连接酶浓度的办法来提高平末端的连接效率。

连接反应的一项重要参数是温度。理论上讲，连接反应的最佳温度是 37 ℃，此时连接酶的活性最高。但 37 ℃时粘性末端分子形成的配对结构极不稳定，因此，人们找到了一个最适温度，即 12～16 ℃。此时既可最大限度地发挥连接酶的活性，又有助于短暂配对结构的稳定。进行 DNA 重组的方法有很多，主要有粘端连接法和平端连接法，后者包括平接法、接头法以及粘-平端连接法。这些方法的采用主要依据外源 DNA 片段末端的性质，以及质粒载体与外源 DNA 上限制酶酶切位点的性质来作选择。带有各种末端的外源 DNA 的连接方法总结为表 16-1。

重组质粒转化宿主细胞后，还需要对转化菌落进行筛选鉴定，以挑出含有正确插入外源基因的重组体。利用 α-互补现象进行筛选是最常用的一种鉴别方法。现在使用的许多载体都带有一个大肠杆菌 DNA 的短区段，其中含有 β-半乳糖苷酶基因（*lacZ*）的调控序列和头 146 氨基酸的编码信息。宿主和质粒编码的片段各自都不具有酶活性，但它们可以融为一体形成具有

表 16-1　外源 DNA 片段与质粒载体的连接

外源 DNA 片段所带平端	重组的要求	说　明
平端	要求高浓度的 DNA 和连接酶	(1) 非重组体克隆的背景可能很高 (2) 质粒和外源 DNA 接合处的限制酶切位点消失 (3) 重组质粒会带有外源 DNA 的串联拷贝
不同的突出端	用两种限制酶消化后需纯化质粒载体以尽量提高连接效率	(1) 质粒和外源 DNA 接合处的限制酶切位点常可保留 (2) 非重组体克隆的背景较低 (3) 外源 DNA 只以一个方向插入到载体中
相同的突出端	线状质粒 DNA 常用磷酸酶处理	(1) 质粒和外源 DNA 接合处的限制酶切位点常可保留 (2) 外源 DNA 会以两个方向插入到载体中 (3) 重组质粒会带有外源 DNA 的串联拷贝

有酶活性的蛋白质。这样 *lacZ* 基因上缺失近操纵基因区段的突变体与带有完整的近操纵基因区段的 β-半乳糖苷酶阴性的突变体之间实现互补，这种现象称为 α-互补。由 α-互补产生的 *lacZ* 细菌容易识别，因为它们在生色底物 5-溴-4-氯-3-吲哚-β-半乳糖(X-gal)存在下形成蓝色菌落，然而外源 DNA 片段插入到质粒的多克隆位点后，几乎不可避免地导致产生无 α-互补能力的氨基中段，形成白色菌落。

实验 16.1　粘端连接法

若 DNA 插入片段与适当的载体存在同源粘性末端，这将是最方便的克隆途径。同源粘性末端包括相同一种内切酶产生的粘性末端和不同的内切酶产生的互补粘性末端。粘端连接法得到的重组质粒能够保留接合处的限制酶切位点，因此，可以使用原切割内切酶，将插入片段从重组体上完整地重新切割下来(见图 16-2)。

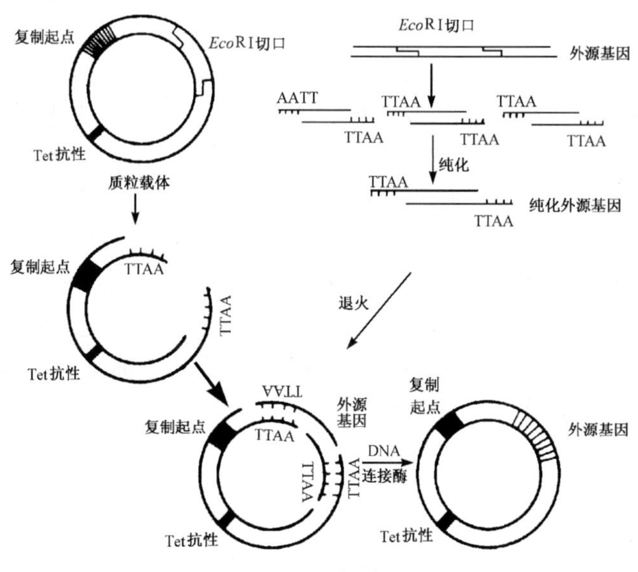

图 16-2　重组质粒的粘端连接

在粘端连接时，除重组体外，还有一定数量的载体自身环化分子，这将产生转化菌中较高的假阳性克隆背景。针对这一问题，往往需要在连接前，用牛小肠碱性磷酸酶(CIP)去除载体的5′磷酸以抑制质粒DNA的自身环化。另外，如果用一种限制性内切酶切割载体和外源DNA，连接时插入片段可以按两个方向插入载体中。粘性末端连接时还有一个问题是片段的多拷贝插入。欲筛选出含有正确插入方向和单拷贝插入片段的重组体，需要将重组体进行内切酶图谱分析。适当的插入片段与载体分子比率能减少多拷贝插入片段的形成，一般采用插入片段摩尔数∶载体摩尔数为2∶1。

【器材与试剂】

一、器料

恒温摇床，隔水式恒温培养箱，台式离心机，电泳仪，电泳槽，样品槽模板，橡皮膏，紫外灯。

大肠杆菌JM101(含质粒pUC19)，大肠杆菌DH5α，小牛胸腺DNA，*Eco*R Ⅰ酶，T4噬菌体DNA连接酶。

二、试剂

(1) *Eco*R Ⅰ酶解缓冲液(10×)：含1 mol/L Tris-HCl(pH 7.5)，0.5 mol/L NaCl，0.1 mol/L $MgCl_2$。

(2) TEG溶液：含50 mmol/L 葡萄糖，25 mmol/L Tris-HCl(pH 8.0)，10 mmol/L $EDTA\text{-}Na_2$，临用前加入溶菌酶至5 mg/mL。

(3) 醋酸钾(pH 4.8)溶液：含3 mol/L 醋酸钾，2 mol/L 醋酸。

(4) SDS-NaOH溶液：含0.2 mol/L NaOH，1% SDS。

(5) TE溶液：含10 mmol/L Tris-HCl (pH 8.0)，1 mmol/L EDTA。

(6) LB液体培养基：每100 mL去离子水加1 g蛋白胨，0.5 g酵母粉，1 g NaCl。

如果是LB固体培养基：在LB液体培养基中加入1.5%琼脂。

(7) 氨苄青霉素溶液：用双蒸无菌水配成25 mg/mL，于−20 ℃保存。

(8) T4噬菌体DNA连接酶缓冲液(10×)：含660 mmol/L HCl(pH 7.0)，55 mmol/L $MgCl_2$，50 mmol/L DTT，10 mmol/L ATP。

(9) 0.1 mol/L $CaCl_2$溶液：每100 mL溶液含1.1 g $CaCl_2$(无水，分析纯)，用双蒸水配制，灭菌处理。

(10) 酚-氯仿饱和溶液：取等体积的重蒸酚和氯仿混合，加TE溶液后摇匀静置，分层后取下层。

(11) RNA酶溶液：将20 μg RNase A(无DNase) 溶于1 mL灭菌的TE溶液中。

(12) 20 mg/mL X-gal：将20 mg X-gal溶于1 mL二甲基甲酰胺中，−20 ℃避光贮存。

(13) 200 mg/mL IPTG：将1 g IPTG溶于4 mL灭菌的去离子水中，定容至5 mL，再通过0.22 μm孔径膜的过滤器除菌，−20 ℃保存备用。

【实验步骤】

一、质粒DNA的提取

(1) 挑取大肠杆菌DH5α(含pUC19质粒DNA)单菌落到3～4 mL LB培养基中，37 ℃振荡培养12 h。

(2) 将培养好的菌液移入 1.5 mL Eppendorf 管中，置于离心机中，以 4000 r/min 离心 1～2 min，弃去上清液。重复一次。

(3) 加入 150 μL 预冷的 TEG 溶液，悬浮菌体，室温下放置 5 min。再加入 200 μL 新配制的 0.2 mol/L NaOH，1% SDS，盖上盖，迅速颠倒数次(不可剧烈)，冰上放置 5 min。

(4) 加入 150 μL 预冷的醋酸钾溶液混匀，冰上放置 15 min。

(5) 另取一个 Eppendorf 管，转入上清液，并加等体积异丙醇，混匀，室温放置 5 min，以 12 000 r/min 离心 5 min，弃去上清液。

(6) 加入 200 μL 无菌蒸馏水溶解沉淀，加入等体积 7.5 mol/L NH_4Ac，混匀后冰浴 3～5 min，以12 000 r/min 离心 5 min。

(7) 转移上清至新管中，并加入 2 倍体积无水乙醇，室温放置 5 min 后，以12 000 r/min 离心 15 min。弃去上清液。

(8) 沉淀用 70%乙醇洗涤一次，小管倒置于吸水纸上，除尽乙醇，37 ℃真空抽干 10 min。

(9) 加入 15 μL 含有 RNase A 的无菌蒸馏水溶解提取物，室温放置 30 min 以上，使 DNA 充分溶解。置于－20 ℃冰箱内保存。

二、制备重组质粒

(1) 用微量加样器按表 16-2 所示将各种试剂分别加入 Eppendorf 管中。

表 16-2 制备重组质粒的各种成分及用量

	自提 pUC19 质粒 DNA	小牛胸腺 DNA
DNA/ μL	13	6
BSA/ μL	2	2
*Eco*R Ⅰ (5 u/μL)/μL	1	1
缓冲液(10×)/μL	2	2
H_2O/μL	2	9
总体积/μL	20	20

于 37 ℃保温 2～3 h。

(2) 完毕后各取 2 μL 酶解液作电泳分析。

(3) 将余下的酶解液(18 μL)加入 1/2 体积的醋酸钾溶液，再加入 2 倍体积的 95%乙醇，置－20 ℃冰箱中 30 min 以上。以12 000 r/min离心 5 min，弃上清，70%乙醇洗涤沉淀物，去上清，37 ℃真空抽干，加入 8 μL TE 缓冲液。

(4) 将酶切后的 2 个 DNA 片段混合于一管中，按表 16-3 体系加样。

表 16-3 重组质粒的各种成分及用量

pUC19 酶切产物/μL	8
小牛胸腺 DNA 酶切产物/μL	8
T4 噬菌体 DNA 连接酶 (5u/μL)/μL	2
T4 噬菌体 DNA 连接酶缓冲液(10×)/μL	2
总体积/μL	20

于 14 ℃保温 14～16 h，取 4 μL 作电泳检查，鉴定反应连接产物，并迅速作转化实验。

三、细胞转化

(1) 将 120 μL 大肠杆菌 DH5α 接种到 4 mL LB 培养基中，置 37 ℃摇床于 180 r/min 振荡培养过夜。

(2) 将细菌转移到一个无菌的 Eppendorf 管中，冰上放置 10 min，使培养物冷却至 0 ℃。

(3) 以 4000 r/min 离心 1 min，回收细胞，弃上清，将管倒置使残留的痕量培养液流尽。

(4) 400 μL 冰冷的 0.1 mol/L $CaCl_2$悬浮沉淀，放置于冰浴 15 min。

(5) 以 4000 r/min 离心 10 min，回收细胞且使培养液流尽。

(6) 取 400 μL 冰冷的 0.1 mol/L $CaCl_2$ 悬浮细胞，于冰上放置。

(7) 取两个 Eppendorf 管，一管加入 100 μL 感受态细胞悬液和 8 μL 连接产物，另一管加 100 μL 感受态细胞悬液和 2 μL pUC19 质粒 DNA 溶液（由质粒提取时留下的 2 μL 质粒稀释至 10 μL）。轻轻旋转混匀后，冰上放置 20 min。

(8) 于 42 ℃水浴 90 s（注意，不能超过 2 min!）。

(9) 冰上放置 3 min。

(10) 每管加入 100 μL LB 培养基，37 ℃温箱放置 30 min。

四、α-互补现象的检查及限制性酶切鉴定

(1) 配制 40 mL 含 1.5%琼脂的 LB 培养基（含 50 μg/mL Amp），铺板（4 块）。凝固后在培养基表面均匀涂布 4 μL IPTG 和 40 μL X-gal，放置至液体全部吸收。

(2) 取 100～150 μL 转化菌液铺在含有氨苄青霉素及 X-gal 和 IPTG 的琼脂板上，用无菌玻璃涂布器轻轻将细胞涂在平板表面，将平板置于 37 ℃温箱 15 min，至液体被吸收。

(3) 倒置平板于 37 ℃培养 12～16 h，可出现菌落。

(4) 带有半乳糖苷酶活性蛋白的菌落中间为淡蓝色，外周为深蓝色，白色菌落中央偶尔也会出现一个淡蓝色斑点，但外周无色。

(5) 用灭菌牙签挑取白色单菌落置于 4 mL LB 液体培养基（含氨苄青霉素）中，37 ℃摇床培养过夜，按照步骤一中方法提取质粒。溶解于 20 μL 无菌水中。

(6) 按表 16-4 制备重组质粒的酶切体系。

表 16-4　制备重组质粒的酶切体系的成分及用量

重组质粒/μL	7
*Eco*R Ⅰ酶(5 u/μL)/μL	1
BSA/μL	2
缓冲液 H(10×)/μL	2
dH_2O/μL	8
总体积/μL	20

37 ℃酶切 3 h，70 ℃下 10 min 使酶灭活。

五、电泳分析

按以下的量各加 1 μL 缓冲液后电泳：

1. λDNA/*Eco*R Ⅰ+*Hin*d Ⅲ marker　　2 μL
2. 自提质粒 pUC19　　8 μL
3. pUC19 质粒 DNA/*Eco*R Ⅰ 酶切　　2 μL

4. 重组质粒 DNA 7 μL
5. 重组质粒 DNA/*Eco*R Ⅰ 酶切 7 μL
6. 小牛胸腺 DNA/*Eco*R Ⅰ 酶切 2 μL
7. DNA 连接产物 4 μL

【实验结果】

一、转化感受态细胞培养结果(见表 16-5)

表 16-5 质粒重组的细胞转化及培养结果

接种物		现象
培养皿 1	重组质粒+感受态细胞	长出少量蓝色菌落,其中 3~4 个为白色
培养皿 2	pUC19 质粒+感受态细胞	长出较多蓝色菌落
培养皿 3	dH_2O+感受态细胞	无菌落长出
培养皿 4	$CaCl_2$+pUC19 质粒	无菌落长出

二、电泳结果(见图 16-3)

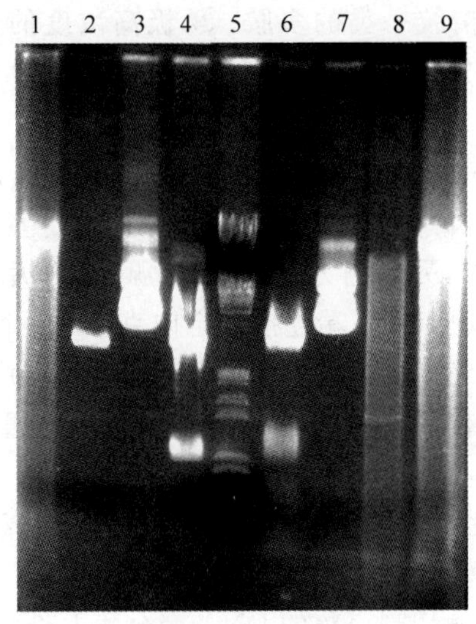

图 16-3 电泳

1,9—小牛胸腺 DNA 酶切产物与 pUC19 质粒 DNA 载体连接产物;2—自提质粒 pUC19 DNA/*Eco*R Ⅰ 酶切;3,7—重组质粒 DNA;4,6—重组质粒 DNA/*Eco*R Ⅰ 酶切;5—λDNA/*Eco*R Ⅰ+*Hind* Ⅲ marker;8—小牛胸腺 DNA/*Eco*R Ⅰ 酶切

【结果讨论与注意事项】

(1) 重组质粒上带有一个 Amp^r 筛选标志,但其 *lacZ* 编码区遭到破坏,故重组成功的菌落在 Amp^r 板可以生存,但由于无法合成 β-半乳糖苷酶而在涂有 X-gal 和 IPTG 的板上显白色。pUC19 质粒转入后可以产生 Amp 抗性,同时可以合成 β-半乳糖苷酶而显蓝色,但是应该注意的是,部分边缘为蓝色、中间为白色的菌落为未长成的蓝色菌落,选择阳性重组菌落时不应选取。同时,即使是白色菌落,也可能为假阳性(大概占 40%),故必须进行电泳鉴定。

(2) 自提 pUC19 质粒可见共价闭环 DNA 和开环的双链环状 DNA 两条条带(见图 16-3 中

条带 2)，经过酶切后仅剩一条，即为 2.7 kb 的一条条带(条带 3)。小牛胸腺 DNA 由于切点较多，经过酶切后成一均一的条带(条带 8)，由于这个原因，它与 pUC19 的连接产物在未经纯化下同样显示出一个长而均一的条带(条带 9，有一个长的垂直亮带可能是边缘效应所致)。重组的质粒依然可见两条条带(条带 4,5)，经过酶切后仅剩一条(条带 6,7)，可以看出条带位置比重组前的质粒电泳位置要略微滞后一些，说明重组质粒由于插进了一段 DNA，大小要略大一些。重组质粒选自两个白色单菌落，酶切鉴定结果说明两个菌落所含质粒皆为阳性重组质粒。

实验 16.2 粘-平端连接法

有些限制性内切酶不产生粘性末端，机械剪切也只产生平端，另外在某些情况下，外源 DNA 粘性末端，在拟克隆的载体上难以找到匹配的位点。利用 T4 噬菌体 DNA 连接酶可以催化平端片段连接的特性能够解决这些 DNA 分子的连接问题。因为除内切酶酶切和机械剪切 DNA 直接产生平端分子外，3′突出或 5′突出的粘性末端通过一定的修饰也能产生平端，所以理论上讲，任何两种 DNA 均可由 T4 噬菌体 DNA 连接酶催化彼此连接。

然而，平端连接效率很低，它要求以下 4 个条件以增加连接产物：① 低浓度的 ATP (0.5 mmol/L)；② 不存在亚精胺一类的多胺；③ 极高浓度的连接酶(50 Weiss 单位/mL)；④ 高浓度的平端。另外为减少载体 DNA 的自身环化，连接前，线状载体 DNA 最好进行 5′端脱磷酸处理。

双平端外源 DNA 片段在载体中的插入方向有两种可能性，因此在重组体筛选后，需利用内切酶图谱对阳性重组体中外源 DNA 片段的插入方向进行鉴定。如果外源 DNA 和载体分子一侧为相互匹配的粘性末端，另一侧为平端，则外源 DNA 片段只能以一个方向插入载体，这就是粘-平端连接。由此可见，粘-平端连接是定向克隆的一种，该法适用于在外源 DNA 和载体仅有一个匹配位点，同时考虑到目的基因的插入方向时使用。它能有效地限制载体 DNA 分子的自身环化，降低非重组体的背景，并且对于一些表达型重组体，外源 DNA 片段在载体启动子下游的正向插入，是成功表达的基本条件。

在粘-平端连接中，限制性内切酶酶解产生的外源 DNA 和载体 5′端突出的不互补粘性平端，需在大肠杆菌 DNA 聚合酶 I 的大片段酶(Klenow 酶)催化下，将另一条链的 3′凹缺填平。Klenow 酶是由枯草杆菌蛋白酶切割完整的 DNA 聚合酶 I 产生的一条相对分子质量为 76 的多肽链，它保留了 DNA 聚合酶 5′→3′聚合酶活性和 3′→5′核酸外切酶活性，但 5′→3′的核酸外切酶活性缺乏。填平后的 DNA 反应混合物可以直接用 T4 噬菌体 DNA 连接酶进行连接反应而无需去除 dNTP 来纯化 DNA，因为 dNTP 并不抑制 T4 噬菌体 DNA 连接酶的活性。

本实验采用粘-平端连接法将 pBR322 质粒中的四环素抗性基因(Tet^r)插入到 pUC19 质粒的多克隆位点中，从而构建一个新型重组质粒(见图 16-4)，由于 pUC19 质粒 DNA 不含有 Tet^r 基因，因此用含有氨苄青霉素和四环素两种抗生素的普通平板即可筛选重组体。当然，由于 Tet^r 基因的插入，β-半乳糖苷酶的氨基端片段同样可失去结合活性，因此采用 α-互补现象也可以鉴定重组体克隆。另外，由于平端连接得到的连接产物可能会失去接合处的原酶切位点，这时就不能再用切割外源 DNA 和载体质粒的限制性内切酶来切割重组质粒，而需要寻找其他限制性内切酶来酶解重组体。在本实验中，利用插入片段与载体均含有 *Hin*d Ⅲ限制性位点，用 *Hin*d Ⅲ酶酶切重组质粒，可以得到与插入片段和载体大小几乎相同的两段，进而通过电泳进行鉴定。

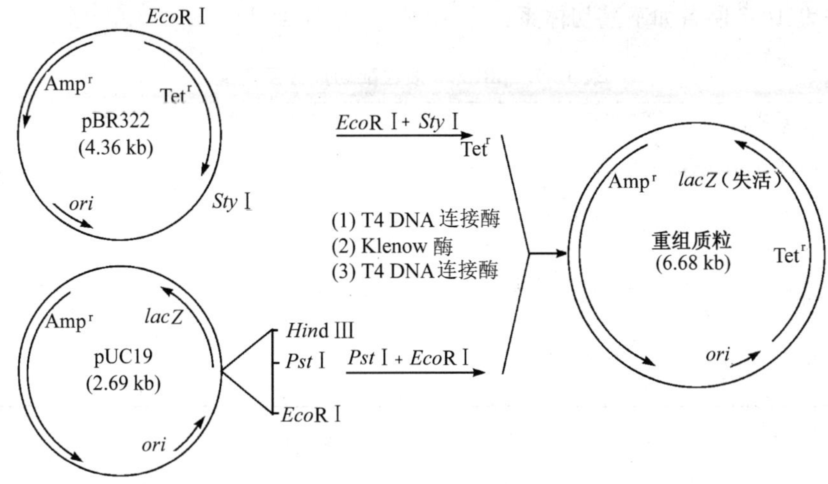

图 16-4 粘-平端连接法构建重组质粒流程图

【器材与试剂】

一、器材

涡旋振荡器。

大肠杆菌 JM101(含 pBR322 质粒),*Sty* Ⅰ,*Pst* Ⅰ,*Hind* Ⅲ,Klenow 酶。

二、试剂

(1) 12.5 mg/mL 四环素:盐酸四环素溶于 50%乙醇中,−20 ℃避光保存。

(2) *Hind* Ⅲ酶解缓冲液(10×):0.1 mmol/L Tris-HCl(pH 7.4),1 mmol/L NaCl,0.07 mol/L $MgCl_2$。

(3) Klenow 酶缓冲液(10×):100 mmol/L Tris-HCl(pH 7.5),50 mmol/L $MgCl_2$,75 mmol/L DTT。

(4) 4×dNTPs:dATP、dGTP、dCTP、dTTP 各 4 μmol/L。

【实验步骤】

一、质粒 DNA 的制备

提取 pUC19 和 pBR322 质粒。

二、DNA 酶切与回收

(1) 按表 16-6 制备如下酶切体系:

表 16-6 pUC19 质粒 DNA 的酶切成分及用量

pUC19 质粒/ μL	7
*Eco*R Ⅰ酶(5 u/μL)/ μL	1
Pst Ⅰ酶/ μL	
BSA	2
缓冲液 H(10×)/ μL	2
dH_2O/ μL	8
总体积/ μL	20

于 37 ℃保温 3 h。

(2) 按表 16-7 制备如下酶切体系：

表 16-7 pBR322 质粒酶切成分及用量

pBR322 质粒/ μL	7
*Eco*R Ⅰ酶(5 u/μL)/ μL	1
Sty Ⅰ酶/ μL	
BSA	2
缓冲液 H(10×)/ μL	2
dH_2O/ μL	8
总体积/ μL	20

于 37 ℃保温 3 h。

(3) 将酶解液(98 μL)加 5 μL 溴酚蓝，混合上样进行 1%琼脂糖凝胶电泳。

(4) 电泳完毕染色，在紫外灯下将 pUC19 质粒酶切后大片段(2.7 kb)与 pBR322 质粒酶切后小片段(1.3 kb)条带切下，尽可能切薄些。

(5) 将切下的胶装入 Eppendorf 管中，离心将其甩到管底，于－20 ℃冷冻 1 h。

(6) 将 200 μL 枪头在酒精灯下烧圆封口，然后用烧好的枪头将冻胶捣碎至胶融化，置于－20 ℃冰箱内冷冻 20 min，再将冻胶捣碎，反复 4～6 次。

(7) 向捣碎的胶液加入等体积酚-氯仿饱和溶液，在涡旋振荡器上振荡 30 s，以 10 000 r/min 离心 15 min。

(8) 将上清液转至另一 Eppendorf 管中，加 2 倍体积 95%乙醇溶液，－20 ℃沉淀 30 min，以 13 000 r/min 离心 15 min。

(9) 去上清，沉淀用 300 μL 70%乙醇溶液洗涤。倒去乙醇，37 ℃真空抽干，加 20 μL 缓冲液溶解。

(10) 取 2 μL 溶解液作电泳分析。

三、互补粘端连接

(1) 按表 16-8 制备如下连接反应体系：

表 16-8 互补粘端连接成分及用量

pBR322 质粒酶切产物/ μL	18
pUC19 质粒酶切产物/ μL	18
T4 噬菌体 DNA 连接酶(5 u/μL)/ μL	5
缓冲液(10×)/ μL	5
总体积/ μL	46

于 14 ℃保温 14～16 h。

四、非互补粘端补平与平端连接

(1) 按表 16-9 制备如下连接反应体系：

表 16-9 非互补粘端补平与平端连接成分及用量

粘端连接产物/ μL	46
Klenow 酶(5 u/μL)/ μL	2
Klenow 酶连接缓冲液(10×)/ μL	5
dNTPs/ μL	2
总体积/ μL	55

室温下放置 3 h。

(2) 置 70 ℃水浴 10 min 使 Klenow 酶失活。

(3) 按表 16-10 制备如下连接反应体系：

表 16-10 补平产物的连接成分及用量

补平产物/ μL	55
T4 噬菌体 DNA 连接酶(3 u/μL)/ μL	3
缓冲液(10×)/ μL	6
总体积/ μL	64

14 ℃保温 24 h 以上。

(4) 置 70 ℃水浴 10 min 使 T4 噬菌体 DNA 连接酶失活。

五、细胞转化

将重组质粒全部转入 100 μL 大肠杆菌感受态细胞进行转化，同时做 3 个对照实验：

(1) 受体菌对照组：200 μL 感受态细胞悬液十 2 μL 无菌双蒸水。

(2) 质粒对照组 1：200 μL 0.1 mol/L $CaCl_2$ 溶液+2 μL pUC19 质粒 DNA 溶液。

(3) 质粒对照组 2：200 μL 0.1 mol/L $CaCl_2$ 溶液+2 μL pBR322 质粒 DNA 溶液。

六、结果检查及限制性酶切鉴定

(1) 转化后取 400 μL 菌液涂于含有四环素和氨苄青霉素的琼脂板上。

(2) 插入 Tet^r 抗性基因的重组质粒转化的大肠杆菌可在含四环素和氨苄青霉素的平板上生长。

(3) 挑单菌落培养。

(4) 提取质粒：采取碱法小批量提取的方法。

(5) 将制备好的质粒用 *Hin*d Ⅲ酶酶切；重组质粒加 *Hin*d Ⅲ酶，37 ℃保温。

(6) 电泳鉴定重组质粒：用 1%琼脂糖凝胶电泳进行分析，在凝胶成像仪上观察酶切结果。

【实验结果】

一、重组质粒转化感受态细胞培养结果(见表 16-11)

表 16-11 重组质粒转化感受态细胞培养结果

	接种物	现　象
培养皿 1	重组质粒＋感受态细胞	有菌落长出
培养皿 2	pUC19 质粒＋感受态细胞	无菌落长出
培养皿 3	pBR322 质粒＋感受态细胞	无菌落长出
培养皿 4	dH_2O＋感受态细胞	无菌落长出
培养皿 5	$CaCl_2$ 溶液＋pUC19 质粒	无菌落长出
培养皿 6	$CaCl_2$ 溶液＋pBR322 质粒	无菌落长出

二、电泳结果示意图(见图 16-5)

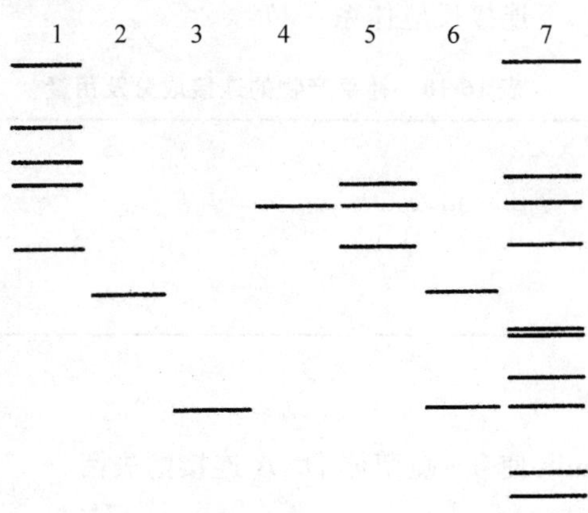

图 16-5 电泳结果示意图

1—λDNA/*Eco*R Ⅰ marker 分子长度(依次为 21.2, 7.4, 5.8, 5.6, 4.8, 3.5 kb); 2—pUC19 质粒/*Eco*R Ⅰ＋*Pst* Ⅰ; 3—pBR322 质粒/*Eco*R Ⅰ＋*Sty* Ⅰ; 4—pUC19 质粒与 Tet^r 抗性基因互补粘端连接产物; 5—挑白斑菌落后提取的重组质粒 DNA; 6—重组质粒/*Hind* Ⅲ; 7—λDNA/*Eco*R Ⅰ＋*Hind* Ⅲ marker 分子长度(依次为 21.2, 5.1,4.9, 4.2, 3.5, 2.0, 1.9,1.5,1.3,0.9,0.8 kb)

【结果讨论与注意事项】

(1) pUC19 质粒转入后可以产生 Amp 抗性,但无 Tet 抗性,pBR322 上带有 Tet 抗性,但无 Amp 抗性,故这两种质粒单独转入大肠杆菌后无法在有 Amp 和 Tet 的平板上生存。而 pUC19 质粒酶切后大片段(带有 Amp^r)与 pBR322 质粒酶切后小片段(带有 Tet^r)重组后,可在 Amp 和 Tet 的平板上生存。

(2) 自提 pUC19(条带 5),由于两酶切位点较近,经过双酶切后在电泳图中显示为一条,即为略小于 2.7 kb 的一条条带(条带 6),另一条由于片段较小跑在前面。pBR322 质粒(条带 3)上两个酶切位点较远,切割后分别为 3.0 kb 和 1.3 kb(条带 4)。

【思考题】

1. 经限制性内切酶酶切后产生的粘性末端和非粘性末端有何区别? 如何提高它们的连接效率?

2. 重组体和非重组体在电泳图谱上有什么区别?

3. 在筛选过程中，蓝斑和白斑形成的机理是什么？

【时间安排】

第一天上午：教师讲解实验，学生配试剂，灭菌实验用品。

下午：5：00 摇含质粒的过夜菌，摇不含质粒的过夜菌。

第二天上午：提取质粒 DNA，将质粒 DNA 和小牛胸腺 DNA 分别酶切，做感受态细胞。

下午：连接，将重组体转化细菌。5：00 摇过夜菌用于转化细菌。

第三天下午：5：00 摇含重组质粒的过夜菌。

第四天上午：提取重组质粒，酶切，电泳鉴定，照相，保存结果。

【参考文献】

[1] J. 萨姆布鲁克，E. F. 费里奇，T. 曼尼阿蒂斯著；金冬雁，黎孟枫译. 分子克隆实验指南(第二版). 北京：科学出版社，1993. 7～9，35～40，57～61，283

[2] 齐义鹏. 基因工程原理和方法. 成都：四川大学出版社，1988. 192～209

[3] 卢圣栋. 现代分子生物学实验技术. 北京：高等教育出版社，1993. 264～280，292～294

[4] 王重庆等. 高级生物化学实验教程. 北京：北京大学出版社，1994. 98～103，115～119

[5] 顾红雅等. 植物基因与分子操作. 北京：北京大学出版社，1997. 65～67，94～96

[6] 吴乃虎. 基因工程原理. 北京：高等教育出版社，1989. 81～87

[7] 郝福英，朱玉贤等. 分子生物学实验技术. 北京：北京大学出版社，1998. 15～25

实验 17　PCR 基因扩增

本实验以 pGEM-3Zf（+）质粒为模板，以此质粒上一段核苷酸为引物，扩增出分别为 500 bp，1000 bp 左右的扩增产物，通过琼脂糖电泳鉴定扩增片断。

【实验目的】

通过本实验使学生了解 PCR 基因扩增的原理，影响 PCR 基因扩增的因素及注意事项，为学生在今后的科研中运用 PCR 基因扩增的方法扩增目的基因打下良好基础。

【实验原理】

多聚酶链式反应（polymerase chain reaction，简称 PCR）于 1985 年由 K. Mullis 及其同事设计并研究成功。它的原理类似于 DNA 的天然复制过程。将待扩增的 DNA 片段和与其两侧互补的两段寡聚核苷酸引物，经变性、退火和延伸阶段，称为一个循环，若干个循环后，DNA 扩增倍数可达 2^n 倍。可用如下公式表示：

$$Y = (1 + X)^n$$

式中 Y 为 DNA 扩增倍数，X 为扩增效率，n 为循环数。如果 $X=100\%$ 时，$n=20$，那么 DNA 扩增为 $Y=1\ 048\ 576$ 倍。DNA 经变性、退火和延伸过程，如图 17-1，17-2，17-3 所示。

PCR 简述如下：在微量离心管中加入适量缓冲液，加微量模板 DNA、四种脱氧单核苷酸（dNTP）、耐热 Taq 聚合酶及两个合成 DNA 引物，并有 Mg^{2+} 存在。

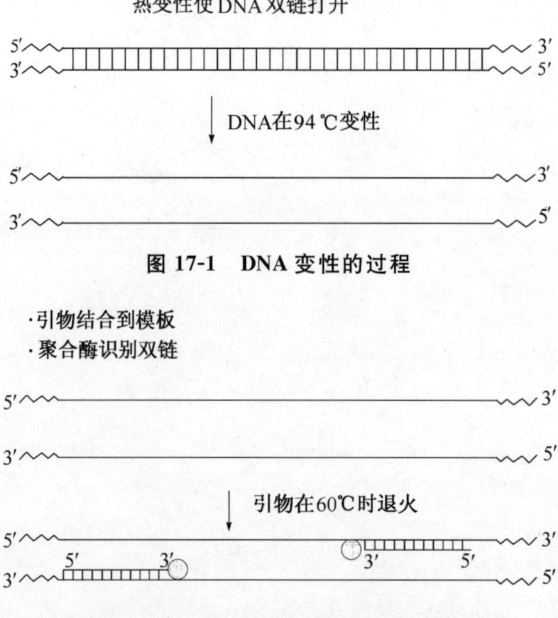

图 17-1　DNA 变性的过程

图 17-2　DNA 经变性后退火的过程

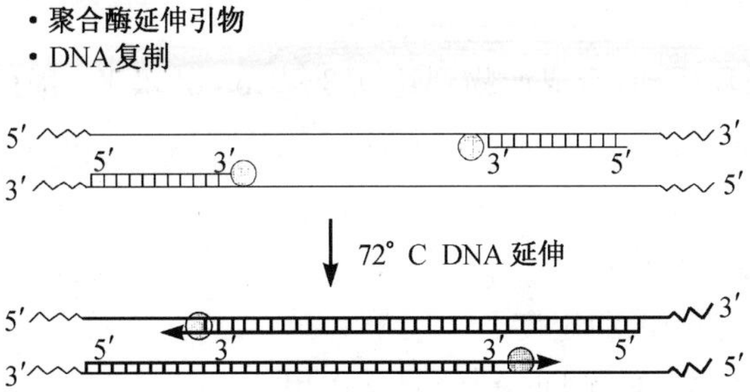

• 聚合酶延伸引物
• DNA复制

72° C DNA 延伸

图 17-3 DNA 经变性、退火后延伸的过程

(1) 加热使模板 DNA 在高温下 (94 ℃) 变性,双链解链,这是所谓变性阶段。

(2) 降低溶液温度,使合成引物在低温 (60 ℃) 与模板 DNA 互补退火形成部分双链,这是退火阶段。

(3) 溶液反应温度升至中温(72 ℃),在 Taq 酶作用下,以 dNTP 为原料,引物为复制起点,模板 DNA 的一条双链在解链和退火之后延伸为两条双链,这是延伸阶段。

如此重复,改变反应温度,即高温变性、低温退火、中温延伸三个阶段。这三次改变温度为一个循环。每循环一次,使特异区段基因拷贝数扩大一倍,一般 30 次循环,基因放大数百万倍。

PCR 基因扩增最大优点是操作简单,结果可靠。

通常的 DNA 扩增用分子克隆的方法,需要以下程序: ① 构建含有目的基因的载体; ② 导入细胞后进行扩增;③ 用同位素探针进行筛选得到 DNA; ④ DNA 经内切酶酶切、连接、转化和培养等程序需数周时间,而 PCR 只需几个小时,称 PCR 为无细胞的分子克隆。

PCR 基因扩增值得注意的几个问题:

一、影响 PCR 的几个因素

1. 循环中涉及的反应温度和时间

(1) Taq DNA 聚合酶耐高温,代替以前所用 T4 聚合酶和 Klenow 酶。94～95 ℃ DNA 变性温度仍能保持酶活力,使 PCR 反应不必每步加酶而实现自动化。

在 PCR 中 Taq 酶可用于 92.5 ℃,97.5 ℃,分别保持其活力为 180 min,5～6 min。在 95 ℃时寿期为 35 min,故 PCR 中循环温度不宜高过 95 ℃。

(2) 如果实验中温度低于 95 ℃,对 DNA 变性有很大影响。如果变性不完全,DNA 双链会很快复性而减少产量,而温度太高会影响 Taq 酶活性。

(3) 严格规定引物退火温度,一般 55～72 ℃。特别是前几个循环中,会增加扩增特异性。温度高会增强对不正确退火引物的识别,同时能降低引物 3′端不正确核苷酸错误延伸。由于温度范围宽,可使用 55～75 ℃为退火和延伸温度。

(4) 72 ℃是引物延伸条件,因为这个温度接近于以 M13 为基础的延伸条件。

2. 多聚酶浓度

一般为 0.5～5 单位之间。用酶量少,合成产物量低;用酶量高,非特异性产物增加。

3. 镁离子

PCR 过程中镁离子浓度应保持在 0.5～2.5 mmol/L 之间。镁离子浓度可影响到引物退火、模板和 PCR 中间产物的链解离浓度、产物特异性、引物二聚体生成及酶活性等等。

二、平台效应

平台效应指 PCR 循环后期，合成产物到达 0.3～1 pmol 水平，由于产物的堆积，使原来指数增加的速度变成平坦曲线。

产生平台效应的因素包括：

(1) dNTP 或引物等不断消耗。

(2) 反应物(dNTP 或酶)的稳定度。

(3) 最终产物(焦磷酸盐、双链 DNA)的阻化作用。

(4) 非特异性或引物的二聚体参与竞争作用。

合理的 PCR 循环次数，是最好的避免平台效应的办法。

【器材与试剂】

经高压灭菌后的 Eppendorf 离心管，加样器及吸头，琼脂糖凝胶电泳系统，PCR 扩增仪，凝胶成像系统，微型瞬时离心机。

DNA 扩增系统，包括：pGEM-3Zf (+) 质粒模板，两段引物，缓冲液，4×dNTP，Taq 酶，无菌水等。λDNA/*Hind* Ⅲ＋*Eco*R Ⅰ标准的酶切片段。

【实验步骤】

本实验每组做两个 PCR 反应，分别为 500 bp 和 1000 bp 片段的扩增反应。

(1) 在无菌的 Eppendorf 管内加入以下反应物：

反应物	体积/μL	终反应
① 10×缓冲液	2.5	1×缓冲液
② 4×dNTP	2.5	每种 dNTP 200 μmol
③ 引物-R	1.25	每个反应 25 pmol
④ 引物-L	1.25	每个反应 25 pmol
⑤ DNA 模板	0.5	每个反应 5 ng
⑥ ddH_2O	16	
用微型瞬时离心机离心混匀		
⑦ Taq 聚合酶	1.5	
用微型瞬时离心机离心混匀		

(2) 置于 PCR 扩增仪内，94 ℃反应 2 min 后开始以下循环：

94 ℃ 变性反应 1 min ⟶ 60 ℃ 退火反应 1 min ⟶ 72 ℃ 延伸反应 2min（返回变性反应）

完成 30 次循环，待循环反应结束后，再于 72 ℃延伸反应 5 min。

(3) 琼脂糖凝胶电泳分析 PCR 结果。

【实验结果】见图 17-4

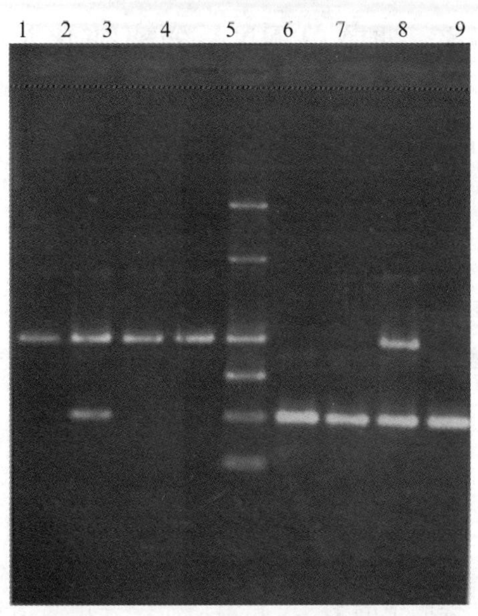

图 17-4 PCR 扩增产物(500 bp 和 1000 bp)

1,3,4—1000 bp 片段产物；2,8—5 μL 1000 bp 片段产物+5 μL 500 bp 片段产物；5—λDNA/*Hind* Ⅲ+*Eco*R Ⅰ marker； 6,7,9—500 bp 片段产物

【思考题】

1. PCR 反应液中主要成分是哪些？在 PCR 反应过程各起什么作用？
2. 为什么在 PCR 反应过程使用三个不同的温度变化？
3. 用 PCR 扩增目的基因，要想得到特异性产物需注意哪些事项？

【时间安排】

第一天下午：教师讲解实验，学生配试剂，灭菌实验用品。

第二天上午：在 Eppendorf 管中加 PCR 反应液，在 PCR 扩增仪上扩增目的基因。

下午：电泳检查扩增产物。

【参考文献】

[1] Guyer R. L. et al. Science，1989,246：1541～1546

[2] Saiki R. K. et al. Science,1985，230：1350～1354

[3] 朱平．PCR 基因扩增实验操作手册．北京：中国科学技术出版社,1992．1～13

[4] Mullis，K. F. ,Faloona，S. ,Scharf，R. ,Saiki,G. Horn,and H. Erlich. Sepcificen Zymatk Amplification of DNA *in vitro*：The Polymerase Chain Reaction. Cold Spring Harbor Symp. Quant. Bi01. 1986，5：263

[5] Oste C. Polymerase Chain Reaction Biotechnique，1988,6(2)：262

[6] 郝福英,朱玉贤等．分子生物学实验技术．北京：北京大学出版版社,1998．37～40

[7] Biotechnology Explorer Program,Serious about Science Education. Bio-Rad,2002，13～16

实验 18　细菌总 RNA 分离纯化及其鉴定

本实验以大肠杆菌 (DH5α)为材料提取总 RNA,用琼脂糖凝胶电泳检测总 RNA 的均一性和纯度并分析其结果。

【实验目的】

RNA 纯化技术是现代分子生物学技术的基础,学习和掌握 RNA 在提取过程中如何解决 RNase 对 RNA 的降解问题,提高学生解决问题和分析问题的能力。

【实验原理】

cDNA 文库构建、蛋白质体外翻译、RNA 序列分析及 Northern blotting 等都需要一定纯度和一定完整性的 RNA。完整和均一是评价 RNA 质量的两个最关键标准。要获得完整 RNA 取决于能否最低限度的避免纯化过程中内源及外源性 RNase 对 RNA 的降解。所以实验过程中要有效去除 RNA 提取中的 DNA 和蛋白质。采用高活性 RNase 抑制剂,可以防止 RNA 降解,采用酚-氯仿抽提可以方便地去除 RNA 提取物中的蛋白质。实验中使用的异硫氰酸胍是 RNase 抑制剂之一,它能在裂解细胞的同时使 RNase 失活,还能使 RNA 提取过程中的蛋白质变性。实验中也相应采取了一系列防止 RNase 污染的措施。

【器材与试剂】

一、器材

1.5 mL Eppendorf 管,离心机,冷冻离心机,旋涡振荡器(Vortex),琼脂糖凝胶电泳仪,电泳槽,加样器,凝胶成像装置。

大肠杆菌 DH5α。

二、试剂

(1) 十二烷基肌氨酸钠(Sarkosgl):浓度 20%,无菌水配制。

(2) 异硫氰酸胍:浓度 50%,无菌水配制。

(3) 3 mol/L $NaAc \cdot 3H_2O$:pH 5.2,高压灭菌。

(4) 1 mol/L 柠檬酸钠:pH 7.0,高压灭菌。

(5) 水饱和苯酚:注意!苯酚经水饱和后会分层并存在分层的界面,苯酚在分层的界面之下,吸取时要下层。

(6) 氯仿-异戊醇(49∶1)。

(7) β-巯基乙醇,易挥发,刺鼻,在通风橱内进行操作。

(8) 变性液(600 μL/人):在 1.5 mL Eppendorf 管中加入 240 μL 异硫氰酸胍,40 μL 十二烷基肌氨酸钠,20 μL 柠檬酸钠,60 μL NaAc,240 μL 苯酚(吸取下层),10 μL β-巯基乙醇,立即混匀。

【实验步骤】

一、提取总 RNA

(1) 取 1.5 mL 大肠杆菌 DH5α 菌液,置 1.5 mL Eppendorf 管中,以 4000 r/min 离心

2 min,去掉上清液,再取一次菌液重复离心步骤,取沉淀。

(2) 将 600 μL 变性液加入到沉淀中,立即混匀。

(3) 加 200 μL 氯仿-异戊醇,在旋涡振荡器(Vortex)上振荡混匀,要求振荡 10 s,间歇20 s,如此重复 3 次。每次振荡都应看到液体在 Eppendorf 管中翻腾,即称为充分混匀。

(4) 置冷冻离心机上,以 10 000 r/min 离心 20 min。使用冷冻离心机时切记盖好离心机盖,盖子上的螺丝扣一定要拧紧方可开始离心。离心后取上清。

(5) 加入等体积异丙醇,颠倒混匀,室温放置 10 min。

(6) 置冷冻离心机上,以 10 000 r/min 离心 20 min,丢弃上清。

(7) 用 200 μL 预冷的 70%乙醇洗涤沉淀,置冷冻离心机上,以 10 000 r/min 离心 10 min,丢弃上清。

(8) 室温干燥后,加 20 μL 无菌水放置 20 min,充分溶解。

二、总 RNA 电泳分析

方法一:配制 1% Agarose 胶,取高压灭菌后的 0.5×TBE,配制胶 30 mL。将提取的 20 μL RNA 样品加 2 μL 灭菌的溴酚蓝蔗糖指示剂,用 40 V 电压条件电泳,待指示剂运动的位置距离加样孔 2/3 处时,停止电泳。EB 染色(无菌水配制),照相,进行分析。

方法二:配制 0.8% Agarose 胶,取高压灭菌后的 0.5×TBE,配制胶 30 mL。将提取的 RNA 在 70 ℃加热 5 min,置冰浴中迅速冷却,20 μL RNA 样品加 4 μL 灭菌甘油,用 80V 电压条件电泳 20 min,停止电泳。EB 染色(无菌水配制),照相,进行分析。

【实验结果】见图 18-1

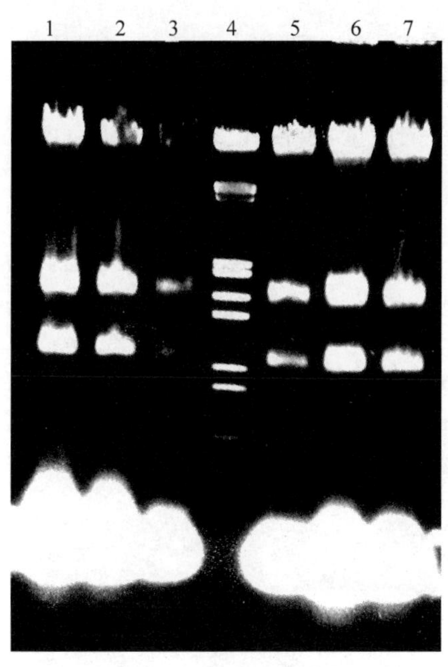

图 18-1 总 RNA 电泳结果

1,2,3—同组一位同学提取的 RNA 样品,上样量:10,5,2 μL;
5,6,7—同组另一位同学提取的 RNA 样品,上样量:2,10,5 μL;
4—Marker

【结果讨论与注意事项】

(1) 在这次的电泳结果中,显示了 rRNA 的 23S,16S, 5S 条带。

(2) 存在着降解的小 RNA 碎片,可能是在提取时有 RNase 的存在使得 RNA 降解为小片段。

(3) 在靠近加样孔的大分子片段为染色体 DNA,多次纯化即可去除。

(4) 严格灭菌,对于实验用的水、试剂和试剂瓶等,在实验前高压灭菌以失活 RNase。不能灭菌的试剂用无菌水配制。桌面用消毒水擦洗。

(5) 使用 RNase 抑制剂异硫氰酸胍。

(6) 实验中避免人员流动,实验中尽量戴手套,因为人的汗液中也含有 RNase,另外还要避免唾液溅入造成的 RNase 污染。

(7) 变性液含有 6 种组分,应先混匀再加入到菌液中去,然后用 Vortex 混匀,注意要彻底搅起管底的沉淀。

【思考题】

1. 变性液含有 6 种组分,它们各起什么作用?
2. 要想得到高纯度、分布均一的 RNA,在实验操作中应注意什么?
3. 如果继续进一步的 cDNA 实验操作,要得到 mRNA 还需要哪些步骤?

【时间安排】

第一天下午:教师讲解实验,学生配试剂,灭菌实验用品。

第二天上午:提取总 RNA。

下午:电泳检查总 RNA 的质量,照相,记录结果。

【参考文献】

[1] Cox R. A. Methods in enzymology. Orlando FL: Academic Press,1986. 120～129

[2] Manistis T. et al. Molecular cloning: A laboratory manual. New York: Cold Spring Harbor Laboratory Press, 1982. 194～195

[3] Aviv H, Leader P. Natl. Acad. Sci. USA, 1992,69: 1408～1412

[4] Promega, PolyAT tract System-1000, Technical Manual, USA, 1991

[5] 郝福英,朱玉贤等. 分子生物学实验技术. 北京:北京大学出版社,1998. 63～67

实验 19 DNA 核苷酸序列分析

本实验采用 Sanger 双脱氧末端终止法，在 Taq 酶催化下进行测序反应，最后用银染法显色来观察凝胶条带。

【实验目的】

通过本实验的训练，使学生理解 Sanger 双脱氧末端终止法的原理，训练学生在实验中做到耐心、细致、无误；全面、较好地掌握 DNA 测序的整套技术，为今后从事高层次的科研工作打下基础。

【实验原理】

DNA 的序列分析，即核酸一级结构的测定，是在核酸的酶学和生物化学的基础上创立并发展起来的一门崭新的 DNA 分析技术。

目前 DNA 序列分析主要有 3 种方法：Sanger 双脱氧末端终止法、Maxam-Gilbert 化学修饰法、DNA 序列分析的自动化。

利用 DNA 聚合酶和双脱氧末端终止物测 DNA 核苷酸的方法是由英国剑桥分子生物学实验室的生物化学家 F. Sanger 等人于 1977 年发明的。DNA 的复制需要 4 个基本条件：DNA 聚合酶、单链 DNA 模板、带有 3′-OH 末端的单链寡核苷酸引物、4 种 dNTP(dATP、dGTP、dCTP、dTTP)。聚合酶以模板为指导，不断地将 dNTP 加到引物 3′-OH 末端，使引物延伸，合成新的互补 DNA 链。当在低温下进行反应时，新链的合成是不同步的，用聚丙烯酰胺凝胶电泳可以测出不同长度的 DNA 链。DNA 的两个核苷酸之间是通过 3′,5′磷酸二酯键连接的。Sanger 指出，如果能找到一种特殊核苷酸，其 5′末端是正常的，在合成中，要能加到正常核苷酸的 3′-OH 末端；但其 3′-OH 位点由于脱氧，下一个核苷酸不能通过 5′磷酸与之形成 3′,5′磷酸二酯键，使 DNA 链的延伸被终止在这个不正常的核苷酸处。这类链终止剂是 2′,3′-双脱氧核苷-5′-三磷酸(ddNTP)和 3′-阿拉伯糖脱氧核苷-5′-三磷酸。

DNA 核苷酸顺序测定中常用的终止剂是 ddNTP。在 DNA 合成时，链终止剂以其正常的 5′末端掺入生长的 DNA 链，一经掺入，由于 3′位无羟基存在，链的进一步延伸即被终止。在每一个反应试管中，都加入一种互不相同的 ddNTP 和全部 4 种 dNTP，其中有一种带有 ^{32}P 同位素标记，同时加入一种 DNA 合成引物的模板、DNA 聚合酶 I，经过适当温育之后将会产生不同长度的 DNA 片段混合物。它们全都具有 5′末端，并在 3′末端的 ddNTP 处终止。将这种混合物加到变性凝胶上进行电泳分离，就可以获得一系列全部以 3′末端 ddNTP 为终止残基的 DNA 电泳谱带。再通过放射自显影技术，检测单链 DNA 片段的放射性带，可以从放射性 X 光底片上，直接读出 DNA 的核苷酸序列(见图 19-1)。

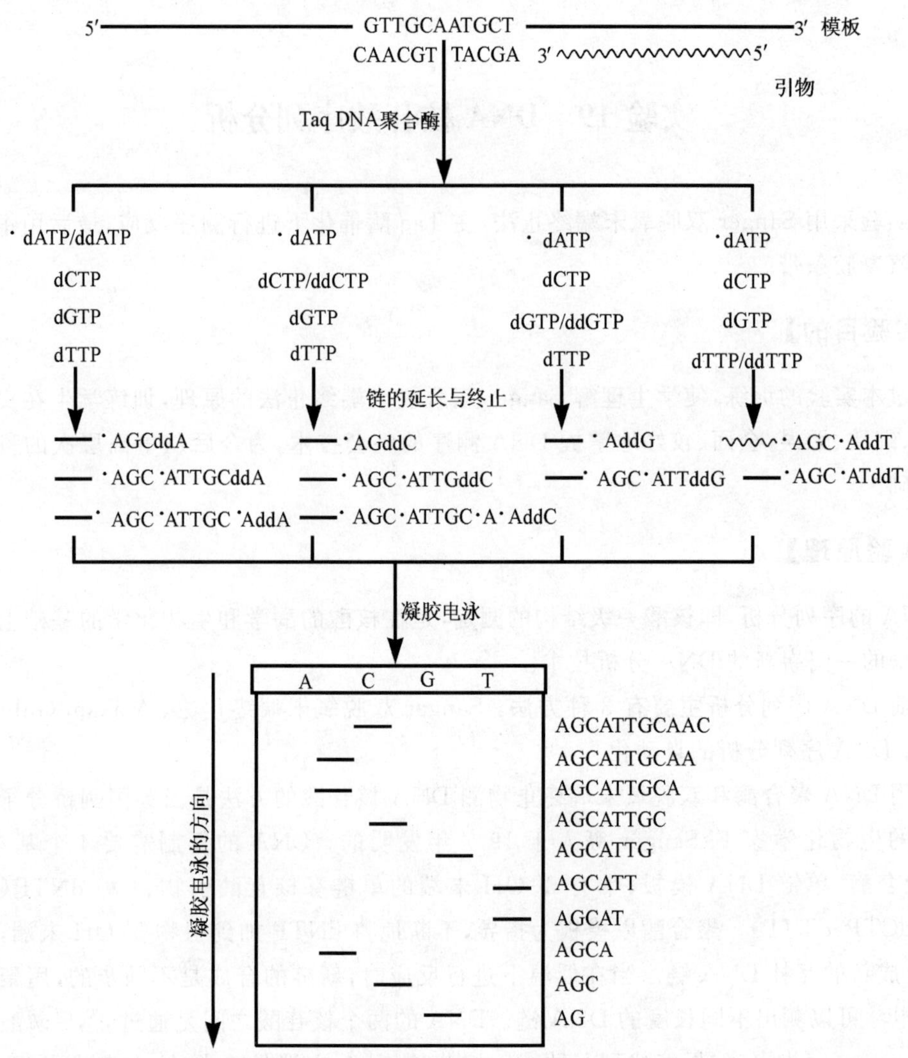

图 19-1　Sanger 双脱氧末端终止法 DNA 序列分析的基本原理

Taq DNA 聚合酶催化的测序反应的银染色法是近年来建立的一种非放射性核素表达的核苷酸序列测定方法。它是通过高度灵敏的银蓝显色来检测末端终止法完成的测序凝胶条带。该方法使用普通的寡核苷酸引物，也不需要复杂的仪器设备来检测结果，可以在显色后胶上直接读出序列。由于采用了 Taq DNA 聚合酶，可在程控循环加热仪中进行反应。因此与常规测序相比有如下优点：

(1) 反应过程能使模板 DNA 呈线性增长。得到足够银染法检测出来的条带，大约需要 0.02～1 pmol 的 DNA 模板。

(2) 在反应的每个循环过程均有较高的变性温度，对于双链 DNA 模板省去了碱变性操作步骤。

(3) 比较高的聚合酶反应温度能有效地解除模板 DNA 的二级结构，使得聚合反应顺利通过复杂的二级结构区域。

【器材与试剂】

一、器材

恒温水浴，PCR 扩增仪，高压电泳仪，DNA 测序槽，40 cm×20 cm 染色盘。

测序级 Taq 聚合酶(5 u/μL)；4 种 dNTP/ddNTP 混合物；待测模板 DNA；引物：① 与待测 DNA 特异结合引物，② 对照反应引物 pUC/M13 正向引物。

二、试剂

(1) 5×测序反应缓冲液：200 mmol/L Tris-HCl(pH 9.0)，10 mmol/L $MgCl_2$。

(2) 测序反应终止液：10 mmol/L NaOH，0.05%二甲苯蓝，0.05%溴酚蓝，95%甲酰胺。

(3) 5% 粘合硅烷：在 Eppendorf 管中加 1.5 mL 乙醇，8 μL 冰醋酸，3 μL 粘合硅烷。

(4) 5% Sigmacote 硅烷，取 2 mL 涂玻璃板。

(5) 6% 变性聚丙烯酰胺凝胶：300 mL 6%丙烯酰胺-尿素溶液(138 g 尿素，17.2 g 丙烯酰胺)，0.9 g 甲叉双丙烯酰胺，30 mL 5×TBE，用双蒸水定容至 300 mL，用普通滤纸过滤后使用。

(6) 25% 过硫酸铵(AP)：需新鲜配制。

(7) TEMED 试剂。

(8) 凝胶固定液：2 L 10%冰乙酸。

(9) 显影液：在 2 L 去离子水中加入 60 g Na_2CO_3，3 mL 37%甲醛，临用前加 400 μL 硫代硫酸钠(10 mg/mL)，放置水浴，预冷至 10～12 ℃。

(10) 染色液：将 2 g 硝酸银和 3 mL 37%甲醛溶于 2 L 去离子水中。

【实验步骤】

一、模板 PCR 反应

(1) 加入反应底物：

模板 1，标记 4 个 PCR 管，分别加入 ddGTP、ddCTP、ddATP、ddTTP 与 dNTP 的混合物 2 μL。

模板 2，标记 4 个 PCR 管，分别加入 ddGTP、ddCTP、ddATP、ddTTP 与 dNTP 的混合物 2 μL。

模板 3，标记 4 个 PCR 管，分别加入 ddGTP、ddCTP、ddATP、ddTTP 与 dNTP 的混合物 2 μL。

(2) 配反应液，在 3 个 200 μL 的反应管中分别加入：

样品 \ 成分	H_2O/μL	5×缓冲液/μL	引物(4.5 pmol/L)/μL	Taq 酶(5u/ μL)/μL
标准模板 4 μL	4	5	3.6	1.5
自制模板 8 μL	0	5	3.6	1.5
自制模板 8 μL	0	5	3.6	1.5

(3) 在一个反应液(18 μL)管中，准确地各取 4 μL 分别加入到 4 个含有 2 μL 反应底物的 PCR 管中，轻轻混匀，离心。注意！此时三组 PCR 反应管共 12 个，每个管都含有如下成分：

模板、底物、5×缓冲液、引物、Taq 酶，总体积为 6 μL。

(4) PCR 反应，见表 19-1。

表 19-1 PCR 反应温度、时间及循环数

反应温度	时间	循环数
95 ℃	2 min	1
95 ℃ 42 ℃ 70 ℃	30 s 30 s 1 min	60
70 ℃	5 min	1

(5) 将每个 PCR 管中加入 3 μL 反应终止液，暂存于 4 ℃冰箱。

二、玻璃板处理灌胶

(1) 用 0.1 mol/L HCl 浸泡长玻璃板 1～2 h。

(2) 取出长玻璃板，先用自来水洗，用刀片刮去残存的凝胶物质，再用去离子水冲洗。然后用单张擦镜纸沿长度方向仔细地均匀涂擦丙酮三遍，晾干，再用 95％乙醇擦三遍，注意沿一个方向擦，而且要涂擦均匀，晾干。长玻璃板要轻拿轻放，不要碰撞水龙头，以免损坏后漏胶，涂擦板时带好手套，长短板在涂擦时分别进行，不能交叉污染。

(3) 在短板(带电极的板)上涂硅烷：取 2 mL 硅烷，先滴上 0.5 mL，用单张擦镜纸沿长度方向仔细地均匀涂擦，边涂边滴直到 2 mL 硅烷滴完为止。用同样方法再涂 95％乙醇，动作一定要轻，否则影响以后的结果。短板要轻拿轻放，一定保护好电极板！

(4) 长玻璃板同样均匀涂粘合硅烷，再用乙醇涂，使粘合硅烷分布均匀，此步很重要。

(5) 边条和梳子用 95％乙醇擦洗。

(6) 在短板(带电极的板)上将梳子倒放并计算好加样孔离玻璃板的距离，边条紧靠梳子，两块玻璃板合在一起，玻璃底部与边条取齐，将黑色夹板把两块玻璃板夹紧，确认做到了两块玻璃板底部与边条和黑色夹板在同一水平线上。装入制胶装置中，两手朝相反方向拧紧螺丝，平放在台面上，玻璃板上部垫高约 15°角，备用。

三、灌胶

(1) 在 100 mL 烧杯中加入 45 mL 6％ 聚丙烯酰胺(含尿素)，30 μL N, N, N′,N′- 四甲基乙二胺(TEMED)，混匀。然后再加入 250 μL 过硫酸铵，并混匀。

(2) 用注射器吸好胶液，用乳胶管连接注射器和制胶装置间的接口(与接口处连接的小零件不要接反；拧紧；零件因体积小，用后防止丢失)，从制胶装置底部缓慢推压注射器，将配好的凝胶灌入，注意防止气泡产生，待胶灌满后，水平放置胶板，等待凝胶约 2 h，未凝好时勿拔下注射器。

四、电泳

(1) 将凝好的胶板从制胶装置取出，将梳子拔出，用去离子水轻轻冲洗胶面，将梳子齿插入胶面，勿太深，约 0.1 cm。

(2) 装好电泳槽装置，灌入 TBE 至没过加样孔。

(3) 用注射器吸 TBE 反复冲洗加样孔，隔孔加染料 2 μL，稳定功率 40 W 预电泳 30 min，观察是否渗漏。

(4) PCR 反应产物 70 ℃预变性 5 min，立即放入冰浴中备用。

(5) 选择好的加样孔，用 TBE 冲洗后上样。

加样管号	1	2	3	4	5	6	7	8	9	10
样品	Marker	G	A	T	C	G	A	T	C	Marker
体积/μL	2	8	8	8	8	3	3	3	3	2

(6)电泳，用以下功率进胶：

10 W　　1 min

20 W　　1 min

30 W　　1 min

样品全部进胶后，稳定功率 40W 电泳至第二染料泳动至胶的中下部，停止电泳。

五、凝胶处理

(1) 将电泳槽中电极液倒出，长板向上平放，拉出边条，打开玻璃板，胶落于长板上。

(2) 用 2000 mL 10% HAc 固定过夜，10% HAc 用后保存，用于后面的终止反应。

(3) 用 ddH_2O 洗胶 3 次，每次 2 min。

(4) 胶板置于染色液中轻摇 30 min。

(5) 用 ddH_2O(尽量多)洗胶 5～10 s，随后快速将胶板背面的玻璃在水中擦拭干净，立即取出，置显色液中。此步操作很重要。

(6) 胶板置显色液中浸泡并轻摇，直至条带清晰(显色不要过度)，取出胶板。

(7) 将 500 mL 10% HAc 放入显色液中，迅速混匀后将胶板放回，终止显色反应并定影。

(8) 读取序列，见图 19-2。

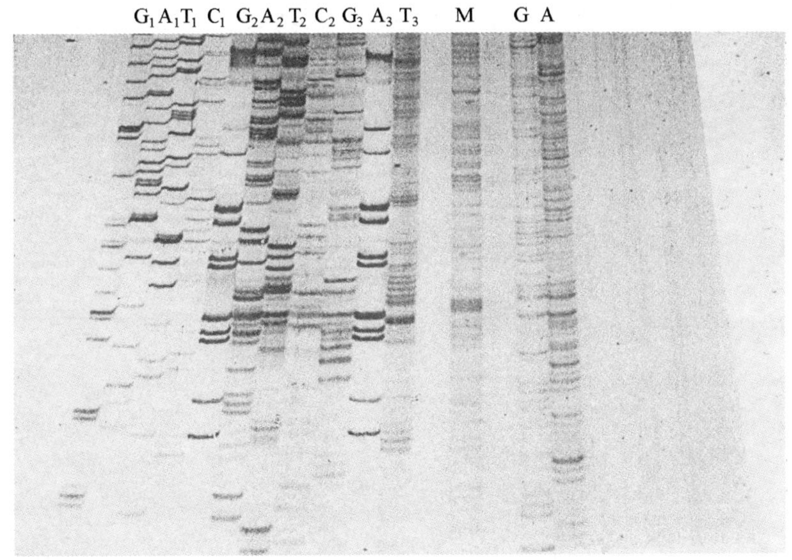

图 19-2　银染法 DNA 测序

G_1，A_1，T_1，C_1—PBS 质粒的碱基序列；G_2，A_2，T_2，C_2—pGEM-3Zf(+)质粒的碱基序列

【思考题】

1. ddNTP 在测序反应中有什么重要作用?

2. 测序胶从染色液取出后，转到水中漂洗时，为什么要用 20 s 的短暂时间？

3. 如何读取测序胶板上的目的 DNA 序列？

【时间安排】

第一天上午：教师讲解实验，学生配试剂，刷洗玻璃板。

下午：灌胶，测序反应。

第二天上午：电泳准备工作，电泳。

下午：电泳，固定胶。

第三天上午：染色，显色，读取序列。

【参考文献】

[1] Sanger F. and Thompson E. O. P. Biochem. ,J. 1963,53：353
[2] 齐义鹏等. 基因工程原理和方法. 成都：四川大学出版社，1988. 151～178
[3] 卢圣栋等. 现代分子生物学实验技术. 北京：高等教育出版社，1993. 340～357
[4] 吴乃虎. 基因工程原理. 北京：高等教育出版社，1989. 44～45
[5] Promega. Silver sequenceTM DNA sequencing system technical manual，USA，1993
[6] 郝福英，朱玉贤等. 分子生物学实验技术. 北京：北京大学出版社，1998. 44～49

实验 20 蛋白质转移

实验 20.1 酶联免疫反应检测生物大分子

本实验采用鸡卵清白蛋白为材料，对此蛋白质进行聚丙烯酰胺凝胶电泳（PAGE）后，用电泳法将蛋白质转移到硝酸纤维素薄膜上，将预先制备好的鸡卵清清蛋白免疫而成的抗血清作为初级抗体，用辣根过氧化酶标记的羊抗兔抗体为第二抗体，在底物存在的情况下，测定蛋白质的性质。

【实验目的】

本实验除了训练学生用聚丙烯酰胺凝胶电泳分离蛋白质外，还需掌握将蛋白质转移到硝酸纤维素薄膜上的转移电泳技术，运用酶法显色蛋白质，得到明确的实验结果，通过实验使学生学会如何检测表达蛋白这一分子生物学的重要技术。

【实验原理】

蛋白质印迹(Western blotting)是将蛋白质转移并固定在化学合成膜的支撑物上，然后以特定的亲和反应、免疫反应或结合反应以及显色系统分析此印迹。这种以高强力形成印迹的方法被称为 Western blotting 技术。在实验操作中要注意以下条件：

印迹法需要较好的蛋白质凝胶电泳技术，使蛋白质达到好的分离效果，而且要注意胶的质量，要使蛋白质容易转移到固相支持物上。另外蛋白质在电泳过程中获得的条带被保留在膜上，在随后的保温阶段不丢失和扩散。免疫印迹分析需要很小体积的试剂、较短的时间过程，一般操作很容易，宜于应用和理论上的研究。免疫印迹的实验包括 5 个步骤：

(1) 固定(immobilization)：蛋白质进行聚丙烯酰胺凝胶电泳（PAGE）并从胶上转移到硝酸纤维素膜上。

(2) 封闭(blocked)：保持膜上没有特殊抗体结合的场所，使场所处于饱和状态，用以保护特异性抗体结合到膜上，并与蛋白质反应。

(3) 初级抗体（第一抗体）是特异性的。

(4) 第二抗体或配体试剂对于初级抗体是特异性结合并作为指示物。

(5) 被适当保温后的酶标记蛋白质区带，产生可见的、不溶解状态的颜色反应。

【器材与试剂】

一、器材

蛋白质电泳槽，蛋白质电转移槽一套（Bio-Rad 公司），硝酸纤维素滤膜（黄岩化工厂），直径为 20 cm 及 10 cm 的玻璃平皿各一个，剪刀、镊子、刀片，一次性手套，普通滤纸。

鸡卵清清蛋白，鸡卵清免疫兔的抗血清，辣根过氧化酶-羊抗兔抗体（1∶500 稀释）。

二、试剂

四氯萘酚或者二氨基联苯胺，过氧化氢。

(1) TBS 缓冲液：20 mmol/L Tris-HCl，500 mmol/L NaCl，pH 7.5。

(2) TTBS 缓冲液：20 mmol/L Tris-HCl，500 mmol/L NaCl，0.05% Tween-20，pH 7.5。

(3) 抗体溶液：0.3% 脱脂奶粉，用 TTBS 溶液配 20 mL。

(4) 封闭液(Blocking 溶液)：0.3% 脱脂奶粉，用 TTBS 溶液配 10 mL。

(5) 底物溶液 ：0.5 mg 四氯萘酚溶解到 10 mL TBS 溶液中。

(6) 电泳缓冲液：0.1 mol/L 磷酸缓冲液，pH 7.2，800 mL/4 人(含 0.1% SDS)。

(7) 转移缓冲液：25 mmol/L 磷酸缓冲液，pH 5.8，800 mL/4 人（含 10% 甲醇)。

(8) 去离子双蒸水。

以上试剂都用去离子双蒸水配制而成。

【实验步骤】

一、制备兔抗鸡卵清清蛋白血清

将 10 mg/mL 鸡卵清清蛋白与石蜡油完全佐剂和不完全佐剂研磨而成抗原。选择两只家兔，皮下多点注射 3 次，每周一次，加强一次。每次 4 个点，每点 0.2 mL 抗原。5 周后，颈动脉放血，取血清作为 Western blotting 的第一抗体。

二、SDS-聚丙烯酰胺凝胶电泳

(1) 凝胶前的准备：取两块玻璃洗净晾干，装入做胶装置，用水试漏，用滤纸把水吸出。

(2) SDS-PAGE 凝胶的配制：

(30%聚丙烯酰胺＋甲叉双丙烯酰胺)/ mL	1.7
0.2 mol/L 磷酸缓冲液/ mL	2.5
1% TEMED/ mL	0.5
双蒸水/ mL	0.3

上述试剂配制好以后，混匀后加入 30 μL 10% AP，避免气泡的产生。

(3) 灌胶：将配制的分离胶液，用滴管迅速加入到橡胶框的"玻璃腔"内，待胶液加至距短玻璃顶端约 2 cm 处(比梳子齿条略长一些即可)停止灌胶。检查是否有气泡，若有气泡用滤纸条吸出。插上梳子，放置 30～60 min 聚胶完毕。

(4) 加样：按如下体积加样。

1	2	3	4	5	6	7	8	9
	牛血清清蛋白	牛＋鸡	鸡卵清清蛋白	鸡卵清清蛋白	鸡卵清清蛋白	牛＋鸡	牛血清清蛋白	
	2	2＋2	5	10	10	5	2＋2	

(5) 电泳：30 mA，电泳 3～4 h。

三、转移蛋白质到硝酸纤维素薄膜上

(1) 将转移缓冲液冷至 4 ℃。

(2) 切割与胶尺寸相符的硝酸纤维素薄膜，并用转移缓冲液浸湿，放置 15 min 直到没有气泡。

(3) 切割四张普通滤纸使其大小与胶尺寸大小相符，并将其浸泡在转移缓冲液中。

(4) 海绵在转移缓冲液中充分浸湿。

(5) 在转移槽中倒入 200 mL 转移缓冲液。

(6) 电泳后，切取有用部分的胶并很快地转移到缓冲液中洗涤。

(7) 打开蛋白质转移槽的胶板，依次放入：

- 浸湿的海绵。
- 两张用转移缓冲液饱和的滤纸。
- 用转移缓冲液冲洗过的胶，并小心地赶走滤纸和胶之间的所有气泡。
- 放上硝酸纤维素膜。
- 两张用转移缓冲液饱和的滤纸。
- 浸湿的海绵。

(8) 小心地合上转移槽的胶板，立即放入转移相中。倒入转移缓冲液，使浸没转移胶板。

(9) 插入电极，注意正负极方向，120 mA 恒流电泳 1 h，1 h 后两组颠倒胶板，再以 120 mA 恒流电泳 1 h。

(10) 转移结束后打开胶板，取出硝酸纤维素薄膜。

四、免疫印迹膜的处理

(1) 用 TBS 缓冲液洗膜 10 min。

(2) 将膜用封闭溶液封闭，用摇床轻轻摇动 60 min。

(3) 轻轻地转移掉封闭溶液，并用 TBS 溶液洗膜两次，悬浮洗膜一次，第二次 10 min。

(4) 加入 1 mL 第一抗体，使膜处于 10 mL 抗体溶液(1∶10)中，置摇床上轻摇，室温下过夜。

(5) 去掉第一抗体溶液，并用 TTBS 洗膜 3 次，每次 10 min，置摇床上轻轻摇动。

(6) 将 20 μL 羊抗兔的辣根过氧化酶放入 10 mL 抗体溶液中(1∶500 稀释)，将膜浸泡于此溶液中。置摇床上轻摇，室温放置 4 h。

(7) 去掉辣根过氧化酶溶液，用 TTBS 洗 3 次，每次 10 min。

(8) 最后用 TBS 溶液洗一次，以转移掉 Tween-20，不用摇床。

(9) 显色：

- 用小烧杯准备 10 mL TBS，预热到 37～40 ℃，加 10 μL 过氧化氢混匀。
- 取少量四氯萘酚，溶于 1 mL 甲醇中。

将两者迅速混合至小平皿中，晃动 2～3 min，显色结束。加去离子水终止反应，用滤纸保存。

【实验结果】见图 20-1

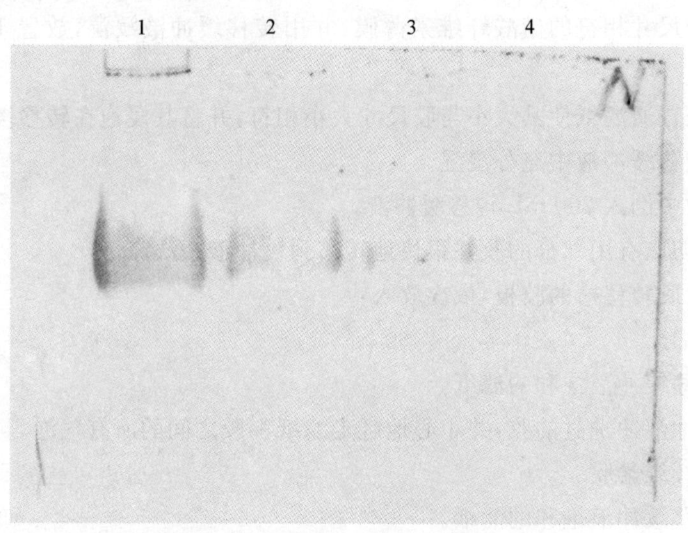

图 20-1 酶法检测蛋白质表达产物

1,2,3—鸡卵清清蛋白样品；4—牛血清清蛋白样品

【结果讨论与注意事项】

(1) 从图 20-1 上看到 1,2,3 为鸡卵清清蛋白样品,出现明显的条带。

(2) 从图上看到 4 为牛血清清蛋白样品,没有出现条带,因为一抗为鸡卵清清蛋白的抗体。

(3) 实验结果,条带清晰,而且没有杂带,说明转移是很成功的。但是由于 NC 膜切得较大,边缘部分没有浸没,所以四个角不是很干净。

(4) 免疫印记实验利用的是免疫系统抗原抗体特异反应的特性,反应灵敏、准确,操作简便,可以检测少量的样品。

(5) 转移是实验成功的关键,在凝胶上放硝酸纤维素膜时,要沿一个方向放,一次成功,一旦放好不可以再移动,否则蛋白质吸附到膜上的不同位置,造成结果混乱。另外洗膜的时间要掌握合适,洗掉未结合的一抗,而不要丢掉结合的一抗。

(6) 一般二抗结合的条件,要求抗体浓度为 1∶50。由于实验经费的限制,在本实验中降为 1∶500,这样要求反应的时间长一些,结果还是比较令人满意的。

实验 20.2 蛋白质化学发光免疫反应检测生物大分子

选择性检出混合物中特定的生物大分子是现代生命科学经常使用的重要研究手段。其中免疫学检测中的 Western 印迹和点印迹在蛋白质研究中起到了重要作用。通常,经 SDS-PAGE 分离后转印到膜上(Western blot)或直接点到膜上(dot blot)的蛋白质分子首先被特异性第一抗体识别,然后通过酶标复合物[过氧化物酶(peroxidase,POD),如辣根过氧化物酶,hoseradish peroxidase,HRP]标记的抗体或过氧化物酶标记的亲和素(strepLaVidin/awidin)与适当的色素原底物反应后指示出特异性的蛋白质。虽然这种指示方法在蛋白质研究中也起到了重要作用,但检出的敏感性较低,需使用有毒的化合物,且蛋白质色带易随着时间或因在光线下反复暴露而逐渐褪色。化学发光正是为了克服这些缺点而发展起来的新一代快速、高效、无害的蛋白质特异性检测方法。

【实验目的】

通过实验使学生除了学会蛋白质转移的技术外，还进一步了解X光胶片的放射自显影过程，通过化学发光和酶反应两种方法的对比，了解化学发光方法的优点及方便之处，让学生掌握蛋白质被转移到膜上而显色的一种新方法。

【实验原理】

蛋白质化学发光免疫反应检测生物大分子的操作流程见图20-2。

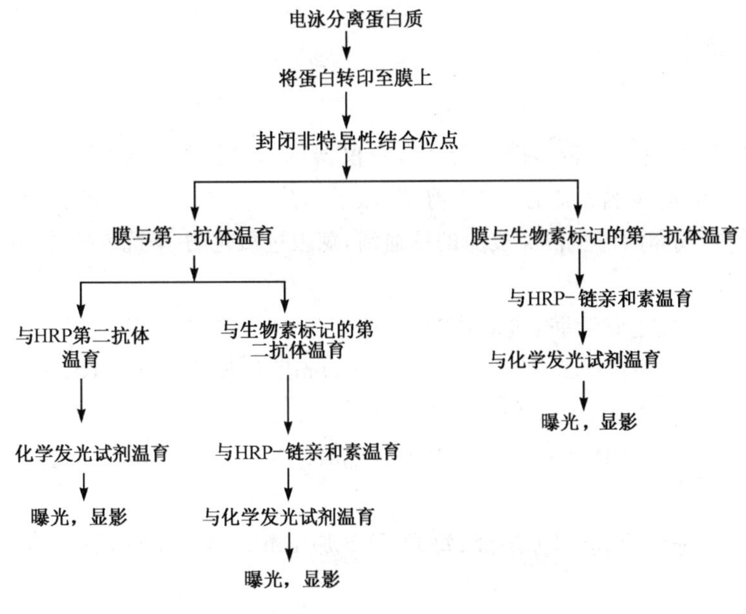

图20-2 操作流程图

在化学发光检测体系中，第二抗体连接的辣根过氧化物酶(HRP-第二抗体或HRP-亲和素)在过氧化氢的存在下催化Luminol的氧化反应，反应过程中形成的不稳定中间产物由激发态衰减到基态过程发射光线，这种波长428 nm蓝色可见光通过X光胶片接收，使该部位的胶片曝光而指示出特异性产物的存在。这种光发射的强度和持续时间又可为酚衍生物以及酶稳定剂进一步增强。如选用Hyperfilm ECL胶片则可进一步增加自显影的敏感性，化学发光检测体系发光强度在检测之初的1～5 min达到高峰，1 h后衰减到高峰值的60%，此后缓慢衰减，发光时间可持续到24 h。

化学发光检测的特性如下：

(1) 高敏感性：检测敏感性至少比传统化学显色法高10倍，化学发光免疫检测方法尤其适合需高敏感度的Western和点印迹的蛋白质检测。与化学显色检测相比，化学发光显示方法的敏感性要高出1～3个数量级，与放射性检测方法的敏感性相当。

(2) 简便、快速，通常在1 min内即可检测到特异性蛋白。

(3) 高分辨率：由于很高的信噪比，大大降低了背景干扰，使显示的信号更清晰。

(4) 长期保存：X光胶片可以长期保存，而不像化学显色那样随着时间或反复暴露在光线下而褪色。

(5) 多次检测：曝光时间可根据X光胶片上信号的强弱选择几秒至24 h不等，多次曝光，以便选择满意的信号强度。

(6) 反复检测：一张结合了蛋白质的膜在一次检测完毕后，还可剥离第一抗体，再选用另一种特异性抗体进行同样检测，尤其适合于对同一蛋白上不同决定簇的分析或蛋白磷酸化分析。

(7) 即使使用较低的抗体浓度与低亲和力抗体也可检测到抗原。

(8) 无放射性损害之忧。

(9) 使用稳定的辣根过氧化物酶标记的抗体可长期保存，无因放射性同位素快速衰减而需反复标记之烦扰。

【器材与试剂】

一、器材

蛋白质电泳槽，蛋白质电转移槽一套（六一仪器厂），硝酸纤维素滤膜（黄岩化工厂），直径为20 cm及10 cm的玻璃平皿各一个，剪刀、镊子、刀片，一次性手套，普通滤纸，X光胶片。

鸡卵清清蛋白，鸡卵清清蛋白免疫兔的抗血清，辣根过氧化酶-羊抗兔抗体（1∶500稀释）。

二、试剂

四氯萘酚或者二氨基联苯胺，过氧化氢。

(1) TBS：将6.05 g Tris，8.76 g NaCl加到800 mL双蒸水中，用HCl调pH至7.5，加去离子水至1 L。

(2) PBS：7.2 g $Na_2HPO_4 \cdot 2H_2O$，1.48 g NaH_2PO_4，5.8 g NaCl，加去离子水至1 L，调pH至7.5。

(3) TBS-Tween-20(TBS/T) 溶液：每升TBS加1 mL Tween-20，混合均匀。在4 ℃下贮存时间不宜超过一周。

(4) PBS-Tween-20 (PBS/T) 溶液：每升PBS加1 mL Tween-20，混合均匀。在4 ℃下贮存时间不宜超过一周。

(5) 封闭剂：5% BSA或5%～10%的脱脂牛奶均适合用作封闭剂，但对生物素/亲和素-HRP体系，不宜使用5% BSA作为封闭剂。

(6) 封闭溶液：即将上述的封闭剂按一定百分比配制到TBS/T或PBS/T缓冲液中。HRP标记或未标记的抗体/亲和素(第一抗体及第二抗体)或生物素标记的抗体均应稀释于封闭溶液中。即蛋白质转印到膜上之后至化学发光之前的各步骤中所使用的抗体/亲和素及其酶联复合物均应稀释于封闭溶液中。抗体/亲和素浓度应根据公司推荐的浓度进行稀释。

(7) 蛋白质发光免疫检测试剂（Vitagene公司产品）：A溶液，60 mL；B溶液，9 mL；A∶B按9∶1混合后立即使用，可用于500 cm^2膜检测。

【实验步骤】

1. 电泳

非变性蛋白质电泳胶、SDS-PAGE或双向电泳胶均适合于本实验操作。

2. 蛋白质转印

将蛋白质转移至硝酸纤维素膜（NC 膜）或 PVDF 膜上。NC 膜应于水中浸透，然后浸在转移溶液中平衡 5 min。使用 NC 膜、PVDF 膜时，应先将它们浸于甲醇中数秒，检查是否有未浸透的“结点”，如有“结点”，应另换 PVDF 膜。然后将 PVDF 膜浸于转移溶液中平衡 5 min，按电转移方法将蛋白质从凝胶上转印到膜上。

蛋白质大小及理化性质(如亲水性)均直接影响转移效率。通常在转移大分子蛋白质或疏水性蛋白质时,不宜使用高浓度凝胶,在转移缓冲液中宜加 SDS 到 0.005%～0.025%,并省略或降低甲醇用量。转移后要分别检查凝胶上蛋白质残留量和膜上转移的蛋白量。据此,决定下一次转移条件。

印迹膜与凝胶、滤纸之间不应留有气泡,可用吸管平置后从一侧滚动到另一端,赶走夹层中的气泡。禁用手直接接触膜,禁用有齿镊夹取膜,盛膜的容器必须洁净。

3. 消除非特异性结合位点

蛋白质从凝胶上转印至膜上后,将膜浸于封闭溶液中,于室温下不间断摇动。如使用 Vitagene 公司的封闭剂,封闭时间为半小时即已完全。如用 5%脱脂牛奶或 5% BSA 作为封闭剂时,应置摇床上摇动并延长温育时间至 1 h 或过夜。

4. 洗涤

用 TBS/T 或 PBS/T 洗涤膜。将膜在 TBS/T 或 PBS/T 中简短漂洗 2 次,每次更新洗涤溶液。

5. 温育

将膜置抗体溶液中,于室温在摇床温和摇动下温育 1 h 或于 4℃过夜。

6. 洗涤

将膜用 TBS/T 或 PBS/T 简短漂洗 2 次,每次更换洗涤溶液。于室温在摇床中缓慢摇动,用 TBS/T 或 PBS/T 洗涤 3 次,每次 10 min,再用 50%的封闭溶液洗涤一次。TBS/T 或 PBS/T 洗涤后,用 50%的封闭溶液洗涤一次可以降低背景。

7. 第二抗体/链亲和素识别

在洗涤膜的同时,将 HRP-第二抗体、生物素标记的第二抗体或 HRP-链亲和素稀释到封闭溶液,将膜转移至二抗溶液中,于室温在摇床摇动下温育 1 h 或于 4 ℃过夜。

8. 洗涤

若在步骤 7 中使用生物素标记的第二抗体,则洗涤方法同步骤 6。若使用 HRP-第二抗体或 HRP-链亲和素,则用 TBS/T 或 PBS/T 代替最后一步 50%封闭溶液的洗涤,最后在双蒸水中快速漂洗 2 次。直接进行步骤 11 的操作。

9. 温育

如使用生物素标记的第二抗体,将膜转移至封闭溶液稀释的 HRP-链亲和素溶液中，于室温在摇床缓慢摇动下温育 45～60 min。

10. 洗涤

用 PBS/T 或 TBS/T 洗涤 5 次,每次更换新的 PBS/T 或 TBS/T 并摇动 5～10 min。最后在双蒸水中快速漂洗 2 次。

11. 检测

可于暗室中进行。需准备计时器、放射自显影胶片如 Hyperfilm ECL（RPN2103)、X 光胶片盒(cassette)。

(1) 取A溶液和B溶液,A溶液和B溶液的比例为9∶1,量以足够覆盖住膜为准,混合均匀。一般每平方厘米需0.125 mL。

(2) 用平头钳子取出膜,在吸水纸上吸干表面流动的溶液,切勿用纸在印迹膜表面拖行,切勿让印迹膜干透。将膜置于保鲜膜或薄的投影胶片上,结合蛋白质的膜侧朝上。将A溶液和B溶液的混合溶液加到膜上,让足够的溶液覆盖整张膜,不应有气泡。

(3) 室温下温育1 min。

(4) 吸走溶液,用平头钳子夹住膜的一角,使膜垂直,让膜的另一侧边缘靠住吸水纸,吸尽溶液。轻轻将膜置于X光胶片盒中的保鲜膜或薄的投影胶片上,蛋白面朝上,上面覆一张保鲜膜或薄的投影胶片,勿作停留。

(5) 关闭电灯,取一张X光胶片,仔细覆于膜之上。关上X光胶片盒使胶片曝光10～60 s。注意,勿移动X光胶片。

(6) 立即取出X光胶片,用另一张X光胶片覆于膜之上,重新关上X光胶片盒。

(7) 立即显影第一张胶片,根据曝光程度,决定第二张胶片的曝光时间。第二张胶片可以曝光1 min至过夜。如曝光强度过高,宜停留10～60 min,待信号减弱后再行曝光。

如果背景过高,应在TBS/T或PBS/T中再洗涤2次,每次5 min,双蒸水快速漂洗2次,然后再按步骤(1),(7)的操作进行。

12. 剥离与再印迹

(1) 将膜浸入含1% 2-巯基乙醇,2% SDS,50 mmol/L Tris-HCl的缓冲液中,温育30 min,间断摇动数次。

(2) 于室温下,膜用TBS/T或PBS/T洗涤3次,每次在摇床上摇动5 min。

(3) 将膜浸入封闭溶液中,按步骤3的方法封闭膜上暴露的非特异性结合位点。

(4) 按步骤4到步骤11的方法再作免疫学测定。

【实验结果】见图20-3,图20-4

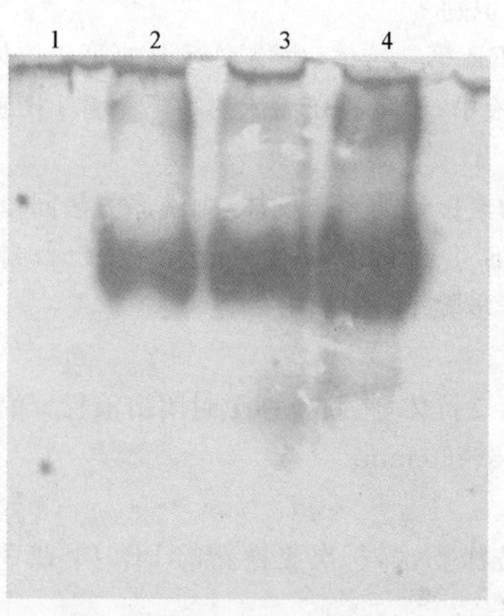

图20-3 化学发光法检测蛋白质产物

1—牛血清清蛋白样品;2,3,4—鸡卵清清蛋白样品

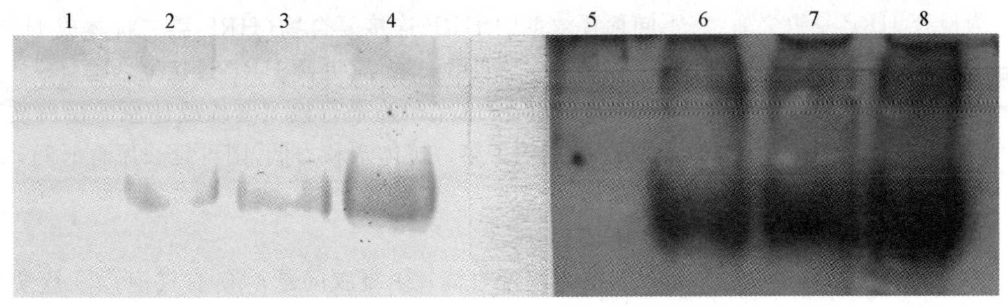

图 20-4　酶法和化学发光法检测蛋白质产物的比较

1,2,3,4—酶法检测蛋白质产物；5,6,7,8—化学发光法检测蛋白质产物；
1,5—牛血清清蛋白样品；2,3,4,6,7,8—鸡卵清清蛋白样品

【结果讨论与注意事项】

一、图谱分析

(1) 从图 20-4 看到 2,3,4,6,7,8 为鸡卵清清蛋白样品,出现明显的条带。

(2) 从图上看到 1,5 为牛血清清蛋白样品,没有出现条带,因为一抗为鸡卵清清蛋白的抗体。

(3) 从图中酶法和化学发光法检测蛋白质产物的比较,看到化学发光法检测蛋白质产物比酶法检测蛋白质产物灵敏几十倍。

(4) 试剂盒应避光密闭贮于 4 ℃。使用前检查有效期。

(5) 勿用同一支吸管吸取 A 溶液和 B 溶液，溶液应在有效期限内使用。

(6) 勿用手直接接触膜,禁用有齿镊夹取膜。盛膜的容器需用洗涤剂清洗,再经乙醇和双蒸水各洗涤一次后方可使用。

(7) 化学发光免疫检测方法是非常敏感的检测方法,所使用的抗体浓度要比化学显色法低得多。为获得高信号、低背景的结果,有必要优化最适的抗体浓度。于室温在摇床摇动下温育 1 h 或于 4 ℃过夜。

化学发光免疫检测方法尤其适合需高敏感度的 Western 和点印迹的蛋白质检测。与化学显色检测相比,化学发光显示方法的敏感性要高出 1～3 个数量级,与放射性检测方法的敏感性相当,但操作更为简便、快速,无放射性同位素玷染之忧。结合在膜上的蛋白质在剥离抗体后还可再作检测。其优点有：HRP-链亲和素可按公司推荐的比例稀释到封闭溶液中,可将膜转移至含第二抗体的溶液中。

二、原因分析及解决方法

1. 无信号或信号弱

可能的原因：① 蛋白质未转移到膜上或转移过度;② 第一、第二抗体细菌污染，HRP 失效；③ 第一抗体问题;④ 发光试剂失效;⑤ 抗原过分稀释使电泳上样量不足。

实验时检查转移前后凝胶上的蛋白量,检查印迹膜阳极面滤纸上是否有较多的预染标准蛋白分子穿过或印迹膜上、凝胶上标准蛋白的量,然后决定转移蛋白的实验条件：如改变凝胶浓度;改变转移时间;改变转移缓冲液 pH 及成分的浓度,如 SDS、甲醛浓度;更换第一或第二抗体。

为检查 HRP 是否失效,将不同稀释浓度的 HRP 连接复合物(HRP-第二抗体或 HRP-链亲和素)点到膜上,直接进行检测,如无信号,说明已失效,应更换 HRP 连接复合物。

第一抗体不能识别变性或还原的蛋白质,可用点印迹平行检测变性或还原的蛋白质和天然蛋白质的方法鉴定,或试用非变性凝胶系统。第一抗体亲和力低,则可延长温育时间,降低 Tween-20 浓度,以及缩短洗涤时间。

2. 信号过强、分散或印迹不均匀、有污迹

可能的原因:① 蛋白质过量;② 抗体浓度过高;③ 凝胶问题;④ 有气泡;⑤ 膜质量问题;⑥ 手接触,或其他蛋白质污染膜。

实验时应减少蛋白质上样量,降低抗体用量。凝胶浓度、缓冲液配方、转印条件不当均可造成蛋白条带分散、信号弥散、模糊。

膜、凝胶及滤纸间存留气泡可造成转印不均匀、条带分散、转移效率降低。膜亲水性、致密程度不均一造成印迹不均一,出现污迹。避免用手直接接触膜,并使用清洁器皿;降低第一、第二抗体浓度。化学发光检测法的敏感性要高于化学显色法,因而要缩短曝光时间。

3. 背景过高

可能的原因:① 非特异性结合位点封闭不完全;② 第一、第二抗体浓度过高;③ 每次洗涤不充分;④ 器材,如容器、吸管、保鲜膜污染;⑤ 膜选择及使用不恰当;⑥ 曝光过度;⑦ 残留过多检测试剂。

实验时改用或增高封闭剂浓度,如牛血清清蛋白、脱脂牛奶、PVP 等;使用新鲜配制的封闭溶液;延长与封闭溶液的温育时间。

【思考题】

1. 如何制备兔抗血清?
2. 如何使转移膜的背景达到最好效果?
3. 两种显色方法有何不同?

【时间安排】

第一天下午:教师讲解实验,学生配试剂。

第二天上午:灌胶,电泳分离蛋白质。

下午:转移电泳,将胶上蛋白质转移到膜上,洗膜,加一抗保温。

第三天上午:洗膜,显色。

【参考文献】

[1] Bers G. ,Garfin D. Biotechniques,1985,3: 276～288

[2] Gershoni J. M. ,Plalade G. M. Annual. biochem. ,1983,131: 1,15

[3] Bio-Rad Laboratories,Protein blotting,A guide to transfer and detection,1990. 57～58

[4] 范培昌. 生物大分子印迹技术和应用. 上海: 上海科学技术文献出版社,1989

[5] 郝福英,朱玉贤等. 分子生物学实验技术. 北京: 北京大学出版社,1998. 44～49

[6] Vitagene Biochemical Technique Co. ,Ltd. 蛋白质化学发光免疫检测. 2002

C 遗传与发育学部分

实验 21　人类外周血淋巴细胞的培养及染色体核型分析

染色体(chromosome)是基因的载体。真核细胞染色体的数目和结构是重要的遗传指标之一。对染色体的鉴定是细胞遗传学的核心,从异常的染色体可判断遗传性或肿瘤性疾患。如果某遗传性疾病有特殊的染色体标记,对产前诊断、优生优育有极其重要的作用;如果能得到某标记染色体是癌前状态的特征,可以用于癌症的早期诊断。在目前人类基因组计划中,当全序列测定完成后,可用各"路标"对染色体图谱进行定位和排序。

染色体在细胞周期中持续经历着凝缩(condensation)和舒展的周期性变化,在细胞分裂中期的染色体达到凝缩的高峰,轮廓结构清楚,最有利于观察。利用中期染色体所作的细胞染色体图谱是最早、最经典的物理图谱,利用特殊带型可对各染色体进行识别。

实验 21.1　人体微量血细胞培养(全血培养)及染色体制片

血淋巴细胞的培养已成为制备染色体的最主要的方法。主要原因是材料便宜易得,对同一个体可进行连续观察,并可得到优良的染色体制片。各种因素的效应(如病毒、电离辐射、化学药剂等)可在淋巴细胞的培养条件下进行观察,从而可进行在体外的多种研究,该方法在遗传学和医学研究中已得到广泛应用。

血淋巴细胞的培养有许多方法,常用的是全血培养和分离白细胞培养。全血培养又称微量血细胞培养,因为通常只要 0.2～0.5 mL 的末梢血就可进行实验。微量末梢血培养具有操作简单、用血量少的优点,因此在临床的染色体诊断中,是最经常使用的一种获得有丝分裂相的方法。

【实验目的】

观察实验者本人的染色体数目与形态。介绍外周血淋巴细胞的培养、染色体制片技术及染色体的 G 带核型分析。

【实验原理】

人体微量血培养是最简单的淋巴细胞培养的方法。采取微量的末梢血,在 PHA 的作用下,进行短期培养,便可获得丰富的具有分裂相的淋巴母细胞。

在正常的情况下哺乳动物外周血中没有分裂相,只有在异常的情况下哺乳动物的外周血中才能发现分裂相。低等动物(如两栖类)的外周血中偶尔能见到分裂相。

1960年由Nowell和Morhead验证,用植物血球凝集素(phytohaemagglutinin,PHA)可刺激原来处于GO期的淋巴细胞转化为淋巴母细胞,从而进行有丝分裂,用此方法可迅速而又简便地获得外周血培养的淋巴细胞的有丝分裂相(PHA可使红细胞凝集从而能分离出白细胞)。

在PHA的作用下,淋巴细胞经过培养后,形成了体外活跃生长的细胞群体,在适量的秋水仙素处理后,可获得具有丰富中期染色体的淋巴细胞。

【器材与试剂】

一、器材

离心机,恒温培养箱,显微镜,恒温水浴,静脉取血装置,超净工作台。

每组(每组两人):试管架一个,量筒一个,小烧杯一个,试管12支,10 mL刻度离心管3支,滴管6支,移液管4只,锥形瓶一个,扣染盘两个,装片板两个,载玻片(每组一缸),染缸两个,镊子两个,橡皮头10个。

二、试剂

RPMI 1640细胞全培养基(RPMI 1640,小牛血清,PHA,双抗,肝素),肝素(生理盐水配成500单位/mL),秋水仙素(20 μg /mL),0.075 mol/L KCl的低渗液,无水甲醇,冰醋酸,0.1 mol/L pH 6.8磷酸缓冲液(PBS),Giemsa原液。

【实验步骤】

一、全血培养

用经肝素湿润的5 mL注射器自静脉取血1.5 mL。

在无菌操作的条件下,将每5 mL培养基中加全血约0.3 mL,塞紧瓶塞后置37℃恒温箱中培养约72 h。

二、秋水仙素处理

培养至68 h左右,在火焰保护下加入20 mL 20 μg/mL的秋水仙素原液,使其最终浓度为0.08 μg/mL。摇匀后,继续培养1~1.5 h。适量的秋水仙素、适宜的处理时机和时间,是获得良好分裂相的先决条件。把握好秋水仙素处理的量和处理时间,可得到合适长度的分裂相染色体,以便于做G带显带和染色体核型分析。

三、低渗处理

用吸管温和吹打细胞悬液并移入10 mL试管中,以1800 r/min离心6 min,弃上清液。先加入1 mL预热(37℃)的0.075 mol/L KCl,吹打成细胞悬液后,然后再加入预热的低渗液5 mL,分别于37 ℃低渗处理20,25,30 min。低渗处理是获得分散良好的分裂相的关键步骤。低渗的过度与不足都会影响分裂相的质量。在低渗处理时细胞十分娇嫩,并且表面发粘,如需混匀细胞悬液时,最好用吸管向低渗液中吹气,以避免细胞破碎。在整个操作过程中,要注意不要将细胞吸到吸管上部,也不要接触试管的上部,否则将丢失许多细胞。

四、固定

低渗处理后,向低渗液中加入新鲜配制的1.5 mL固定液(甲醇:冰醋酸=3:1)进行预固定。固定液要沿管壁缓缓加入,然后用吹气的方法混匀。

第一次固定：预固定至少 2 min，然后离心(2000 r/min)并丢弃上清液 。向试管中加入 0.5 mL 左右的固定液，将细胞轻轻吹打成细胞悬液后，加入 1 mL 左右的固定液，混匀后放置室温 20 min 左右。

第二次固定：离心后并丢弃上清液(离心速度同前)。向试管中加入 0.5 mL 左右的固定液，将细胞轻轻吹打成细胞悬液后，加入 1 mL 左右的固定液，混匀后放置室温 20 min 左右。

第三次固定：操作同前。第三次固定后，经离心后去掉大部分上清液，只留 0.1～0.2 mL 固定液，混匀后即可滴片制作染色体(第三次固定后也可静置至第二天，吸取部分上清液后，即可进行滴片)。充分的固定是制备良好分散的染色体的重要步骤。如果染色体分散得不好，可在余下的细胞悬液中改为 1 份甲醇∶1 份冰醋酸的固定液，或 1 份甲醇∶3 份冰醋酸的固定液，甚至直接加入少量的冰醋酸后立即滴片。由于冰醋酸穿透、膨胀细胞的功能，有时可改善由于低渗处理不够或固定不充分所造成的缺陷。固定液要新鲜配制，否则将会形成酯类物质，从而影响固定的效果。

五、滴片

使用以高纯水制备的冰片进行滴片。用吸管吸取细胞悬液，距载玻片 30 cm 左右的距离滴片，每张载片滴 1～2 滴(根据细胞悬液的浓度而定)，滴片后倾斜放置于室温中晾干。亦可滴片后即刻用嘴轻轻吹片，可帮助细胞和染色体分散。滴片是制备染色体的最后一步，也是非常关键的一步。首先载片要非常干净，否则将会影响染色体的分散和分带的效果；其次，滴片的距离、滴加量的多少、制片的方式均会影响染色体分散的效果。分裂相的多少、染色体分散的程度都会影响到分带、染色效果和观察。

六、Giemsa 染色及镜检

取 1～2 张制片(多数制片留下来做分带)，用约 3 mL Giemsa 染液进行扣染，染液为 1/10 的 Giemsa 原液(9 份 0.1 mol/L PBS∶1 份 Giemsa 原液，pH 6.8)。染色 15 min 后，用自来水和蒸馏水冲洗，晾干。在低倍和中倍镜下寻找与观察分裂相，并检查染色体制片的质量。

实验 21.2 染色体的 G 带核型分析

细胞染色体图谱是对处于分裂中期的细胞染色体染色，在显微镜下观察到的亮、暗带。染色体的分带(chromosomal banding)技术是 1969 年由 T. C. Has 首创。20 世纪 70 年代是染色体的分带技术大发展的年代，使用各种不同的处理方法可以使染色体显示出不同的明暗相间的带型，从而使人们可以准确地识别每一个染色体和各种畸变。

G 带是显带技术中最简单的一种带型，G 带显示的是结构性异染色质即 DNA 高度重复序列的区域；利用荧光燃料阿的平处理染色体制片，可在荧光显微镜下看到的宽窄和亮度不同的荧光带，称为 Q 带。其中使用最广泛的是 G 带，人类染色体的 G 带(见附录Ⅲ)技术，不仅在理论上提出了许多问题，而且在深入研究各种遗传病和其他疾病中已成为不可缺少的手段。

【实验目的】

本实验学习染色体 G 带显带技术和人类染色体的 G 带核型分析。

【实验原理】

有许多染色体 G 带显带方法，最常用的是将已固定的染色体制片进行预处理，然后进行 Giemsa 染色。预处理的方法非常多，如用热碱、各种蛋白酶、尿素、去垢剂或其他溶剂等。其中最常用的是用胰蛋白酶进行预处理，方法简便，周期短。

G 带区位于染色体的两臂上，和 Q 带区相对应，而与 R 带区相反。

G 带区的 DNA 有较丰富的 A-T 对。在间期核呈固缩状态，而且是 DNA 晚复制区之一，有相当一部分中度重复序列 DNA 可能在 G 带区。Giemsa 染料在 G 带区是与 DNA 结合，而且与结合 DNA 的染色质非组蛋白有关。

获得优良的 G 带需要反复的实践。干净的制片、具有丰富而又清楚的分裂相染色体制片、固定的实验条件的摸索和足够的经验都是十分重要的。

【器材与试剂】

一、器材

烤箱，离心机，恒温培养箱，显微镜，恒温水浴，显微照相设备，放大照相设备，洗相设备。

每组(每组两人)：试管架两个，50 mL 量筒一个，50 mL 小烧杯一个，10 mL 刻度离心管 3 支，滴管 6 支，10 mL 试管 9 支，扣染盘一个，装片板两个，染缸两个，镊子两把，剪刀，复印纸两张，软盘一个，胶卷。

二、试剂

无水甲醇，冰醋酸，0.01 mol/L pH 6.8 磷酸缓冲液 (PBS)，Giemsa 原液，用 0.9% NaCl (生理盐水)配制 0.25% 胰蛋白酶溶液，5%$NaHCO_3$，显影液，定影液。

【实验步骤】

(1) 染色体制片于 80℃烤片 1 h。

(2) 取 0.25% 胰蛋白酶 2 mL，加 48 mL 0.9% NaCl，用 5% $NaHCO_3$ 调 pH 至 7.2～7.4(37℃预热)。

(3) 选取一张制片放入上述胰蛋白酶溶液中处理 50～60 s，取出制片并用 0.9% NaCl(室温)漂洗一遍。

(4) Giemsa 染液染色 (9 份 0.1 mol/L PBS : 1 份 Giemsa 原液，pH 6.8)。染色 15 min 后，用自来水和蒸馏水冲洗，晾干。显微镜下观察 G 带显带情况，根据显带情况调整胰蛋白酶溶液处理时间，直至得到最佳处理时间。

(5) 选取最佳胰蛋白酶溶液处理时间，按上述方法将所有染色体制片都做完 G 带显带。

(6) 将所有已做好的 G 带显带染色体制片在显微镜下选择标准的分散良好的染色体，在油镜(1000X)下照相并放大照片。

(7) 将一张照片上的染色体一一剪下，按照各号染色体的 G 带特征进行分组排列(如图 21-1(a)，(b)所示)。

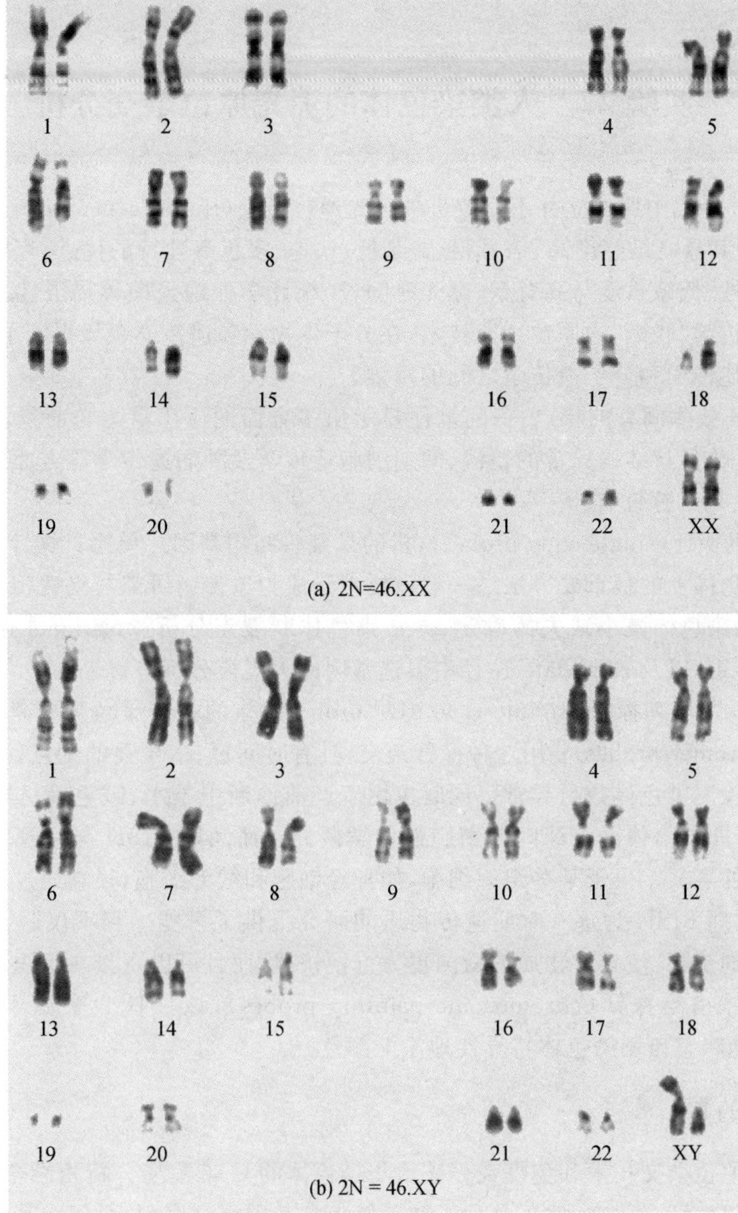

图 21-1 染色体的 G 带特征

【参考文献】

[1] 李国珍. 染色体及其研究方法. 北京：科学出版社,1985

[2] 刘权章. 人类染色体方法学. 北京：人民卫生出版社，1992

[3] 李暘. 染色体遗传导论. 长沙：湖南科学技术出版社,1991

[4] 周焕庚等. 人类染色体. 北京：科学出版社,1987

[5] 房德兴等译. 染色体带、基因组的图形. 北京：科学出版社,2000

[6] 夏家辉. 世界首报中国人染色体异常核型图谱. 郑州：河南科学技术出版社,1993

实验 22 人类染色体的荧光原位杂交分析

20 世纪 80 年代中期建立并不断改进的荧光原位杂交(fluorescence *in situ* hybridization, FISH)技术,因其具有敏感度高、信号强、背景低、快速、多色等独特的优点,克服了放射性杂交探针的不稳定性、低敏感度与高背景、曝光时间长、统计学处理繁琐等局限性。被誉为细胞遗传学与分子遗传学"联姻"的原位杂交技术,在分子生物学和遗传学领域得到了广泛的应用,真正架起了细胞遗传学和分子遗传学之间的桥梁。

由于 FISH 技术固有的特点,一问世便显示出多方面的应用潜力与前景。目前多用于基因定位、染色体数目与结构异常的检测、间期细胞遗传学及肿瘤遗传学等方面的研究。

FISH 中使用的探针有:

(1) 单拷贝探针(single copy probes),指的是某些结构基因。单拷贝探针的 FISH 是结构基因定位于染色体上的最重要方法之一。该技术已成为遗传病研究与疾病相关基因定位克隆的关键技术,如染色体微小缺失的确定、异常染色体断裂点分析、positional 途径分离得到的 DNA 克隆的鉴定,以及 candidate 途径中候选基因的大规模分析等。

(2) 简单重复序列探针(simple repetitive probes),指的是异染色质着丝粒探针(heterochromatic centromer probes)。用这种探针杂交,具有时间短、信号强的优点,可用于识别标记染色体来源及检测染色体数目异常。同时也用于产前诊断中羊水、绒毛等材料的染色体异常检测,以及精子非整倍体检查等间期细胞遗传学研究。而间期 FISH 与常规分裂期 FISH 相比具有其特殊的意义。由于某些组织细胞,如神经细胞和绒毛细胞,很难通过培养获得中期染色体分裂相,间期 FISH 为这一时期遗传物质的研究提供了可能。它不仅避开了细胞培养这一繁琐而耗时的步骤,使异常物质的检测更为方便快捷,而且可以直接在组织切片上进行。

(3) 染色体描绘探针(chromosome painting probes),该探针为来源于整条染色体的 DNA,杂交后能将整条靶染色体特异性地涂上颜色。

【实验目的】

现代荧光原位杂交技术和免疫荧光技术与染色体的 G 带核型分析相结合,使遗传学和生物化学知识有机地结合起来,这正是我们在了解人类基因组全序列后,阐明其结构功能的重要基础。

通过人类染色体核型的荧光原位杂交分析(FISH)的实验,使学生得到细胞遗传学和分子遗传学有关技术的训练。

【实验原理】

本实验采用 Y 探针的荧光原位杂交,Y 探针在 Y 染色体长臂,属于简单重复序列探针,它位于 Y 染色体的 q12 上。

此探针使用了荧光标记与检测系统以取代放射性标记与检测。标记探针的半抗原报告分子采用生物素,以与它们有特异性高度亲和力的抗生物素抗体为检测配体,在配体上分别连接不同的荧光物质，如异硫氰酸荧光素(fluorescein isothiocyanate，FITC)，其他染色体及间期核部分的背景则用碘化丙碇(propidium iodide(PI)/antifade)等荧光染料复染反衬。Y染色体的q12 DNA片段由生物素进行标记，当它与靶序列结合后，可以被FITC-生物素检测到。为使信号更为清晰，探针首先与抗生物素蛋白结合，然后再与FITC-生物素结合。在荧光显微镜下观察到的杂交信号是由蓝色激发的绿色荧光，而其他染色体及间期核部分的背景是由绿色激发的红色荧光。

【器材与试剂】

一、器材

烤箱，培养箱，恒温水浴，离心机，杂交盒，载玻片，盖玻片，镊子，染色缸，玻璃刀(钻石笔)，染色体标本片，荧光显微镜。

二、试剂

(1) 生物素标记检测试剂盒：杂交液，封闭液Ⅰ(Bloking Ⅰ)，封闭液Ⅱ(Bloking Ⅱ)，FITC-avidin，antiavidin，DAPI/antifade，PI/antifade ，探针(按GIBCO，BRC公司提供的缺口翻译的方法，以biotin-14-dATP标记Y染色体的q12 DNA片段)。

(2) 20XSSC：175.3 g NaCl，88.2 g 柠檬酸钠，加水定容至1000 mL(用10 mol/L NaOH调pH至7.0)。

(3) 70%甲酰胺/2XSSC：35 mL 甲酰胺，5 mL 20XSSC，10 mL 水。

(4) 50%甲酰胺/2XSSC：100 mL 甲酰胺，20 mL 20XSSC，80 mL 水。

(5) 洗脱液：100 mL 20XSSC，加水至500 mL，加500 μL Tween-20 。

(6) 荧光检测试剂稀释液：1 mL 5% BSA，1 mL 20XSSC，3 mL ddH_2O，5 μL Tween-20混合。

(7) 封片胶(Rubber Cement)。

【实验步骤】

一、探针变性

将探针中加入8 μL杂交液，于75℃水浴中变性5 min，立即置0℃ 5～10 min。

二、玻片标本变性

(1) 杂交标本于55～60℃烤片至少2 h(视标本的新鲜程度而定，陈旧标本1 h即可)。

(2) 标本置于68～70℃，70%甲酰胺/2XSSC中变性1～2 min。

(3) 立即按顺序将标本经70%，90%，100%冰乙醇系列脱水各5 min，室温干燥。

三、原位杂交

盖玻片、变性片子杂交前于42℃ 预热5～10 min，杂交盒内加入少量蒸馏水，于37℃预热至少30 min。将置于冰上的探针滴于已变性并脱水的玻片标本上，盖上盖玻片，置42℃ 2 min，用Rubber Cement封片，置于潮湿暗盒中37℃杂交过夜(约15～17 h)。

四、洗脱、免疫荧光检测与信号放大

洗脱过程均在染缸中进行，每次在片子上加液体后，需加盖塑料薄膜。

(1) 杂交次日，将标本从37℃温箱中取出，去掉封片胶，将玻片及盖玻片直接放入洗脱液，让盖玻片自然滑脱(在洗脱液中)。

(2) 42℃，于 50%甲酰胺/2XSSC 的染缸中洗涤 4 次，每次 5 min。

(3) 42℃，于 1XSSC 中洗涤 3 次，每次 5 min。

(4) 玻片移至室温 2XSSC 中平衡。

(5) 加 80～100 μL 封闭液Ⅰ于标本上(片子不能干燥)，37℃温育 15 min。

(6) 加 80～100 μL FITC-avidin 于标本上，37℃继续温育 40 min。

(7) 取出标本，42℃时于洗脱液中洗涤 3 次，每次 5 min。

(8) 加 80～100 μL 封闭液Ⅱ于标本上，37℃温育 15 min。

(9) 加 80～100 μL antiavidin 于标本上，37℃继续温育 30～60 min。

(10) 取出标本，42～50℃时于洗脱液中洗涤 3 次，每次 5 min。

(11) 加 80～100 μL 封闭液Ⅰ于标本上，37℃温育 15～30 min。

(12) 加 80～100 μL FITC-avidin 于标本上，37℃继续温育 30～60 min。

(13) 同步骤(10)再于 2XSSC 中室温清洗一下。

(14) 玻片于洗涤液中取出，稍微去掉多余的 2XSSC，立即加 PI/antifade 复染，盖上盖玻片。

五、荧光显微镜下观察

将杂交的载玻片在荧光显微镜下用绿光的激发激光寻找染色体核型，然后在油镜下用蓝光的激发激光寻找杂交信号。

【参考文献】

[1] 李国珍. 染色体及其研究方法. 北京：科学出版社，1985

[2] 刘权章. 人类染色体方法学. 北京：人民卫生出版社，1992

[3] 李碍. 染色体遗传导论. 长沙：湖南科学技术出版社，1991

[4] 周焕庚等. 人类染色体. 北京：科学出版社，1987

[5] 房德兴等译. 染色体带、基因组的图形. 北京：科学出版社，2000

[6] 夏家辉. 世界首报中国人染色体异常核型图谱. 郑州：河南科学技术出版社，1993

实验23 用P因子构建*dcaf-1*转基因果蝇及对*dcaf-1*突变株突变表型的拯救实验

在当今生命科学的各个研究领域,模式生物的研究占有举足轻重的地位,如小鼠、斑马鱼、果蝇、线虫、酵母、拟南芥等等,它们有着各自的特点,在科研中发挥着不同的作用。其中果蝇在遗传、发育、进化,以及分子生物学、细胞生物学都有很广泛的应用。这主要得益于P因子(P element)、平衡致死系统、*GAL4*/*UAS*系统等果蝇特有技术的发展与应用。其中显微注射胚胎获得转基因果蝇是最基本的实验技术,通过它我们可以将构建好的P因子、*GAL4*/*UAS*系统等整合到果蝇基因组中,通过遗传杂交的方法进行基因敲除、基因插入等研究。本实验就是为了让大家了解应用果蝇进行科研的一些基本特点与技术,同时重点掌握果蝇胚胎显微注射的实验技能。

本实验以*dcaf-1*的研究为例,学习如何通过显微注射和杂交的方法获得转基因果蝇,以及如何将转基因果蝇应用于基因功能的研究。我们先将*dcaf-1*的cDNA克隆到P因子载体pUAST上,得到*UAS-dcaf-1*质粒,再将其显微注射到果蝇的胚胎中,通过遗传学方法获得转基因果蝇稳定品系。再通过杂交分别将*UAS-dcaf-1*和*actin-GAL4*重组到*dcaf-1*缺失的突变株果蝇中,最后通过杂交两种果蝇检测是否*dcaf-1*缺失突变的表型得到了拯救。

【实验目的】

学习如何克隆果蝇基因组中的目的基因,学会设计构建P因子载体;通过从果蝇基因组中克隆*dcaf-1*的基因,并构建P因子载体,了解果蝇研究中两个重要元件P因子和*GAL4*/*UAS*系统在科研工作中的具体应用;通过显微注射目的基因到果蝇胚胎,使学生得到显微注射的系统训练。

本实验中结合了组织胚胎学、遗传学、细胞生物学、生物信息学、分子生物学多学科知识和实验技术,让学生意识到在当前科研工作中,多学科交叉的重要意义。

【实验原理】

一、CAF-1蛋白

新合成的DNA正确有序的组装成染色质对有机体正常生长、发育和分化至关重要,因为正常的染色质结构才能保证DNA复制、转录及重组和修复的正常进行。在这一过程中,CAF-1(chromatin assembly factor 1)扮演着重要的角色。它能帮助组蛋白与新合成的DNA一起组装成染色质,以保证对新合成DNA的保护。所以CAF-1在维持基因组稳定性上有重要作用。

果蝇中的CAF-1称为*dcaf-1*。通过生化手段纯化*dcaf-1*,我们可以得到180,105,75和55 kDa四种蛋白,分别被称为p180、p105、p75和p55。其中具有正常功能的*dcaf-1*蛋白是由p180、p105和p55三种蛋白亚基组成的复合物,而p75是p105缺失C端部分氨基酸的产物。p180是*dcaf-1*正常行使功能所不可缺少的,所以在本实验中,我们用的是缺失p180基因的

dcaf-1 突变株，克隆的也是 p180 基因，来达到拯救(rescue)突变表型的目的。

二、P 因子

果蝇的基因组约为 1.65×10^5 kb，仅为人类的 1/20，但其中包含大量的可转座因子，估计占基因组的 10%～20%。这些转座因子中研究最多的是 P 因子。

完整的 P 因子长度为 2907 bp，两端有 31 bp 反向重复序列。P 因子有 4 个 ORF。果蝇基因组中 2/3 的 P 因子都是部分缺失型，长度为几百 bp 到两千 bp。通常我们使用的 P 因子都是经过改造的，往往只保留两端的可被转座酶识别的反向重复序列。中间插入我们需要的元件，如标记基因、目的基因、抗性基因等。下面就是一些经过改造的 P 因子载体。

用来表达克隆基因的 UAS P 因子为 pUAST 和 pUASP：

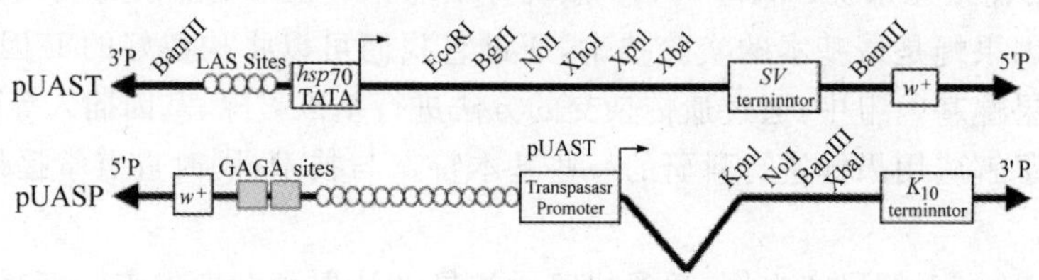

用来特异性驱动 UAS 的 GAL4 P 因子为 pGAWB 和 pGT1：

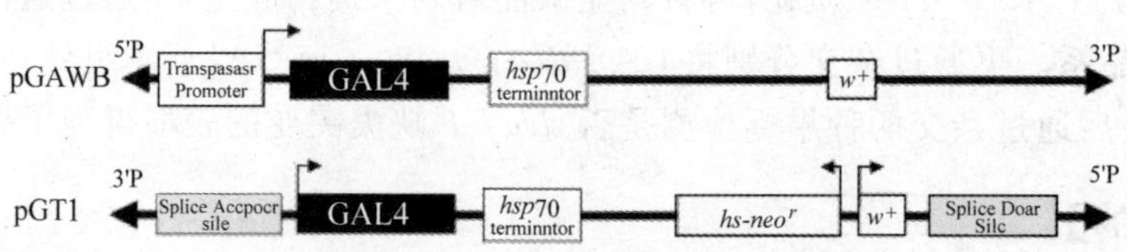

(上图均引自参考文献[12])

在本实验中，我们把 *dcaf180* 的基因克隆到 pUAST 的 *hsp70* 启动子下游。*hsp70* 是在果蝇中任何组织和器官中都可以表达的启动子，并受热激调控。在果蝇发育过程中，将其放置在一定的温度下培育(通常是 38℃，每天 1 h)，并且有 GAL4 结合在 *hsp70* 上游的 UAS 位点，那么 *dcaf180* 的基因就可以表达。

当然 P 因子载体有各种不同种类，根据不同实验的具体要求还可以在已有的 P 因子载体上进行改造，以获得所需载体。

三、平衡致死系

致死基因可以用做人们研究和检测的一种工具，但因为致死基因的纯合个体是致死的，因而无法以通常的纯系形式进行保存。如果用分别位于一对同源染色体上的两个不同的致死基因来平衡，就能成功地将这些致死基因以杂合体的状态长期保存。这种品系叫平衡致死系(balanced lethal system)或永久杂种(permanent hybrid)。但这有个条件，即这两个致死基因之间必须不发生交换才行，因为如果发生交换，就会产生＋＋(野生型)染色体，则后代中就会出现＋＋/＋＋(野生型)个体，几代之后就会把这两个致死基因淘汰掉。而利用倒位可以抑制交换发生的规律能够解决这一问题。

如在一个杂合的果蝇中，一条有多个倒位(几乎覆盖整个染色体)的第三染色体 TM6(balancer third chromosome TM6)上含有隐性的致死突变基因 Tb，另一条正常的第三染色体上含有隐性的致死突变基因 Dl，当这样的杂合个体相互杂交时，对于任何一个基因的纯合后代都是致死的，而只有杂合的后代可以存活，这样就达到了将致死基因保存的目的。

四、*GAL4/UAS* 系统

在过去的十年中，在模式生物研究方法上有很多突破进展，其中果蝇的 *GAL4/UAS* 系统就是一例。其主要作用是在果蝇中特定时间、特定位置表达目的基因。GAL4 编码了一个 881 氨基酸的蛋白质，是酵母中由半乳糖诱导的一种基因表达调控因子。GAL4 可以通过直接结合在 GAL10 或 GAL1 上游 4 个相关的 17 bp 处来调控这些基因。这些位点就是 UAS 位点，即一种真核生物中存在的增强子元件。GAL4 中前 74 个氨基酸负责结合在 UAS 位点，148～196 和 768～881 两个区域负责调控 UAS 下游的基因。这样，通过 *GAL4/UAS* 系统我们就可以特异表达 UAS 下游的目的基因，更重要的是，这一系统对果蝇正常生长没有影响。由于这一系统在特定时间、特定位置表达目的基因，它已成为在体内研究基因作用最重要的方法。在 1993 年，Brand 和 Perrimon 发明了一种双向法，即在体内运用 *GAL4/UAS* 系统表达特异基因，将 *GAL4/UAS* 系统分成驱动者和应答者两部分，并且分别保存在父本和母本中的双向法有许多重要功能。首先，如果目的基因是有害的、致死的、不育的或致癌的，它们都无法在亲本中表达，亲本是正常表型。杂交后在子一代中，这些基因才会表达，这样我们就可以研究这些基因是在何时何地如何起作用的。另外，因为 GAL4 的启动子不同，用同一 UAS-目的基因与不同的 GAL4 杂交，可以在不同的时间，不同的位置表达目的基因。而且启动子的种类已相当丰富，我们现在可以在文献中或 FLYBASE 上寻找我们所需要的启动子。这些广阔的资源都为我们的研究工作带来了方便。

随着技术的不断发展，这一系统还被运用于：

(1) 通过增强子鉴定某一生理过程中起作用的基因。

(2) 通过目的基因的镶嵌性，分析其蛋白的分子自治性。

(3) 作为细胞标记来帮助筛选突变体。

(4) 通过 RNAi 等方法导致某一基因缺失，通过表型来研究基因作用。

(5) 基因组方法来鉴定在某一生理过程中错误表达的基因。

五、遗传杂交

当我们获得转基因果蝇后(F1)，要用其与 *yw* 的果蝇杂交，会获得一些红眼或橙色眼的果蝇(F2)，但它们都是杂合体，而且我们不知道 P 因子到底插入了哪条染色体，X，Ⅱ，Ⅲ号染色体都有可能(Ⅳ，Y 通常不会插入)。接下来将用遗传杂交的方法，“神奇”地在得到纯合的转基因果蝇的同时，鉴定出 P 因子到底插入了哪条染色体。

如果是插入了 X 染色体中，那么 F2 的果蝇基因型为：

$$\frac{y\,w\quad UAS\text{-}dcaf180}{y\,w\qquad +}\ ♀♀\qquad\qquad \frac{y\,w\quad UAS\text{-}dcaf180}{Y}\ ♂♂$$

为了获得纯合体，它们首先自交，后代的基因型为：

$$\frac{y\,w\quad UAS\text{-}dcaf180}{y\,w\quad UAS\text{-}dcaf180}\qquad\qquad \frac{y\,w\quad UAS\text{-}dcaf180}{Y}$$

$$\frac{y\,w\quad UAS\text{-}dcaf180}{y\,w\qquad +}\qquad\qquad \frac{y\,w\qquad +}{Y}$$

其中只要有 *UAS-dcaf180* 的，就会表现为红眼，我们保留红眼的雄蝇。雌蝇不论纯合还是杂合都是红眼的，为了挑出纯合的，我们用红眼雄蝇与其杂交：

$$\frac{y\ w\quad UAS\text{-}dcaf180}{y\ w\qquad\quad +}\ ♀♀\quad \times\quad \frac{y\ w\quad UAS\text{-}dcaf180}{Y}\ ♂♂$$

杂合子后代中有白眼雄蝇，

$$\frac{y\ w\quad UAS\text{-}dcaf180}{y\ w\quad UAS\text{-}dcaf180}\ ♀♀\quad \times\quad \frac{y\ w\quad UAS\text{-}dcaf180}{Y}\ ♂♂$$

纯合子没有白眼果蝇，这样就可以知道 P 因子插入了 X 染色体上，并且同时得到了纯合子的转基因果蝇。

如果是插入了Ⅱ号染色体中，那么 F2 的果蝇基因型为：

$$\frac{y\ w}{y\ w};\frac{UAS\text{-}dcaf180}{+}\qquad\qquad \frac{y\ w}{Y};\frac{UAS\text{-}dcaf180}{+}$$

同样，为了获得纯合体，我们用其与

$$\frac{y\ w}{y\ w};\frac{Sco}{Cyo}\ ♀♀\qquad\qquad \frac{y\ w}{Y};\frac{Sco}{Cyo}\ ♂♂$$

进行杂交，以雌性 F2 与雄性杂交为例：

$$\frac{y\ w}{y\ w};\frac{UAS\text{-}dcaf180}{+}\ ♀♀\quad \times\quad \frac{y\ w}{Y};\frac{Sco}{Cyo}\ ♂♂$$

挑红眼卷翅的后代进行自交：

$$\frac{y\ w}{y\ w};\frac{UAS\text{-}dcaf180}{Cyo}\ ♀♀\quad \times\quad \frac{y\ w}{Y};\frac{UAS\text{-}dcaf180}{Cyo}\ ♂♂$$

后代中如果没有白眼的果蝇，就可判断出 P 因子插入Ⅱ号染色体中，由于 *Cyo* 是 balancer 染色体上的隐性致死基因，所以不会出现 *Cyo* 的纯合子，在后代中有

$$\frac{y\ w}{y\ w};\frac{UAS\text{-}dcaf180}{Cyo}\qquad\qquad \frac{y\ w}{y\ w};\frac{UAS\text{-}dcaf180}{UAS\text{-}dcaf180}$$

两种雌蝇。虽然其中有杂合子，但它产生的后代中并没有白眼果蝇，可以作为 stock 保存。

如果是插入了Ⅲ号染色体中，那么 F2 的果蝇基因型为：

$$\frac{y\ w}{y\ w};\frac{+}{+};\frac{UAS\text{-}dcaf180}{+}\qquad\qquad \frac{y\ w}{Y};\frac{+}{+};\frac{UAS\text{-}dcaf180}{+}$$

按照上面Ⅱ号染色体的方法同样可以判断 P 因子的插入位点，并获得纯合的 stock。只不过要用下面这个 stock 的果蝇来与 F2 杂交：

$$\frac{y\ w}{y\ w};\frac{CxD}{TM3,sb}\ ♀♀\qquad\qquad \frac{y\ w}{Y};\frac{CxD}{TM3,sb}\ ♂♂$$

【器材与试剂】

一、器材

烘箱，计时器，拉针器，胚胎收集器，离心管，微量加样器，高速离心机，常用玻璃仪器，恒温水浴，分光光度计，琼脂盘(排列胚胎)，用来洗胚胎的小孔网，有把手的大皮氏培养皿，垂直显微镜和显微注射器，细丝(外径 1 mm，内径 0.75 mm)，收集处女蝇及杂交用培养基，湿的塑料盒(孵化注射后的胚胎)，4 英寸长的硼硅酸盐玻璃毛细管，18℃操作台(用来挑选并显微注射

胚胎),双面胶带(Scotch ＃665,其他的对胚胎有毒),载玻片(光滑的,不是磨砂的,以便放置更多胚胎),每人一套果蝇杂交用具(吸虫管、白瓷板、麻醉瓶、再麻醉皿、解剖针、毛刷、标签纸等)。

y w 野生型果蝇,*dcaf-1* 果蝇突变株,*y w*;*Sco*/*Cyo* 果蝇,*y w* ;*CxD*/*TM3*,*sb* 果蝇,*actin-GAL4* 果蝇,pUAST 载体,限制性内切酶。

二、试剂

乙醚,50%乙醇,琼脂糖,酵母(喂养果蝇),卤烃油,葡萄汁,*Eco*R Ⅰ 酶解反应液,*Hin*d Ⅲ 酶解反应液,酶解反应终止液,pH 8.0 TE 缓冲液,LB 培养基,$CaCl_2$ 溶液,胚胎缓冲液(PBTx,在 PBS 液中含 0.002% Triton X-100)。

【实验步骤】

一、构建 *UAS-dcaf180* 质粒,并将 *dcaf180* 的基因克隆到转基因的 pUAST 载体中

(1) 可以通过直接克隆 *dcaf180* 的 DNA 获得其序列,首先分析 *dcaf180* 基因在果蝇基因组中的位置,利用生物信息学工具分析其上游的启动子、增强子序列位置,提取果蝇 DNA,分离纯化后保存待用。

(2) 也可以先得到其 mRNA,然后再反转录得到 cDNA。

(3) 利用特异性内切酶将 *dcaf180* 基因全序列克隆到 pUAST 载体中,并保存待用。

二、将构建的 pUAST 载体显微注射到果蝇的胚胎中,获得 *UAS-dcaf180* 转基因果蝇

1. 胚胎的准备

(1) 在显微注射前,将黄体白眼的果蝇扩增到 4 瓶。并准备两个受精卵收集瓶。在每个瓶中放置 200 只刚刚羽化的果蝇。用加有湿酵母的葡萄汁喂养果蝇两天,一天两次,以获得用来注射的胚胎。如果喂养得好的话,两个收集瓶中的胚胎足可以维持一周的使用。将加有葡萄汁的收集瓶放在阴暗的地方保存。

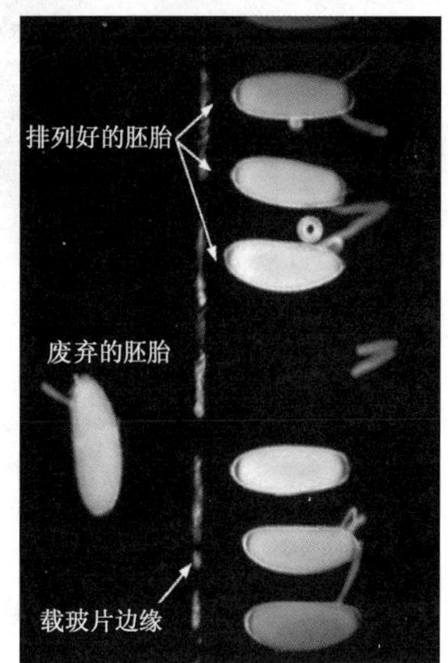

图 23-1 挑选胚胎

(2) 在收集胚胎的当天,首先在早晨将果蝇移到新盘子中,在正式收集前至少要等待 1 h,目的是将过老的胚胎挑出来。从下午晚些时候到晚上,那些最好的胚胎就会产出来。每 45 min 收集一次胚胎,用 1 倍的胚胎缓冲液冲洗。然后将胚胎放在新的葡萄汁盘子上。(见图 23-1)

(3) 将胚胎按照时间顺序放在有葡萄汁的槽内。最好将胚胎均匀放开以免相互粘连。而且一次数量最好在 80 个以内。

(4) 准备好载玻片,用棉线在其中央划几道庚烷条纹。将胚胎轻放在载玻片上,并用庚烷条纹轻轻挤压胚胎。将胚胎干燥 6 min 以备使用。

(5) 将卤化烃的油涂在干燥好的胚胎上,现在这些胚胎就可以被使用了。

2. DNA 的准备

(1) 纯化转化质粒。

(2) 高速离心 DNA 去除杂质。

(3) 用 EtOH 纯化 20 μg 带有“delta 2～3”(编码 P 因子转座酶)的质粒。

(4) 70% EtOH 冲洗质粒。

(5) 用 20 μL 注射缓冲液重新溶解。

(6) 高速离心去除杂质。

3. 准备针

我们将用到 Baker 拉针器，将玻璃管排列好，用 5.5 的热度和 5.5 的力度。如果做出的针在注射的时候弯曲了，就说明针太软了，那么可以通过增加热度和减少力度来解决这一问题。

在注射前，以最大速度高速离心 DNA 5 min，吸取 0.5 μL 溶液到针的后部以方便回填，这需要 2～3 min。

4. 注射

将放有胚胎的载玻片固定起来，并拉好所需要的针，然后就可以注射(图 23-2)了。通常要在 5 min 内注射 80 个胚胎。为了避免针被阻塞，不要将针暴露在空气中或插入胚胎中过长时间。

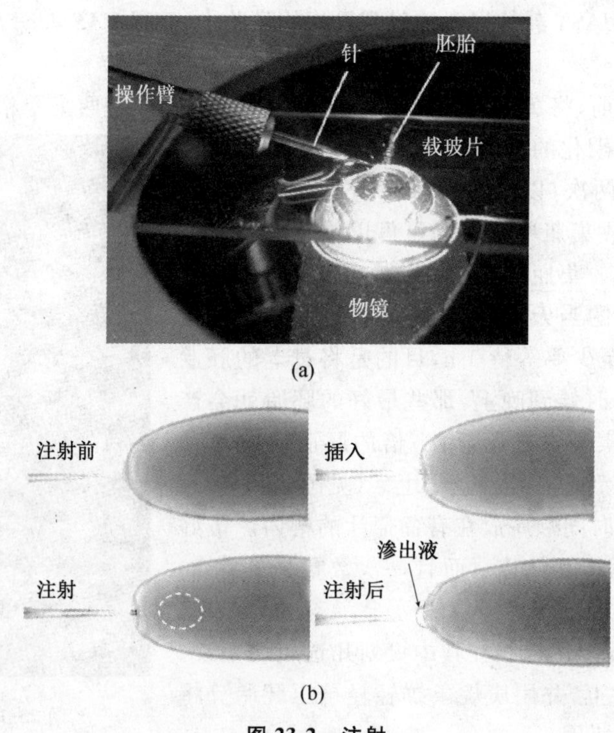

图 23-2 注射

5. 注射后

用镊子将未注射的胚胎移除，将剩余的载玻片放置在 18℃的培养箱内，并加少许的卤烃油，因为一旦胚胎暴露在空气中就会很快变干。

6. 杂交

在18℃，果蝇胚胎大约要36～48 h才能发育为幼虫。从注射后两天起，每天都挑出幼虫并放到湿润的有酵母的培养基中，大约每管50只幼虫(图23-3)。将幼虫放置在25℃，同时准备好黄体白眼果蝇以备杂交。大约70%的幼虫可以发育为成虫，其中80%是可育的。

用F1果蝇与异性的黄体白眼果蝇杂交，一个F1与三个黄体白眼果蝇放在一个管中。收集第二代的红眼或橙色眼果蝇，按照原理中介绍的方法建立转基因果蝇的品系。

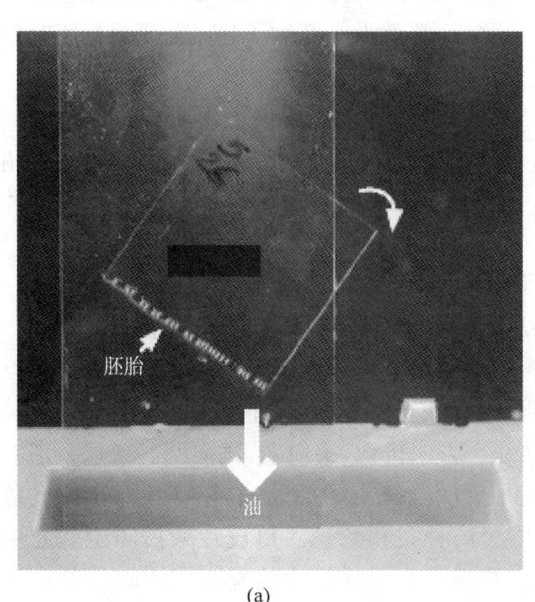

(a)

(b)

图 23-3 培养果蝇

(以上显微注射图示均引自 Nicolas Gompel's protocol-Drosophila germline transformation)

三、进行杂交回复突变实验

(1) 将得到的转基因果蝇与 *dcaf-1* 突变株果蝇进行杂交，从而将 *UAS-dcaf*180 重组到突变株果蝇中。在这里也要通过杂交获得 *dcaf-1* 完全缺失的品系。

(2) 将含有 actin-GAL4 的果蝇与 *dcaf*-1 突变株果蝇进行杂交，从而将 actin-GAL4 重组到突变株果蝇中。Actin 是肌动蛋白的启动子(promoter)，肌动蛋白在所有的细胞中都存在，所以可以通过 actin 作为启动子保证 GAL4 在所有细胞中都表达，从而激活 UAS 下游的 *dcaf180* 在所有细胞中都表达。

(3) 将上面两种果蝇进行杂交，得到的胚胎在发育到幼虫后，在38℃下恒温热激。待成虫羽化后观察成虫表型，并与突变株果蝇表型进行对比，看突变表型是否恢复为野生型表型。

【实验结果】

通过最后将分别含有 actin-GAL4 和 *UAS-dcaf180* 的两个品系果蝇杂交后，后代就同时含有这两个元件，actin 促使 GAL4 在所有的细胞中都表达，然后 GAL4 结合在 UAS 位点促使 *dcaf180* 的表达，这样 p180 就可以和 p105、p55 结合成为有功能的 *dcaf-1* 蛋白，从而拯救突变株使之恢复为野生型的表型。通过观察比较野生型、突变型、拯救突变型3种果蝇的表型，来判断表型拯救的效果。

【结果讨论与注意事项】

胚胎注射是一项十分细致的工作，需要操作人员的细心和经验才能提高显微注射的效率，对于初学者来说，下面这些技巧和经验是十分重要的：

(1) 准备果蝇时，将果蝇放置在收集器中2～3天，通常果蝇会部分死亡，所以要比预计的多放一些。也可以将雄果蝇移走一部分(千万别全移走，那就没有胚胎了!)。如果果蝇不是很老，并且食物充足的话，就可以得到足够的卵。

(2) 在收集胚胎前，让果蝇在新鲜的收集器中待至少30 min。在室温下收集涂有酵母的葡萄汁盘子上的胚胎60 min，或25℃下30 min。用PBTx在网篮中冲洗胚胎，冲掉酵母，并用纸巾擦干。在漂白液中放置1 min，用dH_2O和PBTx交互冲洗至少1 min，最后用PBTx冲洗，晾干。

(3) 干燥处理时，为了排列好胚胎，我们使用了2倍琼脂的皮氏培养皿。在培养基上加一些食物，这样就可以很容易地找出那些过老的胚胎。同样还要加入一些抗真菌的药物。

将琼脂盘的表面擦干，这时胚胎还是粘连在一起的，用金属细丝拨动胚胎，但不能太尖，以防刺破胚胎。胚胎很容易粘在金属丝上，所以要保持金属丝的干燥，防止过多的胚胎粘上去。将胚胎按一条直线排列起来。最好是将它们按照一个方向排列，头向左，尾向右。通过头部的小珠孔(精子进入的地方)可以分出头尾。不要使用有明显斑点的胚胎，它们都太老了。准备好有双面胶带的载玻片，并在上面标上所注射DNA的种类和数量。用玻片触摸胚胎就能粘到胚胎了，不要太多，一张玻片上50～60个为宜。将玻片在干燥箱中放置8～20 min，这取决于当天的湿度。最好提前做实验，找到合适的时间。(见图23-1)

(4) 注射时，将玻片从干燥箱中取出。用最少量的油覆盖胚胎，并将盒子盖紧。如果在针尖上有DNA液滴的话，当在刺胚胎时就有可能会使胚胎破裂，因为它破坏了胚胎的表面张力(surface tension)。这一点对于干燥度不好的胚胎尤为重要。所以要快速的前后移动平台来去除液滴。慢慢的将胚胎移到针上，直到针刺破膜并进入到1/4～1/3处。如果这时胚胎起皱是因为过于干燥。如果胚胎破裂并且细胞质流出，那是因为胚胎不够干燥，或者是用针刺的孔太大了。在后面的实验中就要调整干燥时间，需要在干燥程度和针刺孔大小之间取得最好的平衡。细胞膜应当没有褶皱地向内伸展。当针刺入胚胎后，缓慢抽出，用均匀的力推注射器，保证足够的注射量。要将DNA注射到后面的细胞质中，那里将会发育成极细胞。但千万不能将DNA注射过多。拔出针时要保持同样的压力，以保证液滴不会落在穿孔的周围。这些液滴可能破坏表面的表面张力(surface tension)而使胚胎破裂。而且如果有细胞质流出的话，胚胎同样会破裂，除非用针尖将这些液体移走。如果流得太多，那就赶快放弃。过老的胚胎是不能用的，当在注射时发现胚孔已经分裂成许多小室时，DNA是不可能到达细胞核的。(见图23-2)

另外，当看到起皱的皮质细胞质，及褶皱的表面、细胞膜、极细胞时都可立即放弃。当发现注射器推射DNA有阻碍时，有可能是DNA不纯，在这种情况下可以：① 用力挤压；② 快速地前后移动玻片；③ 重新处理玻片边缘；④ 做一个新针。

(5) 培养果蝇时，将玻片放置在一个塑料的盒子里，里面放湿的海绵或纸巾[图23-3(a)]。

确保油不会流出胚胎。将盒子放在25℃，并在第二天将幼虫挖出来；或者放在18℃，在第三天挖幼虫，确保在幼虫爬走前将其挖出。用金属刀片将幼虫挖出，并将它们放在有新鲜食物的贴有标签的管子里[图23-3(b)]。通常可以加一点酵母进去。成活率高的话，可以每3个玻片用2个管子。不要加入过多的油。成活率通常都会低于25%，不过会逐渐改善。

在棉花塞上加一点水，以保证管内的湿度。一旦蛹化后就将管子平放，防止新羽化的果蝇掉入培养基内。在25℃，8～10天会羽化。

【思考题】

1. 克隆*dcaf180*基因表达序列可以有两种做法：① 直接克隆果蝇基因组中的序列；② 分离*dcaf180*的mRNA，然后通过逆转录得到cDNA，连接上特异的启动子。试比较这两种方法各有什么优缺点？

2. 通过这个例子我们学会了运用生物信息学工具分析果蝇基因组序列，在科研中生物信息学工具是十分有效的分析手段，试将*dcaf-1*的整个基因结构分析出来，包括启动子、增强子、终止子、外显子、内含子等元件，以及整个基因在基因组的位置。并画出基因结构图。

3. 实验中我们看到了经典遗传杂交方法的"神奇"力量，可以在获得纯合子的同时，判断P因子的插入位点。实验中介绍了一种杂交的办法，想想是否还有其他办法可达到同样的目的呢？有没有更简单的方法？当然果蝇的品系不局限于实验中的这几种，可以通过FLYBASE等果蝇专业网站寻找合适的果蝇品系。

4. 将actin-GAL4和*UAS-dcaf180*两个元件引入突变株时，曾强调一定要确保没有内源的*dcaf180*干扰，即必须是*dcaf-1*缺失的纯合子，但将*y w*;*UAS-dcaf180*与[*dcaf180*]$^-$杂交时，就会将*y w*；*UAS-dcaf180*上内源的*dcaf180*基因引入：

$$\frac{y\,w}{y\,w};\frac{UAS\text{-}dcaf180}{UAS\text{-}dcaf180}\ ♀♀ \quad \times \quad \frac{[dcaf180]^-}{[dcaf180]^-};\ ♂♂$$

并产生：

$$\frac{yw}{[dcaf180]^-};\frac{UAS\text{-}dcaf180}{+}$$

*y w*染色体上有内源性的*dcaf180*基因，因此仍需要通过杂交将其纯化，消除内源基因。实验方案中没有直接给出杂交图，同学们可以自己设计方法，看哪种能做到最简单、最有效。

5. 胚胎的显微注射，在小鼠、果蝇、斑马鱼等模式动物中都是最基本的实验方法，小鼠中更是已经相当完善，那么比较一下小鼠和果蝇的胚胎显微注射有什么不同点？有兴趣的可以看看斑马鱼又有什么自己的特点(主要是胚胎的不同造成的)。对此不作要求，感兴趣的同学可以查阅相关资料。

【参考文献】

果蝇胚胎显微注射：

[1] Campos-Ortega J. A. and Hartenstein V. The embryonic development of *Drosophila* melanogaster. Berlin New York: Springer, 1997

[2] Horn C. and Wimmer E. A. A versatile vector set for animal transgenesis. Dev Genes Evol, 2000, 210: 630～637

[3] Miller D. F., Holtzman S. L. and Kaufman T. C. Customized microinjection glass capillary needles for P

element transformations in *Drosophila melanogaster*. Biotechniques,2002, 33: 366~367, 369~370, 372 passim

[4] Spradling A. C. and Rubin G. M. Transposition of cloned P elements into *Drosophila* germ line chromosomes. Science,1982, 218: 341~347

果蝇基因组：

[5] Eugene W. Myers, Granger G. Sutton. A whole-genome assembly of *Drosophila*. Science, 2000, vol 287

[6] Mark D. Adams,1 * Susan E. Celniker. The genome sequence of *Drosophila melanogaster*. Science, 2000, vol 287

dcaf-1 蛋白：

[7] Sica K. Tyler,1,2 Kimberly A. Interaction between the *Drosophila* CAF-1 and ASF1 Chromatin Assembly Factors. Molecular and Cellular Biology Oct. 2001, 6574~6584

[8] Maarten Hoek and Bruce Stillman. Chromatin assembly factor 1 is essential and couples chromatin assembly to DNA replication in vivo. PNAS, 2003,100(21): 12 183~12 188

GAL4/UAS：

[9] Ma J. and Ptashne M. Deletion analysis of GAL4 defines two transcriptional activating segments. Cell. 1987, 48:847~853

[10] Ma J. and Ptashne M. The carboxy-terminal 30 amino acids of GAL4 are recognized by GAL80. Cell. 1987, 50:137~142

[11] Driever W. Ma J. Nusslein-Volhard C, Ptashne M. Rescue of bicoid mutant *Drosophila* embryos by Bicoid fusion proteins containing heterologous activating sequences. Nature,1989, 342:149~154

[12] Joseph B. Duffy. GAL4 system in *Drosophila*:a fly geneticist's Swiss army knife. Genesis, 2002, 34: 1~15

相关网站：

http: //flybase. bio. indiana. edu/

http: //www. fruitfly. org/

http: //jfly. iam. u-tokyo. ac. jp/

http: //www. bio. net/hypermail/DROS/

http: //www. tigem. it/LOCAL/drosophila/dros. html

http: //pbio07. uni-muenster. de/

实验 24 发育相关基因的表达、诱变及其功能研究

根据大实验总体设计及条件，以下实验选择而做。

实验 24.1 斑马鱼发育特异基因表达原位杂交

【实验目的】

针对特定基因进行原位杂交(*in situ* hybridization)，了解发育特异基因的表达图案。

【实验原理】

选取适当的神经轴突导向发育的相关基因(如组织特异标记基因 krox20)。在胚胎的发育过程中，其 mRNA 的表达将表现出特定的时空图案，显示了这一基因在发育中的地位和作用。mRNA 的表达部位显色原理是：用地高辛(DIG)分子标记的核苷酸合成反义 RNA 探针，用偶联有碱性磷酸酶的抗地高辛特异抗体孵育，加入碱性磷酸酶作用底物后显色。

【实验步骤】(4 天)

(1) 取斑马鱼受精卵 50 枚，在标准条件下(28.5℃)令其发育至适当的阶段(如需要，可分组取不同的阶段，max-1 为 24 h 和 36 h)。

(2)在 1.5 mL 试管中，以 4%多聚甲醛固定胚胎过夜，梯度脱水至 100%甲醇，保存于 −20℃。

(3)用选取基因的 DIG-anti-RNA 探针(由教员统一制备) 60℃原位杂交过夜多于 2 h。

(4) 抗 DIG 抗体 4℃孵育，过夜。

(5)显色反应。

(6)显微观察与照相(见附录Ⅲ。因显微镜有限，分组进行)。

【参考文献】

[1] Jowett T., and Lettice L. Whole-mount *in situ* hybridizations on zebrafish embryos using a mixture of digoxigenin- and fluorescein- labelled probes. Trends Genet. 1994,10: 73～74

[2] Westerfield M. The Zebrafish Book. Eugene, OR: University of Oregon Press,1995

实验 24.2 斑马鱼发育相关基因的过量表达和对发育影响的观察

【实验目的】

通过发育特异基因的过量表达了解它对发育过程的影响。

【实验原理】

选取适当的斑马鱼发育相关基因(如 max-1)。在细胞分裂之前将人工合成的该基因 mRNA 注射到受精卵的卵黄物质中。注入的 mRNA 分子可以直接,并伴随细胞的分裂进入胚胎的各个细胞之中,这一过程至少可持续 24 h。由于外源 mRNA 分子的错位存在和表达,产生了对正常发育程序的干扰,出现胚胎发育的异常,由此成为研究发育相关基因功能的一种方法。

【实验步骤】(3 天)

(1) 以克隆的选取基因全长 cDNA 为模板,制备其 mRNA,分装保存备用;同时制备对照 RNA 分子(GFP 或者 *lacZ* 基因的 mRNA 分子)(由教员完成)。

(2) 收集斑马鱼受精卵 200 枚,分为 3 组,分别将其放置在铺有琼脂的培养皿中。

(3) 显微注射,第一组为空白,第二组为对照 RNA,第三组为实验基因 RNA。

(4) 将注射后的胚胎分组放入盛有 Holfreter Buffer 的培养皿中,28.5℃培养。

(5) 解剖镜下随时观察胚胎发育的情况,挑选典型的图案照相。

【参考文献】

[1] Bruce A. E. E., Howley C. et al. The maternally expressed zebrafish T-box gene eomesodermin regulates organizer formation. Development, 2003, 130(22): 5503～5517

[2] Roos M., Schachner M., et al. Zebrafish semaphorin Z1b inhibits growing motor axons in vivo. Mech. Dev. 1999, 87(1～2): 103～117

实验 24.3 反转录病毒介导斑马鱼插入突变与诱变效率的初步判断

【实验目的】

通过显微注射方法将反转录病毒引入斑马鱼的发育阶段的胚胎中。PCR 检测病毒转入种质细胞系的效率。

【实验原理】

改进的特定反转录病毒在斑马鱼胚胎期可以随机地插入胚胎各细胞的基因组中,其中包括进入种质细胞系中。采用病毒特异的引物,可通过 inverse PCR 的方法将精子基因组中插入的病毒序列及其临近基因组序列扩增出来。由于病毒插入的部位不同,扩增片断的序列和大小也不同,电泳可将这一差别显示出来,由此给出诱变效率的初步判断。

【实验步骤】(第一阶段 1 天,两个月后完成第二阶段实验,第二阶段 2 天,共需 3 天)

一、第一阶段

(1) 收集斑马鱼受精卵 100 枚,令其在 28.5℃发育 3 h。

(2) 将胚胎放置在铺有琼脂的培养皿中,显微注射反转录病毒(病毒样品由教员提供)。

(3) 将注射后的胚胎分组放入盛有 Holfreter Buffer 的培养皿中,28.5℃培养。

二、第二阶段

(1) 取经过注射并发育为成体的雄性个体一条,取出精巢,匀浆,提取全 DNA。

(2) 以提取 DNA 为模板进行 inverse PCR: ① 特定限制性内切酶消化 DNA 样品;② 连接酶连接消化的 DNA 片断;③ 病毒引物 PCR;④ 琼脂糖电泳检测。

(3) 根据电泳图案分析突变效率。

【参考文献】

[1] Lin S., et al. Integration and germ-line transmission of a pseudotyped retroviral vector in zebrafish. Science, 1994, 265(5172): 666~669

[2] Amsterdam A., et al. A large-scale insertional mutagenesis screen in zebrafish. Genes Dev, 1999, 13(20): 2713~2724

实验 24.4 线虫发育相关基因的诱变

【实验目的】

利用特定基因启动子驱动 GTP 的条件,筛选 EMS 诱导相关基因突变体。

【实验原理】

对通过转基因获得的、有特定基因(如 unc-25)启动子驱动的 GFP 报告基因的线虫品系(例如 juls76)进行 EMS(甲基磺酸乙酯)突变,利用线虫有雌雄同体个体的特性,在其后代中筛选与此特定基因发育表达可能相关的显性或者隐性基因突变品系。

【实验步骤】(前后共需 10 天,实际实验 3 天)

(1) 线虫 EMS 突变,将诱变的线虫放入培养皿中,20℃过夜,称为 P0(观察教员操作)。

(2) 分组,每组领取 4 个健康的 P0 线虫,放入培养皿中,20℃培养 3~4 天,使其产生 F1。

(3) 对 F1,解剖镜观察寻找是否有显性突变,荧光显微镜确认突变发生,如果有,将其挑选出来,放入培养皿中传代保存。

(4) 随机挑选 200 个健康的 F1,分别放入 200 个培养皿中培养 3~4 天,获得 F2。

(5) 对 200 盘 F2 以解剖镜观察寻找是否有突变发生(隐性突变),荧光显微镜确认突变发生,将确认的突变品系转入培养皿中传代保存。

【参考文献】

[1] Brenner S. The genetics of caenorhabditis elegans. Genetics, 1974, 77: 71~94

[2] Yishi Jin, Erik Jorgensen, Erika Hartwieg, and H. Robert Horvitz. The Caenorhabditis elegans gene unc-25 encodes glutamic acid decarboxylase and is required for synaptic transmission but not synaptic development. The Journal of Neuroscience, January 15, 1999, 19(2): 539~548

实验 24.5　线虫突变品系互补实验判定两个隐形突变基因是否为等位基因

【实验目的】

根据遗传学连锁与交换律，判定两个类似表型突变的线虫突变基因是否为同一个基因。

【实验原理】

选取两个具有类似变异表型的突变品系，利用杂交实验，判定两个突变品系表型变异是否为同一基因突变所造成。

【实验步骤】(前后共需 10 天，实际实验 3 天)

(1) 挑选野生型雄性(XO)成体若干条和突变品系一的 L3 晚期雌雄同体(XX)幼虫若干条。

(2) 取 5 条雄虫与 1 条突变品系一的雌雄同体线虫放入一个培养皿中，令其交配，每人做 2 盘，放入 20℃培养 3～4 天，得到 F1，其中大约 50%为雄性，50%为雌雄同体型。如果突变不在 X 染色体上(线虫共有 6 对染色体)，F1 全部为杂合型(+/－)，表型为野生型。如果突变基因在 X 染色体上，雄性全部显现突变性状，雌雄同体为杂合型，不显现突变性状。

(3) 假设突变为不在 X 染色体上的品系，取 5 个 F1 雄虫与 1 个突变品系二的 L3 晚期雌雄同体幼虫杂交，放入一个培养皿中，20℃培养 3～4 天。如果两突变发生在同一基因上，后代将有 50%出现突变性状，50%表现为野生型性状。如果两个不是同一基因的突变，则没有突变表型出现(突变二在常染色体上)，或雄虫全为突变表型(突变二在性染色体上)。

(4) 假设突变发生在 X 染色体上的品系，取 5 个 F1 雄虫与 1 个突变品系二的 L3 晚期雌雄同体幼虫杂交，放入一个培养皿中，20℃培养 3～4 天。如果两突变发生在同一基因上，后代将全部出现突变性状。如果两个不是同一基因的突变，则没有突变表型出现(突变二在常染色体上)，或雄虫全为突变表型(突变二在性染色体上)。

【参考文献】

[1] Brenner S. The genetics of caenorhabditis elegans. Genetics, 1974, 77: 71～94
[2] www.wormbase.org

D 细胞生物学部分

实验 25 动物细胞的传代培养

细胞培养(cell culture),是单个细胞或细胞群体在体外条件下培养,使其能够继续存活与增殖的技术。根据细胞生长状态的不同,培养细胞可分为悬浮细胞和贴壁细胞两种类型。悬浮细胞传代只需简单稀释操作即可;而贴壁细胞需要用胰蛋白酶处理,分散为单个细胞进行适当稀释后再贴壁生长。细胞培养是现代生物学研究和生物工程中最基本的实验技术。

【实验目的】

掌握传代细胞培养的基本方法,了解无菌操作的基本原则。

【实验原理】

一、细胞培养的相关背景及概念

现代的动物细胞培养始于美国动物学家 R. G. Harrion,他于 1906 年在无菌条件下用淋巴液作培养基,培养了蝌蚪的神经板,并观察到神经细胞突起生长的过程。到 20 世纪后期,细胞培养技术已相当成熟。许多生物学理论研究的重要进展,如细胞全能性、细胞周期及调控、癌变机制、细胞衰老、基因表达调控等都与细胞培养技术密不可分;而生物工程的若干重要技术,如细胞融合、克隆技术等都建立在细胞培养技术之上。

细胞培养可分为原代细胞培养(primary culture)与传代细胞培养(subculture)。原代细胞培养是指从机体取出细胞后立即进行的细胞培养,一般将第 1～10 代以内的细胞培养统称为原代细胞培养。以原代细胞作为种子细胞进行的持续的体外培养称为传代细胞培养。原代培养的细胞一般能够在体外连续传至 10 代,之后大部分细胞衰老死亡,只有极少数细胞能够度过"危机"继续繁殖。这些细胞能够在体外顺利地传 40～50 代,并保持染色体数目正常及细胞的接触抑制特性。研究者们将这种传代细胞称为细胞株(cell strain),将这种正常细胞有限传代次数的现象称为 Hayflick 界限。一般细胞株在传至 50 代之后就不再分裂,但有些细胞发生了遗传突变,可以在体外条件下无限传代,这种传代细胞称为细胞系(cell line)。细胞系的主要特点是染色体明显改变,可呈亚二倍体或非整倍体,失去接触抑制特性。细胞的克隆(clone)是指由单个细胞分裂产生的一群细胞。

细胞培养的突出优点:① 研究对象是活的细胞,可长时期地监控、检测甚至定量评估其形态、结构和生命活动等;② 可以人为地严格控制研究条件,便于研究各种物理、化学、生物等外界因素对细胞生长、发育和分化等的影响,有利于单因子分析;③ 研究的样本可以达到比较均一性，常用的细胞系均是性质均一的细胞，需要时还可采用克隆化等方法使细胞进一步纯化；④ 研究的内容便于观察、检测和记录。体外培养的细胞可采用显微镜、电镜等直接观察记录，充分满足实验的要求。另外还具有研究范围比较广泛，研究费用相对经济等优点。

然而，细胞培养也有其局限性。由于培养的细胞脱离了机体复杂的环境条件，其细胞形态和功能都会发生一定程度的改变。尤其是体外反复传代、长期培养的细胞，有可能发生染色体非二倍体改变等情况。因此，应将体外培养的细胞视为一种既保持动物体内原细胞一定的性状，又具有某些改变的特定的细胞群体。

二、无菌操作技术

要使细胞在体外长期生存，必须模拟体内环境，供给细胞存活所必需的条件。例如供给适量的水、无机盐、氨基酸、葡萄糖及有关的生长因子，氧气及适宜的温度，合适的酸碱度及渗透压。而所有的一切操作必须在无菌条件下进行。

细胞培养必须遵循一整套严格的无菌操作技术，主要包括如下内容：

1. 工作环境及表面的处理

超净台和无菌室为细胞培养提供了相对密闭而且无污染的环境，应及时清除超净台内溅出的培养液和其他液体；台内只限放置每日工作的必需物品；操作完毕后用 70%乙醇或 10%新洁尔灭擦洗工作台。避免使用开放的容器装废液，可用连接到真空泵的密闭容器装废液；避免采用倾倒操作，因为这些操作可能导致废液的气雾化，从而引起污染。

2. 细胞培养所用玻璃及塑料制品的处理

细胞培养所用的大部分器材，包括吸管、培养瓶、培养皿等，均可购买商业化的无菌的一次性用品。细胞培养瓶和培养皿的细胞附着面经过处理，使细胞更易附着。玻璃制品因为可以反复使用，所以较之塑料制品成本低廉，但需要较为繁杂的清洗和灭菌处理。

因为离体细胞本身没有免疫防御系统，所以细胞培养需要比外科手术更加严格的无菌操作。操作时需要戴乳胶手套；培养相关物品仅在超净台中打开，瓶盖应盖口朝上放置于工作台上；二氧化碳培养箱内部应定期用 70%乙醇擦洗等。

为了防止细胞系的交叉污染，超净台中每次应只进行一种细胞系的操作，并使用单独的培养液。经常观察培养细胞，及时处理污染的或不再需要的细胞。

3. 哺乳动物细胞及培养液的无菌处理

研究者们已设计出适合不同类型细胞的培养液配方，主要包括必需氨基酸、维生素、无机盐、葡萄糖和血清（提供生长因子、激素和贴壁因子）。大多数培养液还加入酚红作为 pH 指示剂，并加入抗生素（青霉素和链霉素等）以降低污染。大多数细胞培养液的 pH 应保持在7.2～7.4。培养液靠 $NaHCO_3$ 体系进行缓冲，因此细胞应培养在 CO_2 培养箱中，并使气相 CO_2 的浓度（5%）与培养液中 $NaHCO_3$ 浓度（1.97 g/L）平衡。

可以直接购买已除菌的液体培养基；也可以购买粉剂用双蒸水或超纯水自行配制，再用 0.22 μm 孔径的滤膜过滤除菌。

三、细胞的传代培养

根据细胞生长状态的不同，培养细胞可分为悬浮细胞和贴壁细胞两种类型。

悬浮细胞传代只需简单稀释操作即可；而贴壁细胞需要用胰蛋白酶处理，分散为单个细胞进行适当稀释后再贴壁生长。胰蛋白酶能够破坏细胞外基质和黏附蛋白。为保证胰蛋白酶的作用效果，必须在其加入之前去除血清、钙离子及镁离子，并且消化液中可同时加入二价离子螯合剂(EDTA 或 EGTA)。需要注意的是,过度的胰蛋白酶消化可导致细胞裂解和失活。

四、细胞的冻存和复苏

细胞可在液氮(−135~−175℃)中保持数年至数十年,在−80℃保存数月至数年。冻存细胞时应调节冻存细胞管的冷冻速率以最大限度地保存细胞活力,一般 1 min 下降 1℃ 为佳,并且可使用专门的细胞冻存器。冻存的方法是将细胞用胰蛋白酶处理后,重悬于冻存液中。冻存液一般含有 10%的甘油或 DMSO 作为保护剂,防止细胞内冰晶形成;血清的浓度可增加至 20%。

冻存的细胞复苏时应在 37℃ 水浴或流水中快速融化并加入培养液,于 37℃ 温育,24 h 内应更换培养液以滋养细胞。

【器材与试剂】

10 cm 细胞培养皿,50 mL、15 mL 一次性离心管,10 mL 玻璃吸管(灭菌),与玻璃吸管配套的吸球及胶管,二氧化碳培养箱,倒置显微镜。

人胚肾细胞系 293,细胞营养液(DMEM 液体培养基,10%胎牛血清,双抗 100 单位/mL),消化液(0.05%胰酶,0.53 mmol/L EDTA-Na_2),Hank's 液。

【实验步骤】

(1) 显微镜观察母细胞的生长状态,确定传代比例。应根据母细胞的生长密度调整传代比例。为配合实验 26,本实验中使用的 293 细胞长成致密单层后一般按照 1∶4 传代即可。

(2) 酒精灯旁打开培养皿盖,倒去皿中的细胞营养液,加入 1 mL Hank's 液,轻轻摇动,将溶液吸出。

(3) 消化与分装:在培养皿中加入 1 mL 消化液,37℃ 静置 5 min 左右,显微镜观察,如果细胞变圆且彼此分离表明消化完全,此时可加入 10 mL 营养液终止消化,吹打数次,使培养皿壁上的细胞全部脱落下来,并分散形成均匀的细胞悬液。按照传代的比例补加适当体积的营养液,吹打混匀后分装到新的培养皿中。在分装好的细胞培养皿上做好标记,置于 37℃ 二氧化碳培养箱中培养。

【参考文献】

[1] D. L. 斯佩克特,R. D. 戈德曼,L. A. 莱因万德著;黄培堂等译. 细胞实验指南. 北京:科学出版社,2001

[2] 翟中和,王喜忠,丁明孝. 细胞生物学. 北京:高等教育出版社,2000

[3] 高伟良. 动物细胞培养概论. 北京大学生命科学学院讲义,1998

[4] 李荫蓁等. 细胞生物学实验. 北京大学生命科学学院讲义,2001

实验 26　磷酸钙介导的外源基因导入哺乳动物细胞

Graham 和 Vander E. B. (1973)首次报道了用 $Ca_3(PO_4)_2$-DNA 沉淀将腺病毒 SV40 导入哺乳动物细胞的方法，Wigler 等(1978)证明这种方法也能用于导入并在哺乳动物染色体上稳定整合外源 DNA。本实验将外源 DNA，通过磷酸钙介导而导入培养的细胞(人胚肾细胞系 293)。

【实验目的】

掌握磷酸钙介导的贴壁细胞的通用转染方法。

【实验原理】

由于细胞培养技术的优点是其他实验方法和技术所不能比拟的，所以近年来细胞培养技术在分子生物学、细胞生物学、遗传学、老年学、免疫学、肿瘤学和病毒学等很多领域都得到了广泛的应用。对于分子生物学家及细胞生物学家而言，应用细胞培养对感兴趣的基因产物进行定位、运动等的研究变得越来越重要。在克隆一个基因后的下一步，往往是将其导入不同类型细胞，以分析其表达，测定表达对细胞生长的影响，或将高表达的基因产物纯化。将外源 DNA 导入哺乳动物细胞有两种途径：稳定(永久)转染和暂时性转染。稳定转染的目的是将转移基因整合到细胞染色体 DNA 上，形成稳定表达转移基因的细胞系。一般需要共转染一个选择标记，用于追踪转染成功的细胞或转染效率。暂时性转染的目的是为了分析转移基因的暂时转录或表达，一般在转染后 1～4 天内进行。

针对培养细胞的外源 DNA 导入已发展出多种技术，这些技术可以归纳为三类：生化方法转染、物理方法转染，以及病毒介导的转化。生化方法中常用的有磷酸钙介导的转染、DEAE-葡聚糖介导的转染、脂质体介导的转染等。这 3 种方法除 DEAE-葡聚糖法外，均可用于暂时性转染和永久性转染。其原理是化学试剂与 DNA 形成复合物促进 DNA 进入细胞。常用的物理方法有两种：① 穿电孔技术利用短暂电流脉冲在质膜上瞬时形成可让核酸通过的微孔；② 显微注射直接将 DNA 注射进入细胞。病毒介导的转化是利用重组病毒将外源基因导入细胞内，常用的病毒载体包括腺病毒载体和逆转录病毒载体。不同的转染方法有各自适用的细胞系。培养的细胞不同，其在摄取和表达外源 DNA 的能力上可能存在几个数量级的差异。因此针对细胞系优化并比较几种不同方法的效率很重要。

至今对于磷酸钙介导的 DNA 转染的确切机理仍不清楚，一般认为转移 DNA 通过内吞作用进入细胞质，然后进入细胞核，而磷酸钙处理被认为是产生了一种能促使 DNA 附着在细胞表面的环境。

多种因素影响磷酸钙介导的转染效率。主要包括细胞的生长状态、外源质粒 DNA 的纯度和磷酸钙沉淀的大小等。为了获得较高的转染效率，必须保证细胞处于合适的生长密度，磷酸钙转染的合适细胞密度为 50%～70%；质粒 DNA 的纯度要求高，最好通过特殊的层析树脂纯化或 CsCl 超速离心纯化。

【器材与试剂】

一、器材

1.5 mL 离心管(灭菌),200μL 微量移液器头,20 μL、200 μL 微量移液器。

TNF-R1 哺乳动物细胞表达质粒(CsCl 超速离心纯),哺乳动物细胞表达载体(CsCl 超速离心机)。

二、试剂

(1) 2×HBS 液:280 mmol/L NaCl,10 mmol/L KCl,1.5 mmol/L $Na_2HPO_4 \cdot 2H_2O$,12 mmol/L 葡萄糖,50 mmol/L Hepes,pH 7.05,0.2 μm 孔径的滤膜过滤除菌。

(2) $CaCl_2$ 溶液:2.5 mol/L,0.2 μm 孔径的滤膜过滤除菌。

(3) 超纯水:灭菌。

【实验步骤】

(1) 293 细胞传代培养 16～18 h 后,显微镜观察待转染细胞的生长状态,观察细胞是否污染、培养液颜色的变化以及细胞的生长密度。

(2) A 液配制:用微量移液器在 1.5 mL 离心管中依次加入 10 μg(1 μg /μL,10 μL)质粒 DNA(实验组为 TNF-R1 的哺乳动物细胞表达载体,对照组为空载体),350 μL 超纯水,40 μL 2.5 mol/L $CaCl_2$ 溶液,混匀。

(3) 在 1.5 mL 离心管中加入 400 μL 2×HBS(B 液),将 A 液分三次缓慢加入,每次加入 A 液后用吹气泡的方法混匀。室温静置 5 min。

(4) 将 A,B 混合液均匀地滴加在待转染的 293 细胞培养液中,轻轻晃动使混匀。将培养皿置于 37℃ 二氧化碳培养箱中。

【参考文献】

[1] J. 萨姆布鲁克,D. W. 拉塞尔著;黄培堂等译. 分子克隆实验指南(第三版). 北京:科学出版社,2002

[2] D. L. 斯佩克特,R. D. 戈德曼,L. A. 莱因万德著;黄培堂等译. 细胞实验指南. 北京:科学出版社,2001

实验 27 细胞凋亡的检测

实验 26 已在 293 细胞中过量表达 TNF-R1，诱导 293 细胞凋亡，本次实验的内容是观察凋亡细胞的形态，提取凋亡细胞中的 DNA 梯度及进行琼脂糖电泳分析。

【实验目的】

了解细胞凋亡的形态特征，掌握细胞凋亡 DNA 梯度(DNA Ladder)电泳检测法。

【实验原理】

细胞凋亡是细胞的一种基本生命现象，对于机体的组织发育、器官分化及多种病理过程均具有重要作用。细胞凋亡具有典型的形态学及生化特征，包括细胞膜皱缩，胞间连接减少，染色体凝集，细胞核崩解并形成凋亡小体等。其中一个强有力的生化指标是 DNA Ladder 的产生，由于凋亡相关的特异核酸酶在凋亡过程中的激活，凋亡细胞的总 DNA 可以在核小体间进行切割，提取总 DNA 进行电泳可以形成间隔 180～200 bp 的阶梯状电泳条带(DNA Ladder)。一般认为出现 DNA Ladder 的细胞肯定发生了凋亡，但并非所有发生凋亡的细胞都会出现 DNA Ladder。这种检测方法也受到灵敏性的限制，只有当凋亡细胞占到细胞总量的 15%以上时，特异降解的 DNA 经过电泳才会较好地显示 DNA Ladder。

细胞凋亡的信号可能来自于细胞外部或细胞内部，其中死亡受体介导的凋亡途径(death-receptor pathway)是细胞外部信号(细胞因子)诱导凋亡的主要方式。死亡受体属于肿瘤坏死因子受体家族，其共同特征是具有一个同源的死亡结构域(death domain，DD)。当死亡受体的配体与之结合以后或死亡受体本身过量表达均可促使受体的死亡结构域的寡集化，形成死亡诱导信号复合物(death-inducing signaling complex，DISC)。DISC 通过其他一些接头蛋白(adaptor protein)，活化凋亡特异性蛋白酶 Caspase-8，从而启动凋亡的级联反应，产生包括 DNA Ladder 在内的一系列生理特征。

【器材与试剂】

一、器材

1 mL 微量移液器，低速台式离心机，高速台式离心机，4℃及－20℃冰箱，DNA 凝胶电泳设备，紫外凝胶成像仪。

PBS，蛋白酶 K，NP40，RNase A。

二、试剂

无水乙醇，DNA 上样缓冲液，琼脂糖，TAE 电泳缓冲液，EB。

【实验步骤】

(1) 显微镜观察过量表达 TNF-R1(实验组)和空载体(对照组)的 293 细胞形态上的差异。

(2) 用细胞刮子将实验组和对照组培养皿中的细胞轻轻刮下来，收集到 1.5 mL 离心管中，以 2000 r/min 离心 5 min。弃上清液，沉淀用 1 mL PBS 悬浮，转移到1.5 mL 离心管中。

(3) 以 4000 r/min 离心 3 min,去除上清液,加入 200 μL PBS(0.2 mg/mL 蛋白酶 K),重悬细胞。

(4) 加入 200 μL PBS(2% NP40),颠倒混匀,室温作用 30 min,其间颠倒数次。

(5) 以 12 000 r/min 离心 2 min,吸出上清液,加入 1 mL 乙醇,颠倒混匀,于−20℃ 静置 10 min。

(6) 以 12 000 r/min 离心 10 min,沉淀溶于 30 μL 水中,加入 RNase A(10 mg/mL),于 37℃ 静置 20 min。

(7) 在 DNA 溶液中加入 6 μL DNA 上样缓冲液,将全部样品进行 2% 琼脂糖凝胶电泳,并用紫外凝胶成像仪拍照。

【实验结果】见图 27-1～图 27-4 或彩图 3

图 27-1　在显微镜下观察到培养的正常人胚肾细胞系 293

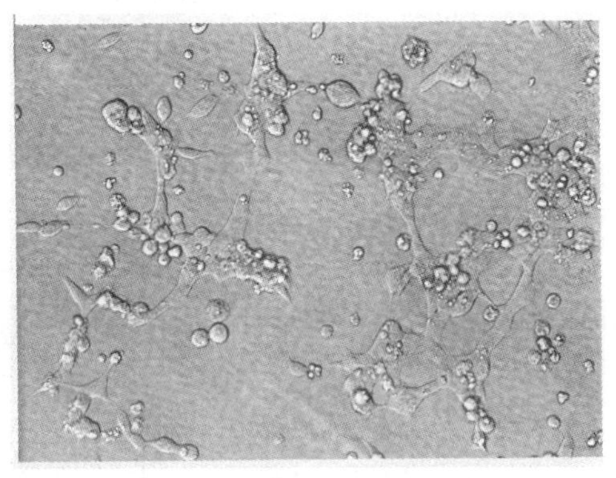

图 27-2　在显微镜下观察到转 TNF-R1 的细胞(细胞发生凋亡)

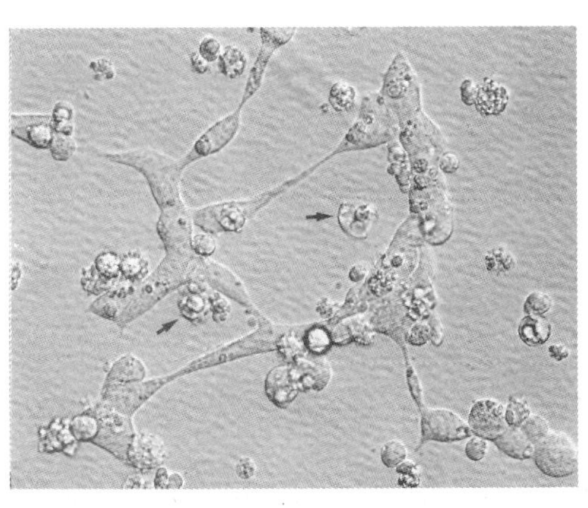

图 27-3　高倍镜下观察到的凋亡细胞

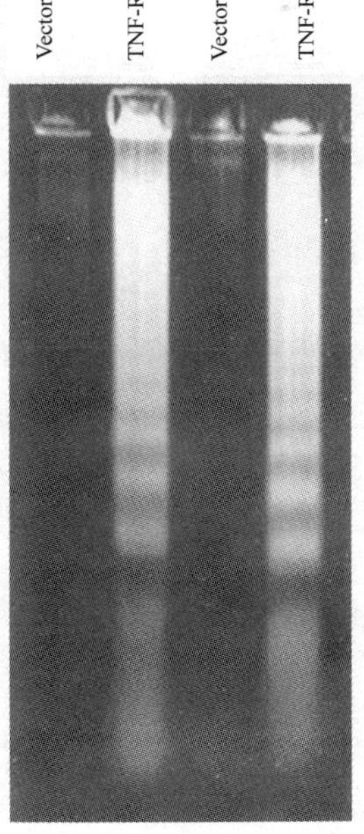

图 27-4　凋亡细胞的总 DNA 电泳,示梯状断裂的 DNA

【参考文献】

[1] 翟中和，王喜忠，丁明孝. 细胞生物学. 北京：高等教育出版社，2000

[2] Shu H. B., Halpins D. R. and Goeddel D. V. Casper is a FADD and caspase-related inducer of apoptosis. Immunity, 1997, 6: 751～763

E 动物生理学部分

实验28　蟾蜍皮肤感受器传入冲动的记录

【实验目的】

本实验用蟾蜍皮肤神经标本，观察和记录皮肤感受器在不同形式刺激下的传入冲动，从而了解皮肤感受器的种类及相关特征。

【实验原理】

动物体和人体的皮肤不仅是机体的重要屏障，而且是机体重要的信息传输器官。皮肤不仅具有非常重要的保护和免疫功能，在机体与外界诸多的联系中，皮肤也起着至关重要的作用。皮肤感受器的形态、种类很多，对皮肤感受器的研究也是皮肤感觉生理学的重要部分。

对感受器的电生理研究中，蛙的皮肤神经标本得到了较广泛的应用。该标本制备方法简单，它的传入神经比较容易分离，适用于多种实验溶液及不同能量形式的刺激。

【器材与试剂】

RM6240B多道生理信号采集处理系统（见附录Ⅳ.1），微机，打印机，皮肤标本记录盒，神经引导电极（白金电极），橡皮泥，毛笔，滤纸片，针灸针，任氏液（Ringer液，冷），石蜡油，凡士林，0.3%或0.5% H_2SO_4。

【实验步骤】

一、仪器连接和参数选择

1. 仪器连接

皮肤传入神经→引导电极→RM6240B多道生理信号采集处理系统→微机。

2. 参数设定

设定RM6240B多道生理信号采集处理系统的参数：

采集频率：20 kHz；扫描速度：160 ms/div；灵敏度：20 μV/div；时间常数：0.001 s；滤波：1 kHz。

二、标本制备

背部皮肤神经标本最适于皮肤感觉生理的研究，但这种标本制作难度较大，需要时间较长，一般的教学实验室因受学时限制，很少采用这类标本。

以下介绍两种实验室常用的皮肤标本制备法。

1. 脊神经腹支-腹部皮肤标本制作

(1) 刺毁蟾蜍的脑和脊髓。

(2) 在背中线做约 4 cm 的皮肤切口，将皮肤稍向两边分离，于髂腰骨肌与腹肌之间，隐约可见到向腹部走向的脊神经，即第 4，5，6 脊神经。这些神经自脊髓发出后先在腹腔内游离一段（约2 cm），然后便进入腹内斜肌和腹外斜肌的夹层中，在两层肌肉间穿行，至接近它所支配的皮肤时，神经主干便从肌缝钻出，再进入皮肤。

(3) 看清三条神经后，用镊子将腹外斜肌提起，在髂腰骨肌与外斜肌结合处剪开肌层（注意勿伤神经），这时便可清楚地见到腹腔中游离的三条脊神经。任选一支（一般选第 5 支或三支均保留），在脊神经根部用丝线结扎、剪断。轻提丝线作为向下分离的把手。

(4) 在神经钻入肌肉的部位，用镊子将两层肌肉轻轻撕开，于肌肉的夹层中向腹部仔细追踪。最好是撕开一段分离一段，不要用力太猛太急。注意经常滴加 Ringer 液以保持湿润。

(5) 在接近末梢区域时，要先将周围皮肤与肌肉间的结缔组织切断，这时要格外小心，因神经末梢分支与结缔组织凭肉眼常难判断，所以可适当多保留一些结缔组织，但不能保留肌肉。这一步最好在显微镜下操作。

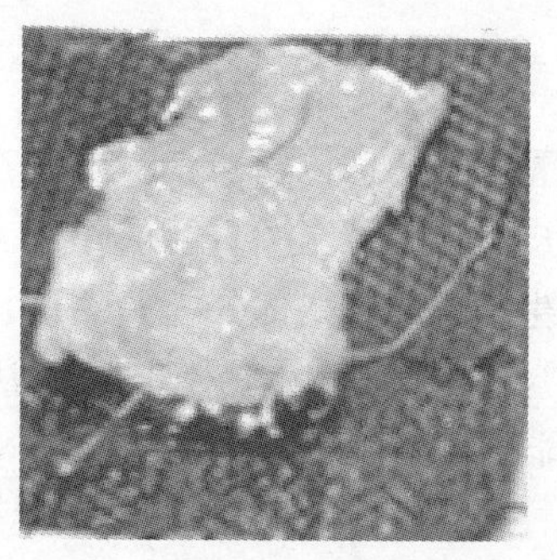

图 28-1　蟾蜍脊神经腹支-皮肤标本，示神经拉向皮肤外

(6) 从蛙体上剪下该神经所支配的皮肤，大小约 9 cm^2，最好使神经末梢位于标本的正中。将标本置于 Ringer 液中保存待用。（图 28-1）

2. 胫神经分支-小腿皮肤标本制作

(1) 常规刺毁蛙的脑和脊髓。

(2) 蛙体俯卧，分别沿膝关节与踝关节各将皮肤（勿伤及神经）做一环行切口。

(3) 顺着腓肠肌和腓骨肌的肌缝（小腿的外侧面），将小腿皮肤从膝部到踝部做纵行切口。再使蛙体腹面向上，沿着胫神经仔细向下分离，大约在小腿的中下部会看到一皮肤分支，它支配该区域的皮肤。小心地将小腿皮肤连同感觉神经分离下来，神经的中枢端尽量保留长一些，以便记录。将制备好的标本置于 Ringer 液中保存待用。

三、标本放置

皮肤神经的标本盒，由 a 槽和 b 槽两部分组成（图 28-2）。a 槽为刺激神经所设计，b 槽用来放置皮肤。b 槽中央放一块海绵，高度与内槽齐平，剪一块大小与海绵相仿的滤纸，用 Ringer 液浸湿，放在海绵表面，然后将备好的标本小心移入 b 槽内，使皮肤的表面朝上，轻轻地放在滤纸（或浸湿的棉花）上并将皮肤展平。用镊子提起神经游离端的扎线，经隔离口将神经引入 a 槽，并搭在记录电极上，隔离缺口用凡士林封住，神经干埋于其中，用滤纸片吸干 a 槽中神经表面的液体，并加满石蜡油。

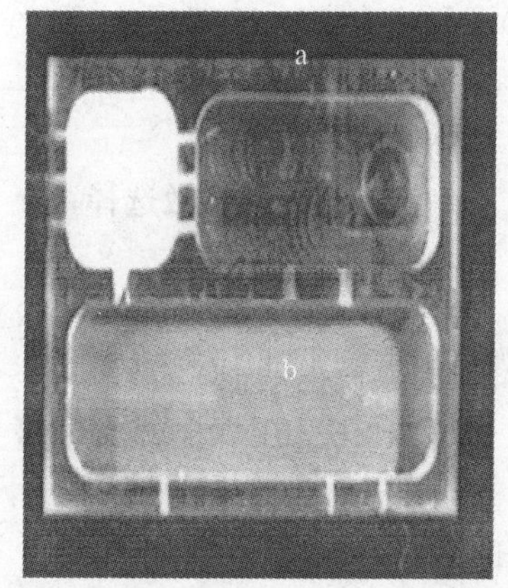

图 28-2　皮肤标本合

a—放置神经处，b—放置皮肤处

四、记录和测量内容

1. 背景冲动发放

记录在无任何特殊刺激下，皮肤传入神经冲动的背景发放(自发放)，并统计冲动发放的频率。

2. 触觉刺激(touch stimuli)引起的传入神经冲动的发放

用毛笔小心地在皮肤标本表面轻轻划扫，记录传入神经冲动发放的图形，并统计机械刺激触觉感受器引起的冲动发放频率。

3. 压觉刺激(pressure stimuli)引起的传入神经冲动的发放

将重量分别为 1,5,10 g 的橡皮泥做成底面积相同的重物。

分别将它们迅速压在皮肤标本上，分别记录不同重量刺激下传入神经冲动发放的图形，并统计各重量压迫下冲动发放频率。

4. 痛觉刺激 (pain stimuli)引起的传入神经冲动的发放

用针灸针或竹尖点刺皮肤，记录传入神经冲动发放的图形，并统计冲动发放的频率。

5. 0.3% 硫酸(H^+)刺激皮肤引起的传入神经冲动的发放

在皮肤标本的表面滴加 2 滴 0.3% 硫酸，记录传入神经冲动发放的图形，并统计冲动发放的频率。

6. 注意事项

(1) 在正式记录之前，可先用轻触觉检查一下标本质量，排除干扰源，修正各项参数，使整个记录系统稳定下来。

(2) 标本的质量好坏是整个实验成功与否的关键，自始至终都要精心爱护标本。由于本实验采用的是离体标本，所以并非标本的任何区域都能感觉到刺激，如果暂未记录到感觉冲动发放，应仔细寻找到敏感的部位再进行记录。

五、选做内容

用本实验的标本和条件，设计一个实验方案，证明感受器的适应特性。

六、实验结果的编辑和打印

将选好的图形添加名称、注释、标尺等，进行打印。

【实验结果】参考图 28-3～图 28-5

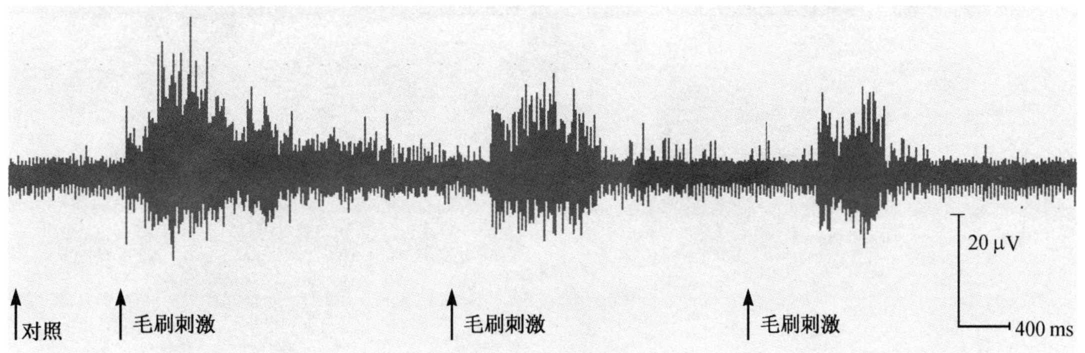

图 28-3 毛刷刺激引起的蟾蜍皮肤神经传入冲动发放

上线—神经冲动；下线—刺激标记 ↑对照—自发放电；↑毛刷刺激

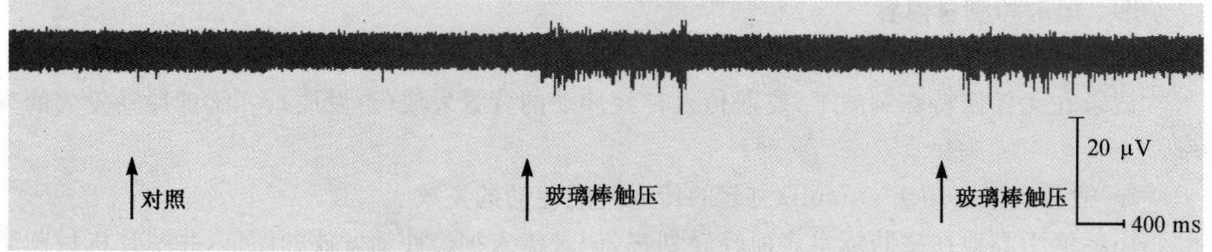

图 28-4 触压引起的蟾蜍皮肤神经传入冲动发放

上线—神经冲动；下线—刺激标记 ↑对照—自发放电；↑玻璃棒触压

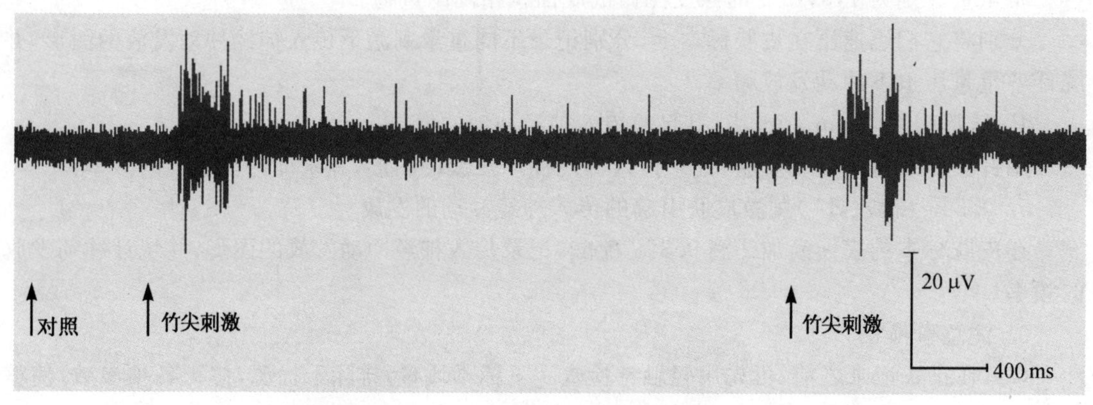

图 28-5 竹尖(痛刺激)刺激引起的蟾蜍皮肤神经传入冲动发放

上线—神经冲动；下线—刺激标记 ↑对照—自发放电；↑竹尖刺激

【思考题】

1. 根据实验结果总结皮肤感受器的兴奋特征。
2. 讨论皮肤感受器适应的生理机制。

【参考文献】

[1] Linas R. and Precht W. Frog Neurobiology Ahandbook. New York: Springer-Verlag Berlin Heideleber, 1976
[2] 日本生理学会,王佩等译. 生理学实习. 北京：人民卫生出版社,1980

实验 29 玻璃微电极制备、充灌和电极电阻测量

自从凌宁(Ling G.) 1949 年首先成功地利用玻璃微电极记录单根肌纤维膜电位以来,微电极技术已广泛应用于电生理学研究中,成为研究细胞电活动的重要工具之一。玻璃微电极的主要优点是制备简单,电学性能较稳定,但因其机械强度差,容易折断,消耗较多。玻璃微电极技术广泛用于记录细胞内生物电信号、胞内注射染料或药品等方面。近些年来微电极制备技术不断发展,制备方法也有多种,制备出的电极包括单管微电极和多管微电极等。

【器材与试剂】

PIP5 型玻璃微电极拉制仪(见附录Ⅳ.3),玻璃毛细管(分有内附细管和无内附细管的),SWF-IW 微电极放大器(见附录Ⅳ.2),10 MΩ 标准电阻件,3 mol/L KCl 溶液,显微镜。

【实验步骤】

一、玻璃微电极的制备

本实验室使用 PIP5 型玻璃微电极拉制仪拉制玻璃微电极,其使用方法请参考附录Ⅳ.3 的相关介绍。

二、玻璃微电极的充灌和电极电阻的测量

(1) 对用没有内附细管(无芯)的玻璃毛细管拉制的微电极,若其尖端直径为 0.5 μm 左右,多用减压加热方法充灌。因为从电极粗端充灌或将其浸没在充灌液中靠虹吸作用充灌,都不容易排除微电极尖端的气泡,电极内的气泡会严重影响电极电阻和其记录功能,用减压加热方法可避免这些缺点。

(2) 对用带有内附细管(有芯)的玻璃毛细管拉制的微电极,只要把充灌瓶前端的细塑料管插入微电极中(插到瓶颈)慢慢挤入充灌液,就可使充灌液充满电极的整个内腔,或把微电极浸没在充灌液中,微电极中的空气就自动从粗端不断溢出,很快就能自动充灌完毕。

充灌电极的液体种类可根据实验目的进行选择,用于记录细胞内电信号的微电极常用 3 mol/L的 KCl 作为充灌液。

三、微电极阻抗的测量

由于微电极阻抗的大小与微电极放大器输入阻抗以及被记录的生物电信号的真实性有着密切关系,所以测量微电极的阻抗就成为判断微电极是否合用的重要指标之一。

一般情况下,微电极尖端的粗细程度可以反映微电极的阻抗。尖端直径的大小,又会直接影响被记录细胞的机能状态。测量微电极阻抗的方法较多,可以在实验前测量,也可以在实验过程中测量。但要测出很准确的阻抗值也是比较困难的。本实验室常用 SWF-IW 微电极放大器测量微电极电阻。其方法如下:

(1) 在 RM6240B/C 系统示波状态下,先调整好微电极放大器的零位扫描线。然后在放大器测试头的正、负输入端接上一个 10 MΩ 的电阻件,打开放大器的校正和测量开关,在示波屏幕上读出方波峰峰值 V_1(预设值 50 mV)。

(2) 取下电阻件，接入玻璃微电极（将放大器测头的正端接微电极，电极尖端与生理盐水接触，测头的负端通过引线与生理盐水接触），在示波屏幕上读出方波峰峰值 V_2。

(3) 计算玻璃微电极内阻(R)的公式为

$$R(\mathrm{M\Omega})=(V_2/V_1)\times 10$$

重要提示：

仪器使用完毕后，应将微电极输入端测头的两极短接，以防止外界信号对本机的损害！

【参考文献】

[1] 高兴亚等. 机能实验学. 北京：科学出版社，2001

实验 30 在体蟾蜍心肌细胞动作电位的记录

【实验目的】

本实验使用悬浮电极记录在体心肌细胞动作电位，并了解植物神经递质对心肌细胞动作电位的影响。

【实验原理】

心肌细胞的生物电位表现为：静息电位和受到适宜刺激时产生的动作电位。与神经细胞和骨骼肌细胞相比，心肌细胞动作电位的持续时间较长（约 200 ms）。原因是心肌细胞的复极化过程（包括 1～4 期）比较缓慢，第 2 期还出现了平台。所有这些构成心肌细胞动作电位的突出特点。

心肌细胞的电活动研究中，使用的标本有离体（*in vitro*）心肌细胞和在体（*in situ*）心肌细胞两种。在体记录心肌细胞动作电位时，常常使用悬浮电极。使用这种电极记录，不会影响心肌的正常收缩，也就更能反映正常生理状态下细胞的电生理特性。

【器材与试剂】

RM6240B 多道生理信号采集处理系统，SWF-IW 微电极放大器，屏蔽笼，浮动电极，微电极推动器，0.5 或 1 mL 注射器，小动物常规手术器械一套，蟾蜍，玻璃微电极（用3 mol/L KCl 充灌，其电阻范围在 10～30 MΩ 最佳），肾上腺素 10^{-4}，乙酰胆碱 10^{-4}。

【实验步骤】

一、仪器连接和参数选择

1. 仪器连接

（1）将微电极放大器的输出线与 RM6240B 多道生理信号采集处理系统连接好。

（2）微电极放大器输入端引导线的正极与玻璃微电极连接，将参考电极接在开胸后的心脏附近的皮肤上。

（3）进入 RM6240B 多道生理信号采集处理系统，并置于示波状态。

2. 参数设定

采集频率：20 kHz；扫描速度：200 ms/div；灵敏度：25 mV/div；时间常数：直流；滤波：500 Hz

二、标本制备

1. 暴露蟾蜍心脏

（1）刺毁脑和脊髓：取蟾蜍一只，用自来水冲洗干净后，辨认其性别。将探针自枕骨大孔处插入后，先插入颅腔捣毁脑，再轻轻提起探针使其转向后方（不必将探针拔出枕骨大孔）。插入椎管，顺脊柱方向损毁脊髓，待蟾蜍四肢松软，对机械刺激的反射完全消失时，表明蟾蜍的神经中枢已完全被损毁。

(2) 剪开皮肤和肌肉：用手术镊提起蟾蜍胸骨后方上腹部的皮肤，用手术剪剪开一小切口，自此处向左右两侧前肢锁骨外侧方向，将皮肤剪一个倒三角形的切口，并将剪开的皮肤掀向头端。在皮肤切口下方的腹肌处也剪开一小切口，沿皮肤切口方向紧贴腹壁和胸壁剪开肌肉(小心勿伤及心脏和血管)，再剪断左右乌喙骨和锁骨，使肌肉创口也呈倒三角形。

(3) 暴露出心脏：用细镊子提起心包膜，用眼科剪剪开心包膜，暴露出心脏。

2. 暴露腹腔静脉

剪开蟾蜍下腹部的肌肉，可清晰见到腹腔静脉并暴露之，以备静脉注射药品用。

三、记录和测量

1. 记录心肌细胞动作电位图形

(1) 设定扫描"0"线：将微电极放大器输入端的负端接在心脏附近的皮肤上，正端接玻璃微电极。在系统示波状态下，打开微电极放大器的测量开关，轻旋微推动器，当玻璃微电极尖端刚刚接触到心脏表面时，将此时屏幕上的扫描线调至"0"线。

(2) 记录动作电位：轻旋微推动器，使微电极尖端垂直插入心室壁，随着每次心搏将记录到一个细胞动作电位。(见图 30-1)

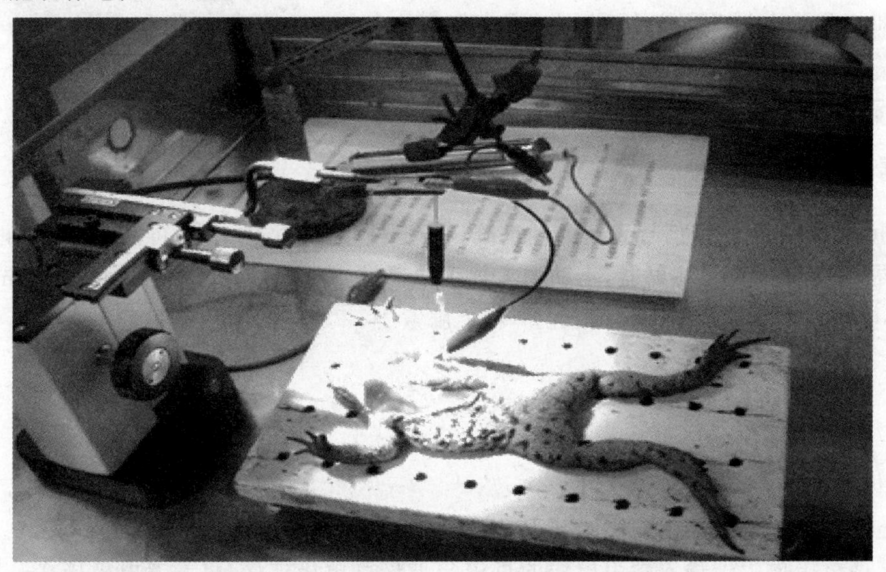

图 30-1 记录蟾蜍在体心肌细胞动作电位装置

(3) 肾上腺素对动作电位图形的影响：先将微电极插入一个细胞内，记录出动作电位图形，并使电极稳定在细胞内。经腹腔静脉注射 10^{-4} 肾上腺素 0.2 mL，注射速度可稍快些。记录注射药物后的心肌细胞动作电位的图形，并注意观察心率和动作电位的变化。

(4) 乙酰胆碱对动作电位图形的影响：先将微电极插入一个细胞内，记录出动作电位图形，并使电极稳定在细胞内。经腹腔静脉注射 10^{-4} 乙酰胆碱 0.2 mL，注射速度可稍快些。记录注射药物后的心肌细胞动作电位的图形，并注意观察心率和动作电位的变化。

2. 心肌细胞动作电位的测量和分析

点击软件分析栏中"心肌细胞动作电位自动测量"，对选中的图形测量以下项目：

(1) 正常心肌细胞的静息电位、动作电位时程、复极化$_{90}$、最大去极化速率(v_{max})、超射值。

(2) 肾上腺素作用期间心肌细胞的静息电位、动作电位时程、复极化$_{90}$、最大去极化速率(v_{max})、超射值。

(3) 乙酰胆碱作用期间心肌细胞的静息电位、动作电位时程、复极化$_{90}$、最大去极化速率(v_{max})、超射值。

四、选做内容

记录并分析心房肌细胞动作电位：将玻璃微电极插入心房肌，参照记录心室肌细胞动作电位的方法，记录心房肌细胞动作电位图形，比较它与心室肌细胞动作电位的异同，并作相关测量。

五、编辑和打印

将记录到的图形经编辑后打印。

【实验结果】 参考图 30-2

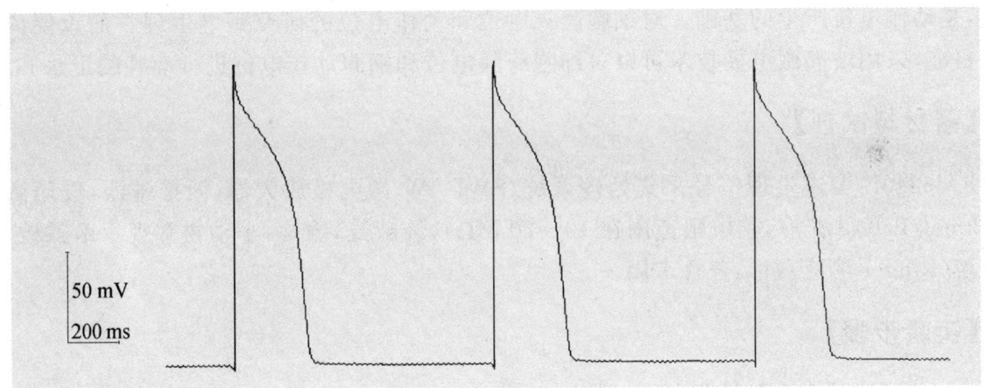

图 30-2 蟾蜍在体心肌细胞动作电位

【思考题】

1. 比较心肌细胞动作电位与神经细胞、骨骼肌细胞动作电位的异同。
2. 分析心肌细胞动作电位产生的机制。
3. 讨论植物神经递质对心肌细胞动作电位的影响机制。

【参考文献】

[1] 刘泰逢. 心肌电生理学. 北京：北京大学出版社，1985

[2] 沈岳良. 现代生理学实验教程. 北京：科学出版社，2002

实验 31　蟾蜍骨骼肌细胞静息电位和动作电位的观察和记录

【实验目的】

本实验将记录蟾蜍缝匠肌的静息电位和动作电位，观察和测定神经麻醉药物对肌肉动作电位的影响，以使学习者基本掌握用玻璃微电极技术记录和分析胞内生物电信号的方法。

【实验原理】

静息状态下细胞膜内外离子分布不均匀的特性，去极化引起细胞膜内外离子分布发生的变化，是动作电位产生的基础。对细胞静息电位和动作电位的研究是电生理学的重要内容之一。目前，采用玻璃微电极技术可以对细胞跨膜电位和细胞动作电位进行准确的记录和测量。

【器材与试剂】

RM6240B 多道生理信号采集处理系统，SWF-IW 微电极放大器，微推进器，玻璃微电极(用 3 mol/L KCl 充灌，其电阻范围在 10～20 MΩ)，屏蔽笼，蟾蜍，小动物常规手术器械一套，任氏液(Ringer 溶液)，1％普鲁卡因。

【实验步骤】

一、仪器连接和参数选择

1. 仪器连接

(1) 微电极放大器的输出线与 RM6240B 多道生理信号采集处理系统连接。

(2) 微电极放大器输入端引导线的正极与玻璃微电极连接，负极接肌肉附近的组织或溶液。

2. 参数设定

(1) 记录参数：

采集频率：10 kHz；扫描速度：4 ms/div；灵敏度：25 mV/ div；时间常数：直流；滤波：500 Hz。

(2) 刺激参数：

正电压；波宽：1 ms；强度：1～2 V；单刺激 (同步触发)。

二、标本制备

1. 蟾蜍坐骨神经-缝匠肌标本的制备

缝匠肌起于耻骨联合，止于胫骨。支配缝匠肌的神经是由坐骨神经分支出来的。分支在梨状肌的尾骨侧的起点附近。此分支沿途又分别向半膜肌和半腱肌等再次发出分支，并从内大收肌和股内直肌(又称股薄大肌)之间穿行到大腿的腹面，在缝匠肌内侧缘下约 1/3 处进入缝匠肌。由于沿途一再分支，此神经到达缝匠肌时已变得很细，解剖时要格外小心。

解剖步骤简述如下：

(1) 剥离耻骨联合以上部位的坐骨神经：刺毁蟾蜍的脑和脊髓，剥去皮肤，去除内脏，背位放置于蛙板上。先剥离出耻骨联合以上部位的坐骨神经干，在耻骨联合处切开耻骨(注意在每侧缝匠肌起点处都先留一小块耻骨片)，将左右腿分开。

(2) 剪去坐骨神经干发往大腿外侧的两次分支：使标本背面向上，确认梨状肌并从其在尾干骨偏外侧处剪断，分离其下的坐骨神经及在此处发出的分支。见到第一次分支时，将发往外侧的较粗的分支剪去。继续向下剥离将见到第二次分支，再将发往外侧的分支剪去。然后确定出从内直肌和半腱肌之间进入大腿腹面的一支是支配缝匠肌的神经，用湿棉球覆盖保护，不急于将其他神经分支剪断。(图 31-1，图 31-2)

图 31-1 坐骨神经在梨状肌处的分支

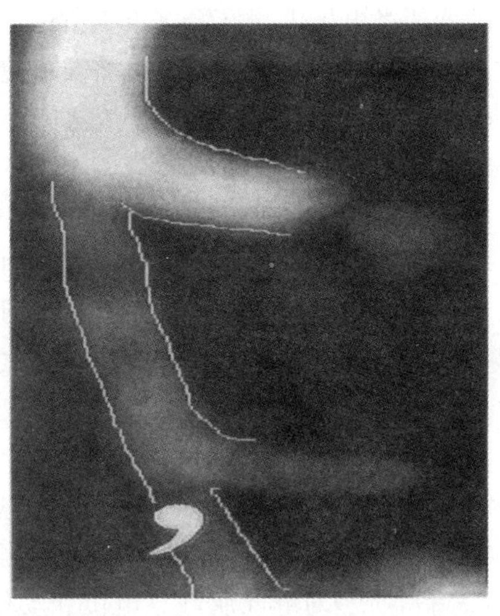

图 31-2 坐骨神经在半膜肌、半腱肌方向的分支(，处)

(3) 在标本腹面找到缝匠肌，记下肌肉长度。手提缝匠肌起点处的耻骨片，用眼科剪沿肌肉外侧缘剪开筋膜，直达缝匠肌在胫骨处的附着点。

(4) 在缝匠肌的耻骨联合附着点处，用眼科剪沿肌肉内侧缘一点一点剪开筋膜，至肌肉全长下约 1/3 左右处，可见一血管神经束进入该肌肉(即支配缝匠肌的神经)，小心勿拉伤神经。在肌肉的胫骨附着点，用尖镊子或探针在其腱下开一个小孔，穿线并结扎，向上方略微掀开肌肉，探寻支配肌肉的神经出发处。

(5) 在背面用玻璃针小心分离出支配缝匠肌的神经，小心地剪去支配其他肌肉的神经分支。将神经从内大收肌和股内直肌的肌缝间穿到腹面来。最后将神经和肌肉标本分离下来，用锌铜电极检查标本的活性后，置于 Ringer 液中保存。(图 31-3)

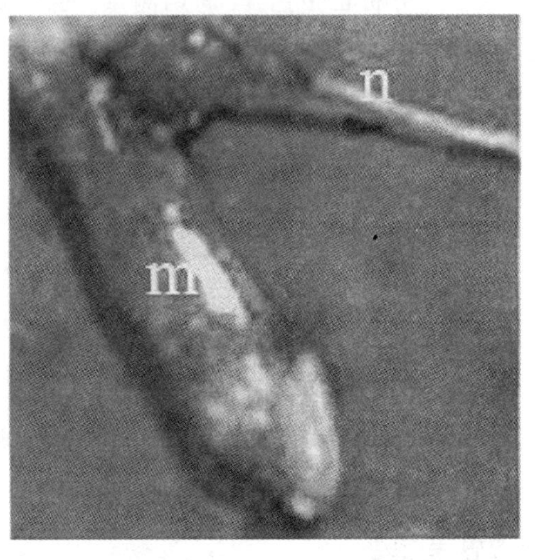

图 31-3 坐骨神经分支(n 处)-缝匠肌(m 处)标本

待标本平衡几分钟后，将其置于标本盒中。标本盒是用有机玻璃制成的。它分为a槽和b槽。a槽的刺激电极用银丝或不锈钢丝制成(见图28-2)。将神经置于a槽的刺激电极上。把缝匠肌的内面朝上放入b槽的硅橡胶垫上。将肌肉拉长为自然长度的1～1.2倍，并将其固定在硅橡胶垫上，以记录肌肉的等长收缩。之后再向b槽中滴加Ringer液，最好使液面能高出肌肉表面约2～3 mm。

三、记录和测量

1. 测定微电极的尖端电位

置生理信号采集处理系统为记录状态，调好扫描基线。在解剖显微镜的监视下，向下轻旋微推动器使微电极尖端慢慢接近Ringer液，当电极尖端刚刚进入液面时，系统扫描基线发生漂移，说明表面有一电位存在，可将灵敏度提高，测量并记录这一电压值。此电位称为尖端电位，存在于微电极尖端和Ringer液之间。

2. 记录静息电位(RMB)

用微推动器缓缓推进微电极，将微电极尖端刚刚接触肌肉表面时的扫描线调为“0”电位线。轻旋微推动器，当电极尖端刺入肌肉内时，扫描线立即向下移动，此时屏幕上显示出膜内电压负于膜外，此电位即静息电位。将图形存盘保存。坚持对一根肌纤维的静息电位记录2～3 min，观察此期间内电位有无变化。之后再将电极插到肌肉的不同部位，观察记录的静息电位是否相同？当拔出微电极时扫描线又回到“0”电位线。

3. 记录动作电位(AP)

将微电极插入细胞内，若记录到的静息电位达到－65～70 mV时，给标本一个阈上刺激，记录细胞动作电位。若波形正常可记录当前画面，保存图形。

4. 麻醉神经对缝匠肌静息电位和动作电位的影响

在完成以上实验后，将一浸有1%普鲁卡因的小棉球置于神经上，几分钟后再记录细胞的静息电位及动作电位，观察它们用药前后发生的变化。

5. 缝匠肌静息电位和动作电位的测量

从软件分析栏中选择“周期测量”对所描记到的缝匠肌细胞动作电位的潜伏期、幅度、时程、上升相、下降相等进行测量。

【实验结果】参考图31-4和图31-5

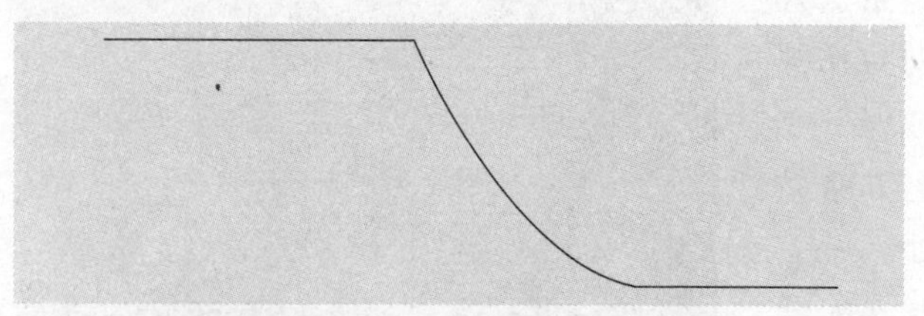

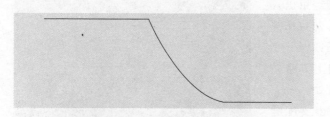

图31-4 蟾蜍缝匠肌的静息电位(微电极逐渐插入细胞)

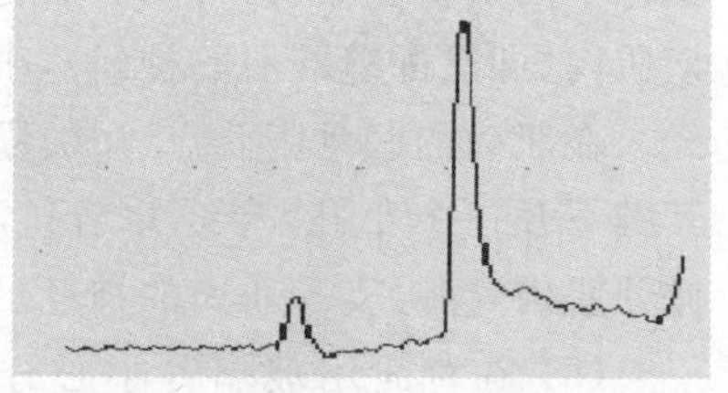

图31-5 蟾蜍缝匠肌细胞动作电位

上—动作电位 下—刺激标记

【思考题】

1. 实验中如何区别刺激伪迹和动作电位？你记录到的动作电位是否符合“全或无”规律？

2. 单刺激引起一个动作电位后，动作电位会逐渐自动恢复到膜外零电位的水平，试分析其原因。

3. 当多次刺激神经时，在一个细胞内记录到的动作电位的振幅会下降，试分析其原因。

4. 试分析普鲁卡因影响动作电位产生的原因。

【参考文献】

[1] 沈岳良. 现代生理学实验教程，高等医学院校教材. 北京：科学出版社，2002

[2] Robert F. Rushmer Cardiovas cular dynamics, Fourth edition. 1976

实验32 几种离子和神经递质对蟾蜍离体心脏搏动的影响

【实验目的】

学习制备离体灌流心脏标本的方法，了解离体心脏标本的特性。

通过改变灌流液成分或加入药物的方式，观察和记录多种离子和药物对心脏活动的影响。

【实验原理】

离体心脏灌流方法是心脏生理学和心脏药理学常用的方法之一。离体心脏灌流标本是将心脏制备成仅保留一条流入心房的静脉，和一条流出心室的动脉所形成的体外循环模型。

用离子成分和浓度与该动物血液成分相似的生理溶液灌流离体心脏，可对心脏的生理特性及药理性反应进行研究和分析。

【器材与试剂】

RM6240B多道生理信号采集处理系统，微机，打印机，张力换能器(见附录Ⅳ.4)，多用支架，蟾蜍，蛙心夹，八木氏插管，小动物常规手术器械，任氏液(Ringer液)，2% $CaCl_2$，1%KCl，10^{-4}肾上腺素(Adr)，10^{-4}乙酰胆碱(Ach)。

【实验步骤】(参考八木氏灌流法)

一、仪器连接和参数选择

1. 仪器连接

蛙心夹栓线→张力换能器→RM6240B多道生理信号采集处理系统→微机。

2. 参数设定

在生理信号采集处理系统呈示波和记录状态设定：

采集频率：400 Hz；扫描速度：2.0 s/div；灵敏度：5 mV/div；时间常数：直流；滤波：100 Hz。

二、标本制备

1. 刺毁脑和脊髓

取蟾蜍一只，冲洗干净。按常规方法刺毁其脑和脊髓，当动物四肢松软，对机械刺激无反射反应时，表明刺毁成功。

2. 剪开胸部皮肤和肌肉

用手术镊提起蟾蜍胸骨后方上腹部的皮肤，剪开一小切口，自此处向左右两侧前肢锁骨外侧方向，将皮肤剪一个倒三角形的切口，并将剪开的皮肤掀向头端。在皮肤切口下方的腹肌处也剪开一小切口，沿皮肤切口方向紧贴腹壁和胸壁剪开肌肉(小心勿伤及心脏和血管)，再剪断左右乌喙骨和锁骨，使肌肉创口也呈倒三角形。

3. 暴露心脏

用细镊子提起心包膜，用眼科剪剪开心包膜，暴露出心脏，夹上蛙心夹。

4. 辨认 9 条主要的血管

辨认左、右主动脉，左、右前腔静脉，左、右肺静脉，左、右肝静脉和后腔静脉，小心地剪去左、右主动脉和左肝静脉周围的系膜。

5. 预留出插管用的主动脉

在左主动脉和左肝静脉下方穿过一条线，并使其将左主动脉和左肝静脉以外的血管全部扎住。此时仅留下了左主动脉和左肝静脉，以备用。

6. 肝静脉插管术

将左肝静脉远心端用线结扎住，在近心端穿线打活结备用，并用眼科剪朝向心方向剪一小的“V”形切口，向切口内插入八木氏灌流法的静脉插管，扎紧结扎线。向静脉插管内注入 Ringer 液，使存留在心脏内的血液冲洗干净，至整个心脏变为白色为止。

图 32-1 离体蛙心灌流装置和标本

7. 主动脉插管术

将左主动脉的远心端穿线结扎住，在其近心端用眼科剪朝向心方向剪一小的“V”形切口，向切口内插入八木氏灌流法的动脉插管，扎紧结扎线（图 32-1）。检查灌流通畅后，将心脏连同插管一起离体，用正常 Ringer 液灌流 5～10 min后开始下面的实验。

8. 注意事项

（1）分离系膜时要认清其与静脉管壁的区别。

（2）结扎左肝静脉和左主动脉以外的全部血管时，千万不要把静脉窦扎进去，否则心搏会受到影响。

（3）每一项实验步骤的前后都应该有正常心搏曲线的对照。

（4）每次改变灌流液成分时都应打上标记。

三、记录和测量

1. 记录图形

（1）用正常 Ringer 液灌流（液面在指定高度），描记心搏曲线，包括心房波和心室波。

（2）向灌流管中加入 1 滴 10^{-4} 肾上腺素（Adr），观察到心搏力加强或频率加快后，用正常 Ringer 液冲洗，至心搏基本恢复正常。

（3）向灌流管中加入 1 滴 10^{-4} 乙酰胆碱（Ach），观察到心搏力减弱或频率变慢后，用正常 Ringer 液冲洗，至心搏基本恢复正常。

注意：乙酰胆碱的用量不可太大，避免心脏停搏，不易恢复。

（4）向灌流管中加入 2% $CaCl_2$ 1～2 滴，观察到心搏发生变化后，立即用 Ringer 液冲洗至正常。

注意：$CaCl_2$ 的用量不可太大，仔细观察心脏将停止于收缩状态的情况。

（5）向灌流管中加入 1% KCl 1 滴，观察到心搏发生变化后，立即用 Ringer 液冲洗至正常。仔细观察心脏将停止于哪种状态。

2. 图形测量

从软件的分析栏中选择“周期测量”和“移动测量”分别测量：

(1) 正常心搏的频率和幅度

(2) Adr 作用下心搏频率和幅度的变化

(3) Ach 作用下心搏频率和幅度的变化

(4) $CaCl_2$ 对心搏频率和幅度的影响

(5) KCl 对心搏频率和幅度的影响

四、选做实验

异搏定 (Verapamail)对离体灌流心脏的影响：在心搏基本正常的情况下，将 0.1 mL 的临床用异搏定(0.5 mg/mL)注射液，加入到静脉插管内，观察到心搏发生变化后，立即用 Ringer 液冲洗至正常。测量药物作用时间内的心搏频率和幅度。

【实验结果】 参考图 32-2～图 32-5

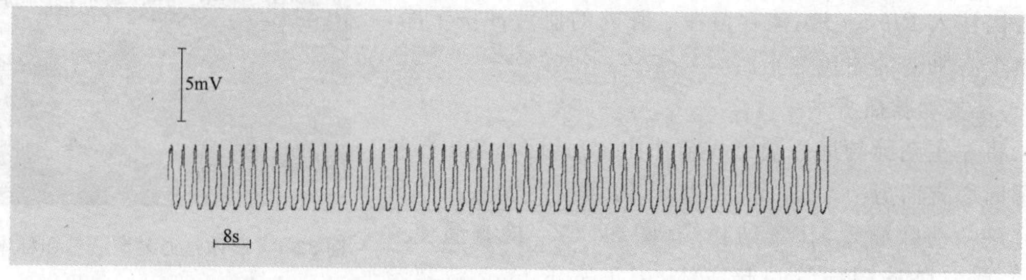

图 32-2 正常 Ringer 液灌流的蟾蜍离体心脏搏动曲线

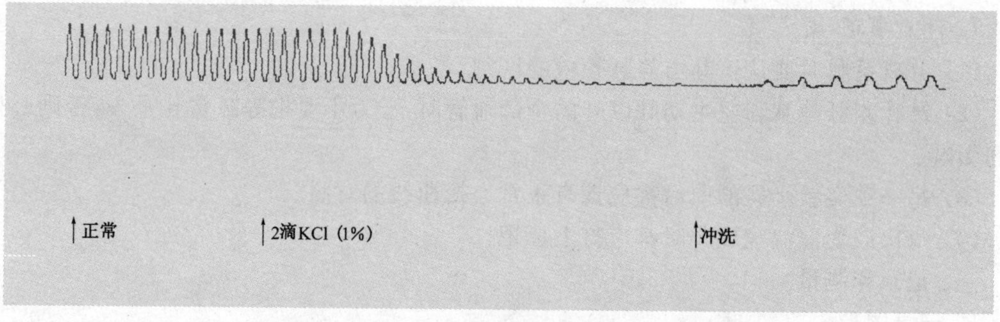

图 32-3 KCl 对蟾蜍离体灌流心脏搏动的影响

↑正常—Ringer 液灌流；↑2 滴 KCl—滴加 1% KCl；↑冲洗—正常 Ringer 液灌流

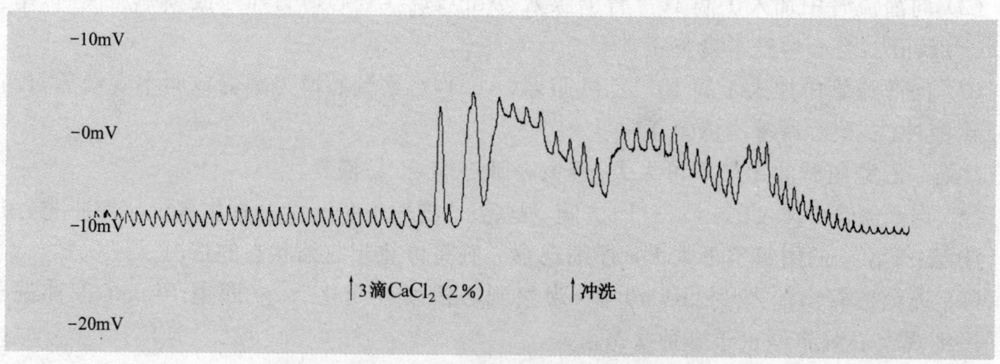

图 32-4 $CaCl_2$ 对蟾蜍离体灌流心脏的影响

↑$CaCl_2$—向正常 Ringer 灌流液中加 3 滴 2% $CaCl_2$；↑冲洗—正常 Ringer 灌流液

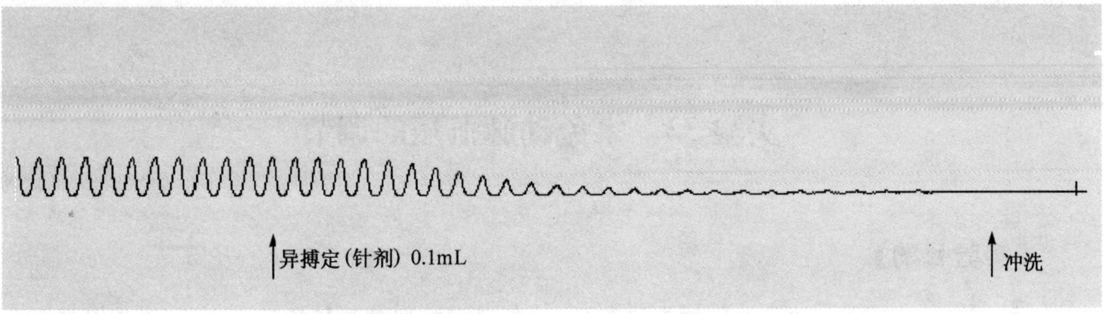

图 32-5 异搏定(0.5 mg/mL)对蟾蜍离体灌流心脏的影响

↑异搏定—向正常 Ringer 灌流液中滴加异搏定

【思考题】

1. 分别讨论细胞外 Ca^{2+} 和 K^{+} 浓度增高影响心脏活动的生理机制。
2. 用离体灌流心脏研究心脏生理和药理活动有哪些优缺点?

【参考文献】

[1] 沈岳良. 现代生理学实验教程,高等医学院校教材. 北京:科学出版社,2002

[2] Robert F. Rushmer Cardiovas cular dynamics, Fourth edition. 1976

实验 33 家兔动脉血压的调节

【实验目的】

本实验通过对家兔动脉血压的直接测量，使学习者掌握动脉插管手术方法，并对几种神经体液因素在血压调节中的作用有较深入的了解。

【实验原理】

流动在血管中的血液对血管壁的侧压力形成血压。心输出量、血管弹性及外周阻力是决定血压水平的主要因素。神经体液因素在正常血压水平的维持，以及血压随机体代谢需要而发生的变化中起着重要调节作用。反射是血压调节过程中的主要形式。颈动脉窦和主动脉弓反射在减压反射中起重要作用。血液中 CO_2 分压升高和 H^+ 浓度升高使颈动脉体和主动脉体化学感受器兴奋，引起呼吸中枢兴奋的同时，也影响心血管中枢的活动。在较多的哺乳动物中，主动脉神经与迷走神经走行于一个神经束中，较难于分离。惟家兔的主动脉神经成独立走行，又被称为减压神经，它为减压反射的研究提供了解剖学的方便。

【器材与试剂】

RM6240B 多道生理信号采集处理系统，微机，打印机，压力换能器，健康家兔，兔手术台，兔常用手术器械一套，体重秤，多用支架，气管插管，动脉插管，20 mL 注射器，1 mL 注射器 2 支，0. 9%生理盐水，20%氨基甲酸乙酯(脲酯)，7%柠檬酸钠，10^{-4} 肾上腺素(Adr)，10^{-4} 乙酰胆碱(Ach)。

【实验步骤】

一、仪器连接和参数选择

1. 仪器连接

(1) 颈总动脉插管 →压力换能器 → RM6240B 多道生理信号采集处理系统→微机。

(2) 膈肌拴线→压力换能器 → RM6240B 多道生理信号采集处理系统→微机。

2. 参数设定

(1) 记录参数：在 RM6240B 多道生理信号采集处理系统示波状态下设定。

采集频率：800 Hz；扫描速度：80 ms/div；灵敏度：4. 8 kPa/div；时间常数：直流；滤波：100 Hz。

(2) 刺激参数：

正电压；连续单刺激；刺激波宽：1 ms；强度：2～6 V；频率：10～20 Hz。

二、标本制备

1. 麻醉动物

(1) 称量体重：捉拿兔的正确方法是一手抓住兔背部的皮肤，另一手托住兔的臀部，将动

物放在体重秤上称量体重（kg）。（见图 33-1）

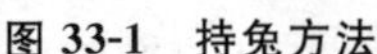

图 33-1 持兔方法

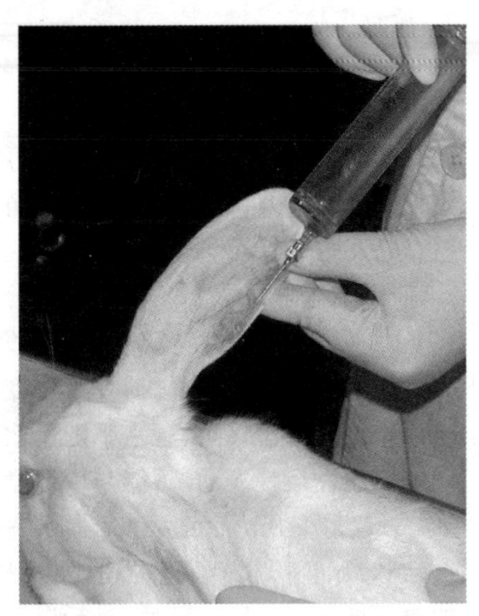

图 33-2 耳缘静脉注射方法

(2) 耳缘静脉注射：剪去一侧耳外缘的毛，看清耳缘静脉，按 5 mL/kg(绝对剂量 1 g/ kg)的参考剂量，向耳缘静脉内缓慢注入 20％氨基甲酸乙酯(脲酯)。注射时要注意观察动物的状态，发现其呼吸节律变深变慢、角膜反射消失、四肢松软时停止注射。将麻醉的动物背位固定于兔手术台上。（见图 33-2）

2. 颈部手术

(1) 气管插管术：用剪毛剪剪去颈部的毛，自喉头至胸骨的正中线上用手术刀切开 5～6 cm的皮肤，用止血钳对切口处的皮下组织进行钝性剥离，轻轻分开气管腹面的胸锁乳突肌和胸骨舌骨肌，暴露出气管。在避开甲状腺的一个软骨环上，用手术刀做横向切口，并在切口的上沿做“⊥”形剪口。迅速用小的干棉球沿向心方向擦去气管内的血液和痰液后，插入气管插管。动物通过插管能畅快呼吸后，用线将其和气管壁扎紧。

(2) 分离神经和颈总动脉：将气管两侧的肌肉和结缔组织向外向上翻开，找到颈部两侧的血管和神经束，即颈总动脉、减压神经(最细)、迷走神经（最粗)和交感神经(中等粗)。在一侧颈总动脉下方穿线备用。用玻璃针分出同侧减压神经和迷走神经，暂用湿的生理棉球覆盖神经，避免干燥。分离对侧颈总动脉下方的结缔组织，使动脉游离约 2 cm，在血管向头端处用线结扎住，在向心端处夹上动脉夹，结线与动脉夹之间约 1～1.5 cm 长，以便做动脉插管手术。

(3) 用抗凝液冲灌压力换能器：压力换能器输入端与动脉插管出口相接，在其侧管用注射器轻轻注入 7％柠檬酸钠，注意赶尽系统内的气泡，充灌完毕用弹簧夹夹住侧管。

(4) 颈总动脉插管(建议在教员指导下完成)：在欲做插管的颈总动脉血管段[见步骤(2)]下方穿线打活结，在血管段上用眼科剪沿向心方向做“V”字形切口，用湿生理液棉球将管段内的血液擦净，插入动脉插管。注意保持插管尖与动脉夹间应有一定的距离，避免管尖与动脉夹摩擦损坏血管。将插管与动脉管壁扎紧。轻轻打开动脉夹，会有少量血液冲入液压系统。若发现有漏血现象,应迅速夹上动脉夹,检查出血位置,处置后重新插管。

3. 注意事项

(1) 本文给出的动物麻醉剂量为一般参考剂量,要视动物的状态适度增减,动物麻醉要适度。

(2) 动脉插管术是最关键的一步,初次操作应在教员指导下完成。

(3) 进行每项内容前都应有操作前的对照。

三、记录和测量

1. 记录图形

(1) 血压对照曲线:在生理信号采集处理系统记录状态下,描记血压曲线。在曲线上可看出一级波,即血压随每次心搏发生着变化,心缩期血压升高,心舒期血压下降些。在一些动物上还可出现二级波,即血压水平随每次呼吸发生的变化。少数动物上会出现三级波,即二级波基线的周期性缓慢波动,可能与中枢紧张性的变化或麻醉状态有关。

(2) 颈动脉窦压力反射:在非插管一侧的颈总动脉下方穿一线,提高穿线(或用动脉夹夹闭颈总动脉)10~15 s,观察和描记血压水平的变化。见到现象后立即停止提拉(或松夹)。待动物的血压恢复到对照水平后,进行以下内容。

(3) 窒息对血压的影响:用弹簧夹或止血钳夹住气管插管出口的橡胶管,造成实验性窒息状态。几秒钟内(切勿窒息时间过长)动脉血压发生明显变化。描记到血压变化后立即松夹。待血压和呼吸恢复到对照水平后,进行以下内容。

(4) 减压神经对血压的调节作用:

- 刺激完整的减压神经。按选定的刺激参数,刺激一侧减压神经(一般为非插管侧),观察和描记血压水平的变化。见到变化后立即停止刺激。待血压恢复到对照水平后,进行以下内容。

- 分别刺激减压神经中枢端和外周端。将上述减压神经双结扎从中间剪断,分别刺激并记录中枢端和外周端的刺激效应。待血压恢复到对照水平后,进行以下内容。

(5) 迷走神经对血压的调节作用:

- 刺激完整的迷走神经。按选定的刺激参数(刺激波宽 1 ms,强度 2~6 V,频率 10~20 Hz),刺激一侧迷走神经,观察和描记血压水平的变化。见到变化后应立即停止刺激。待血压恢复到对照水平后,进行以下内容。

- 分别刺激迷走神经中枢端和外周端。将上述迷走神经双结扎从中间剪断,分别刺激并记录中枢端和外周端的刺激效应。待血压恢复到对照水平后,进行以下内容。

(6) 肾上腺素(Adr)对血压的影响:剪去兔一侧耳外缘的毛,看清耳缘静脉。用 0.5 mL(或 1 mL)的注射器,向耳缘静脉注射 Adr (10^{-4}) 0.2 mL。观察和描记血压水平的变化。待血压恢复到对照水平后,进行以下内容。

(7) 乙酰胆碱(Ach)对血压的影响:用 0.5 mL(或 1 mL)的注射器,向耳缘静脉注射 Ach (10^{-4}) 0.1~0.2 mL。观察和描记血压水平的变化。

2. 测量项目

(1) 在软件分析栏中选择“移动测量”测出对照血压值。

(2) 在软件分析栏中选择“移动测量”分别测量提拉颈总动脉和窒息对血压的影响。

(3) 在软件分析栏中选择“移动测量”分别测量刺激迷走神经和减压神经对血压的影响。

(4) 在软件分析栏中选择“移动测量”分别测量 Ach 和 Adr 对血压的影响。

四、实验结果的编辑和打印

将记录图形添加名称、图标及相关注解后打印。

【实验结果】参考图 33-3～图 33-6

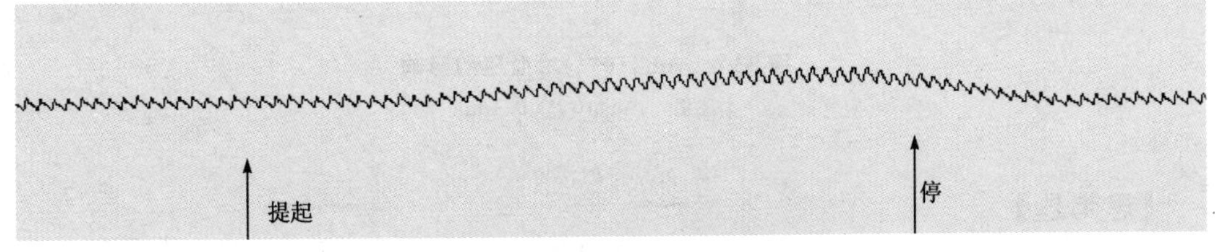

图 33-3 颈动脉窦内血流减少对血压的影响

↑提起—提拉颈总动脉；↑停—停止提拉

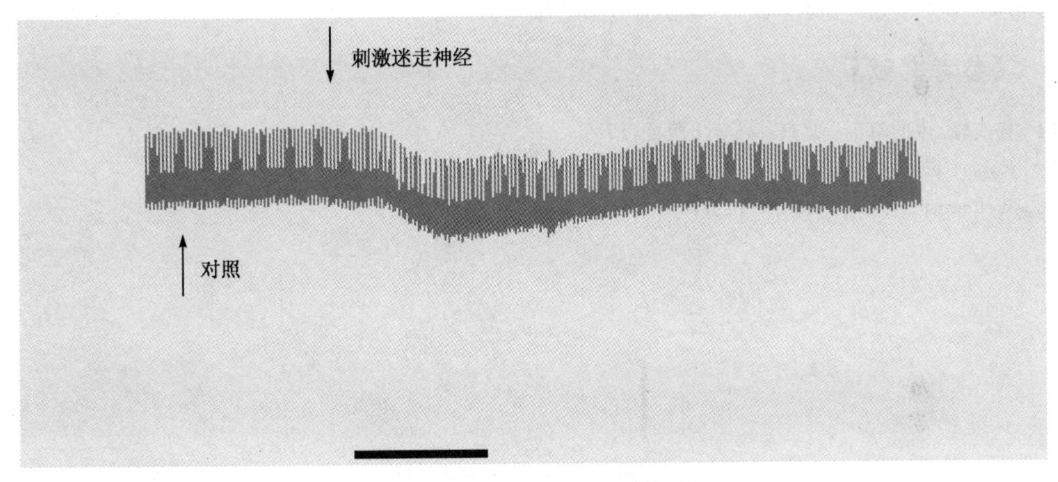

图 33-4 迷走神经对血压的影响

上—血压，下—刺激标记；↑，↓—分别标明对照血压和刺激神经起始

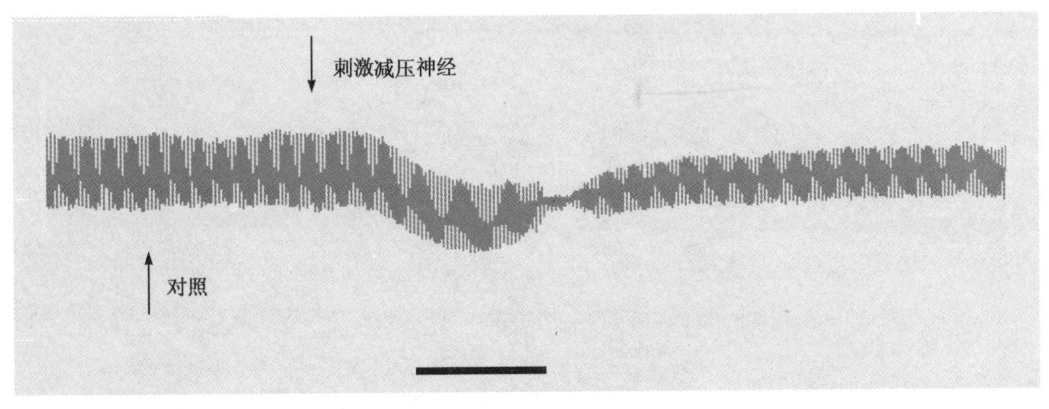

图 33-5 减压神经对血压的影响

上—血压，下—刺激标记；↑，↓—分别标明对照血压和刺激神经起始

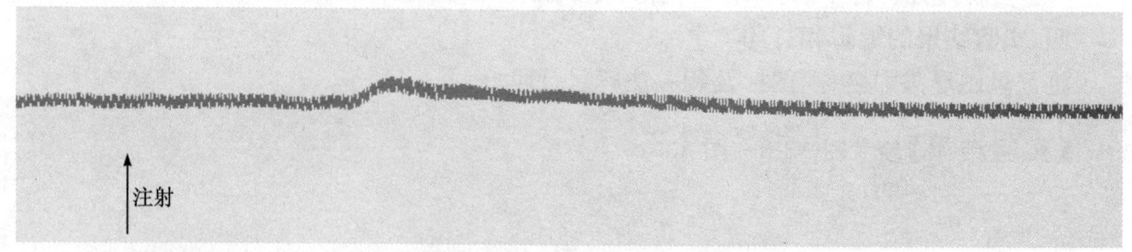

图 33-6 Adr(10^{-4})对血压的影响

↑注射—Adr(10^{-4}) 0.1 mL

【思考题】

1. 血压的神经反射性调节与药物性调节过程中,在引起效应的时间上有何不同。

2. 实验中刺激迷走神经的中枢端时可能出现较复杂的反应：血压或升或降或无变化,请分析原因。

【参考文献】

[1] 杨安峰.兔的解剖. 北京：科学出版社,1979

[2] Robert F. Rushmer Cardiovas cular dynamics, Fourth edition. 1976

[3] Welliam F. Ganong review of medical physiology. 1977

实验 34 家兔减压神经对血压的调节作用及神经冲动的引导

【实验目的】

用记录在体神经冲动发放的方法，直接引导和记录兔减压神经传入冲动的发放规律；了解和分析减压神经在机体血压调节中的作用及机制。

【实验原理】

动物体和人体正常血压的维持及血压随代谢和环境所发生的适应性改变过程，都是在神经体液系统调节下完成的，减压神经和窦神经在对血压的维持和调节中起很重要的作用。减压神经又称主动脉神经或缓冲神经。许多动物如狗、猫、鼠的减压神经与迷走神经汇合或混入迷走交感神经中，惟家兔的减压神经是单独走行的，这一特点为减压神经机能的研究提供了极好的条件。主动脉弓和颈动脉窦内存在着压力感受器，当动脉血压升高时，这些感受器兴奋性增强，其传入神经发放冲动频率增高。在一定范围内减压神经发放冲动的频率随血压升高而增大，当血压降低时减压神经发放冲动的频率减小。

【器材与试剂】

RM6240B 多道生理信号采集处理系统，微机，打印机，YP-100 型压力换能器(见附录Ⅳ.4)，引导电极(保护电极)，屏蔽笼，动脉插管，静脉插管，动脉夹，气管插管，常用手术器械，心电图导联线，家兔(约 2 kg)，20％脲酯，0.9％生理盐水，肝素(300 单位/mL)，7％柠檬酸三钠。

【实验步骤】

一、仪器连接和参数选择

1. 仪器连接

(1) 颈总动脉插管→压力换能器→生理信号采集处理系统输入通道一→微机。

(2) 神经引导电极→生理信号采集处理系统输入通道二→微机。

(3) 心电图导联线→生理信号采集处理系统输入通道三→微机。

2. 参数设定

(1) 记录神经信号：

采集频率：10 kHz；扫描速度：80 ms/div；灵敏度：50 μV/div；时间常数：0.002 s；滤波：3 kHz。

(2) 记录血压：

扫描速度：80 ms/div；灵敏度：1.2 kPa/div (90 mmHg/div)；时间常数：直流；滤波：30 Hz。

二、标本制备

1. 麻醉动物

称量体重后，经耳缘静脉注射 20％脲酯(剂量：1 g/kg 体重)，注射过程中应缓慢推进药物并时刻观察动物的状态，当动物的呼吸频率显著减慢、四肢松软、角膜反射消失时，表明麻醉适度。麻醉后将动物背位固定于兔手术台上。

2. 颈部手术

(1) 气管插管术：用剪毛剪剪去兔颈部的毛，将喉头至胸骨位置上的皮肤正中切开5～6 cm，皮肤切开后，用止血钳在切口下作钝性剥离，辨认胸锁乳突肌和胸骨舌骨肌后，分开肌肉，再暴露出气管。用手术刀在气管的一个软骨环上(应避开甲状腺)做横向切口，用小棉球将向心方向气管内的血液和痰液擦净，迅速插入气管插管。动物通过插管能畅快呼吸以后，将插管与气管壁扎紧。

(2) 暴露颈总动脉和减压神经：完成气管插管手术后，将气管两侧的皮肤连同其下方的血管和肌肉等一起翻向外面，可清楚地见到气管两侧较深处的血管神经束，其中包括颈总动脉、减压神经(最细)、迷走神经(最粗)和交感神经(中等粗)。看到血管神经束后，先在颈总动脉下方穿一线，提起此线将减压神经游离并在其下方穿线待用。剥离另一侧颈总动脉下方的结缔组织，使动脉分离约2 cm长，以准备做动脉插管术。

(3) 用抗凝液充灌压力换能器(同实验33)。

(4) 颈总动脉插管术：将准备做插管术的颈总动脉的近头端用线结扎住，在向心端用动脉夹夹住血管。在血管结扎处与动脉夹夹住点之间的血管上(尽量靠头端)，沿向心方向做"V"字形切口，擦净切口处的血液后，插入动脉插管并将插管与血管壁扎住。轻轻开启动脉夹，血液将缓缓冲入已经用7%柠檬酸三钠冲灌好的压力换能器中，检查插管手术确已成功后，将动物连同手术台一起移入屏蔽室内。

3. 连接心电图导联线

将心电图引导电极输入端的3个电极夹按正极接右上肢、负极接左下肢、地线接左上肢的次序进行连接，心电图导联线的输出端与RM6240B多道生理信号采集处理系统的一个通道相连。

4. 安置引导电极

将引导减压神经冲动的引导电极置于未做动脉插管一侧的减压神经下面，其参考电极夹在引导电极附近的皮肤切口上，必要时还应接一地线，以排除干扰。

5. 注意事项

引导在体神经冲动发放的实验中，最大的困扰是环境中的交流电及动物体的肌电等信号的干扰，排除干扰的措施有以下几种：

(1) 交流电干扰：将动物放入屏蔽室内，屏蔽室的引线均应为屏蔽线，使用的仪器和动物要接地且接地要单一，以清除大地环路的存在。保持引导电极与神经的良好接触，避免接触不良。

(2) 心电干扰：心电干扰容易发生，波形较固定，有一定周期性。可用下列办法排除：引导电极要尽远离心脏，且要与周围组织绝缘。

(3) 减压神经的保护：当干燥或损伤引起神经机能减弱时，干扰信号尤其是交流电干扰会更显剧烈，所以要想办法既要使神经悬空些，又要保持其湿润。神经周围有渗血时，不利于引导电极与神经的良好接触，应及时用棉球轻轻擦拭神经，若引导电极发生短路，此时所有信号包括干扰信号都会消失。神经与电极之间不要发生相对摩擦，那样会使神经受机械刺激产生干扰性的冲动发放。

三、记录和测量

1. 记录血压、心电图和减压神经冲动图形

(1) 用中等强度(波宽 0.5 ms，强度 1～2 V,频率 5～10 Hz)刺激减压神经,观察并记录血压是否下降,以此检验所找到的减压神经是否正确。

(2) 记录正常血压情况下的心电图和减压神经冲动背景发放图形，并注意观察减压神经冲动发放的特征和规律。然后加快扫描速度,观察并记录一个冲动群的图形。

(3) 夹闭(或提高)一侧颈总动脉(非插管侧),记录血压、心电图和减压神经冲动发放频率的变化。

(4) 耳缘静脉一次性注射 0.2 mL Ach (10^{-4})，观察并记录血压和减压神经冲动发放频率的变化。

(5) 耳缘静脉一次性注射 0.2 mL Adr(10^{-4}),观察并记录血压和减压神经冲动发放频率的变化。

2. 图形的测量

在参数监视区点击“生物放电统计”,作以下测量：

(1) 正常血压下减压神经冲动发放频率(次/s)及一个冲动群的持续时间、组成冲动群的最大和最小振幅。

(2) Ach 作用下血压下降值和减压神经冲动发放频率。

(3) Adr 作用下血压上升值和减压神经冲动发放频率。

四、选做内容

痛刺激对血压和减压神经放电的影响：以波宽 0.5 ms ,强度 5～7 V ,频率 10～15 Hz 的方波刺激一侧坐骨神经，同时记录心电图、血压和减压神经冲动发放的图形。

五、实验结果的编辑和打印

将上述实验记录图形添加名称、注释、标尺等后打印。

【实验结果】参考图 34-1

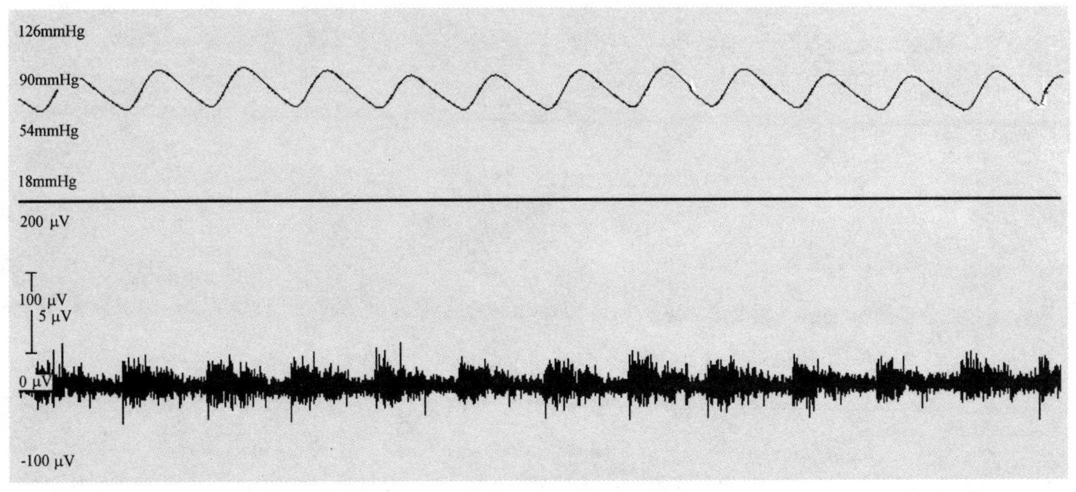

图 34-1 家兔正常血压与减压神经冲动发放

上线—血压描记图;下线—减压神经冲动

【思考题】

1. 分析减压神经冲动发放的特征及生理意义。
2. 减压神经传入冲动的发放与心电图的时间差是如何产生的？为什么？

【参考文献】

[1] 沈岳良. 现代生理学实验教程，高等医学院校教材. 北京：科学出版社，2002
[2] Robert F. Rushmer Cardiovas cular dynamics, Fourth edition. 1976

F 微生物学部分

实验 35 酵母菌单倍体原生质体融合

酿酒酵母 Y-1 a trp^-、ade^-，Y-4 a ura^- 两菌株活化后培养至对数期，分别用蜗牛酶除去细胞壁，再用聚乙二醇促使细胞膜融合和细胞质融合，经细胞核重组、细胞壁再生等一系列过程，形成具有生活能力的新菌株。

【实验目的】

学习并掌握以酵母菌为材料的原生质体融合的操作方法。

【实验原理】

微生物原生质体融合时，首先必须消除其细胞壁，细胞壁是微生物细胞之间进行遗传物质交换的主要障碍。在酵母菌进行细胞融合时，通常采用蜗牛酶除去细胞壁，再用聚乙二醇促使细胞膜融合。细胞膜融合之后还必须经过细胞质融合、细胞核重组、细胞壁再生等一系列过程，才能形成具有生活能力的新菌株。融合后的细胞有两种可能：一种是形成异核体，即染色体 DNA 不发生重组，两种细胞的染色体共存于一个细胞内，形成异核体，这是不稳定的融合；另一种是形成重组融合子。通过连续传代、分离、纯化，可以区别这两类融合。应该指出，即使真正的重组融合子，在传代中也有可能发生分离，产生回复或新的遗传重组体。因此，必须经过多次分离、纯化才能够获得稳定的融合子。

【器材与试剂】

一、器材

培养皿，试管，锥形瓶，小离心管，大小枪头，玻璃涂棒，显微镜，离心机等。

菌种（酿酒酵母 Y-1 a trp^-、ade^-，Y-4 a ura^-）。

二、试剂

1. 培养基

(1) 完全培养基(液体 CM)：葡萄糖 2 g，蛋白胨 2 g，酵母膏 1 g，蒸馏水 100 mL，pH 7.2。

(2) 完全培养基(固体 CM)：液体培养基中加入 2.0%琼脂。

(3)基本培养基(MM)：葡萄糖柠檬酸钠培养基。葡萄糖 0.5 g，$(NH_4)_2SO_4$ 0.2 g，柠檬酸钠 0.1 g，$MgSO_4 \cdot 7H_2O$ 0.02 g，K_2HPO_4 0.4 g，KH_2PO_4 0.6 g，琼脂 2 g，蒸馏水

100 mL，pH 6.0。

(4)再生完全培养基：固体完全培养基中加入 0.5 mol/L 蔗糖(或者 0.8 mol/L 甘露醇)。

2. 其他试剂

(1) 缓冲液：

- 1 mol/L pH 6.0 磷酸缓冲液。
- 高渗缓冲液：于上述缓冲液中加入 0.8 mol/L 甘露醇。

(2) 原生质体稳定液(SMM)：0.5 mol/L 蔗糖，0.02 mol/L $MgCl_2$，0.02 mol/L 顺丁烯二酸，调 pH 6.5。

(3) 促融剂：40%聚乙二醇(PEG)的 SMM 溶液。

【实验步骤】

一、原生质体的制备

(1) 活化菌体：将单倍体酿酒酵母菌 Y-1 和 Y-4 活化后分别转接新鲜斜面。自新鲜斜面分别挑取一环接入装有 25 mL 完全培养基的锥形瓶中，30℃培养 16 h 至对数期。

(2) 离心洗涤、收集细胞：分别取 2～3 mL 上述培养至对数生长期的酵母细胞培养液，以 3000 r/min 离心 10 min，弃上清液，调整菌体沉淀大致相等后，分别向沉淀的菌体中加入 1 mL 缓冲液，用无菌接种环搅散菌体，振荡均匀后离心洗涤一次，再用 1 mL 高渗缓冲液离心洗涤一次。将两株菌体分别悬浮于 1 mL 高渗缓冲液中，振荡均匀。

(3) 总菌数测定：分别取样 0.1 mL，用生理盐水梯度稀释至 10^{-6}；分别各取 0.1 mL 10^{-4}、10^{-5}、10^{-6}稀释液，于相应编号的完全培养基平板上(每个稀释度做两个平板)，用玻璃涂棒涂布均匀，30℃培养 48 h 后进行两亲株的总菌数测定。

(4) 酶解脱壁离心：各取 1 mL 菌液于无菌小离心管中，以 3000 r/min 离心 10 min，弃上清液，加入 1 mL 含 2%蜗牛酶的高渗缓冲液(此高渗缓冲液中含有 0.1% EDTA 和 0.3% SH-OH)，于 30℃振荡保温 30 min 左右，定时取样镜检观察至细胞大部分变成球状原生质体为止，此时原生质体形成。

二、原生质体再生及剩余菌数的测定

(1) 再生菌数测定：分别吸取 0.1 mL 原生质体(经酶处理)，加入装有 0.9 mL 高渗缓冲液的小离心管中。经高渗缓冲液梯度稀释至 10^{-5}；分别吸取 0.1 mL 10^{-3}、10^{-4}、10^{-5}稀释液于相应编号的再生培养基平板上，用玻璃涂棒涂布均匀，30℃培养 48 h 后进行再生菌数测定(用再生培养基)。

(2) 未脱壁菌数测定：分别取 0.1 mL 原生质体至装有 0.9 mL 无菌水的小离心管中，梯度稀释至 10^{-4}；各取 0.1 mL 10^{-2}、10^{-3}、10^{-4}的稀释液于相应编号的完全培养基平板上，用玻璃涂棒涂布均匀，30℃培养 48 h 后，进行未脱壁菌数测定。

三、原生质体融合

(1) 除酶：取两亲本原生质体各 0.75 mL，混合于无菌小离心管中，以 2500 r/min 离心 10 min，弃上清液，用高渗缓冲液离心洗涤两次，除酶。

(2) 促融：向上述沉淀菌体中加入 0.1 mL SMM 溶液，混合后再加入 0.9 mL 40%PEG，轻轻摇匀，32℃水浴保温 2 min，立即用 SMM 溶液适当稀释(一般为 10^0、10^{-1}、10^{-2})。

(3) 融合菌数测定：取融合后的稀释液各 0.1 mL 于相应编号的再生培养基平板上，用玻

璃涂棒涂布均匀，每个稀释度做两次重复，30℃培养 48 h，检出融合子。

(4) 融合子的检验：用牙签挑取原生质体融合后长出的大菌落点种在基本培养基平板上，生长者为原养型即重组子。传代稳定后转接于固体完全培养基斜面上，而亲本类型在基本培养基上是不生长的。

【实验结果】

按公式计算酵母菌原生质体再生率及融合率：

$$\text{原生质体再生率}=\frac{\text{再生平板上的总菌数}-\text{酶解后的剩余菌数}}{\text{原生质体数（酶解前的总菌数}-\text{剩余菌数）}}\times 100\%$$

$$\text{融合率}=\frac{\text{融合子数}}{\text{双亲本再生的原生质体平均数}}\times 100\%$$

【思考题】

1. 哪些因素影响原生质体再生？
2. 酵母菌脱壁时为何不加青霉素，而用蜗牛酶？
3. 在融合子筛选中如何区分是形成异核体还是形成重组融合子？

【参考文献】

[1] 钱存柔，黄仪秀，林稚兰，罗大珍，李玲君，梁崇志．微生物学实验教程．北京：北京大学出版社，2003
[2] 周德庆．微生物学实验手册．上海：上海科学技术出版社，1986
[3] 钱存柔等．微生物学实验．北京：北京大学出版社，1985
[4] 范秀容，李广武，沈萍．微生物学实验(第二版)．北京：高等教育出版社，1989

实验 36 多粘菌素 E 发酵及管碟法测定生物效价

多粘芽孢杆菌的砂土管保存孢子，经活化、种子培养、发酵培养生产一种碱性多肽类抗生素多粘菌素 E，并对发酵过程一些重要的生理生化指标进行分析测定。酸化提取发酵液中的多粘菌素 E，利用管碟法测定提取液中多粘菌素 E 的抗生素生物效价。

【实验目的】

了解抗生素发酵的基本过程；了解管碟法测定抗生素生物效价的基本原理；学会管碟法测定抗生素效价方法，并学习抗生素发酵过程一些重要生理生化指标分析。

【实验原理】

多粘菌素 E 是由多粘芽孢杆菌产生的一种碱性多肽类抗生素，由 10 个氨基酸和 1 个脂肪酸衍生物构成，结构如图 36-1。

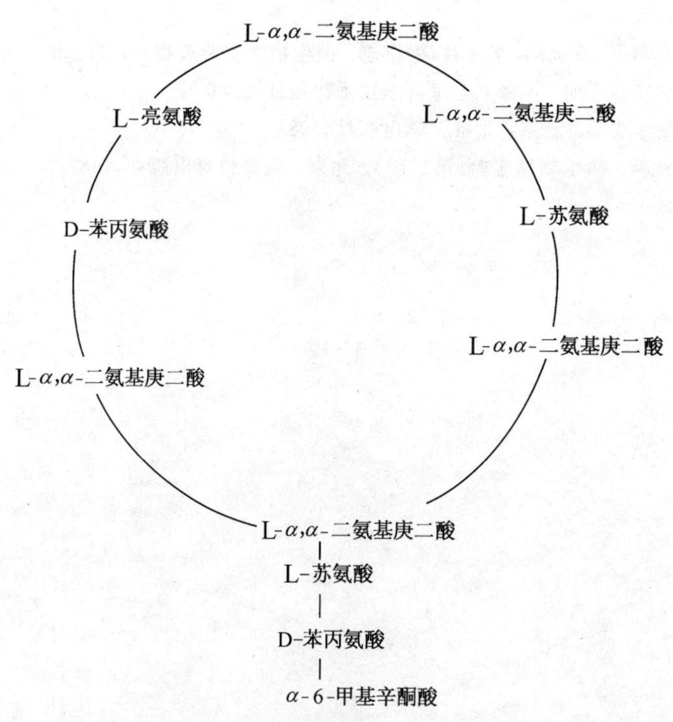

图 36-1 多粘菌素 E 结构式

多粘菌素 E 主要对绿脓杆菌、百日咳杆菌、大肠杆菌等革兰氏阴性细菌有显著的杀菌作用(是作用于细胞膜的抗生素)。是治疗烫伤、肠道疾病、呼吸道疾病、尿路感染、眼部感染及外科手术感染时较好的药物。

抗生素液体发酵共分三大工序：菌种、发酵、提炼。配合三个工序进行分析化验和有关产物测定。

一、菌种

砂土孢子 ⟶ 第一代孢子(试管斜面) ⟶ 第二代孢子(茄瓶或克氏瓶)
(4℃±1℃冰箱保存) (28℃麸皮培养基，培养 5 天) (28℃麸皮培养基，培养 5 天)

种子质量指标：无杂菌，全部形成芽孢，摇瓶培养(30℃，48 h)后发酵效价达 35000 u/mL 以上方可用于生产。

二、发酵

种子罐发酵(一级，种子培养基)⟶发酵罐发酵(二级，发酵培养基)⟶放罐
(30℃±2℃，培养 12～16 h) (28～30℃，培养 48 h)

抗生素发酵过程除需经常镜检排除杂菌污染外，接种 12 h 后，每 2 h 进行一次 pH、生物量、总糖、还原糖、氨基氮的测定。多粘菌素 E 发酵一级种子同时需检测 2,3-丁二醇，发酵需检测糊精和抗生素效价。

一级种子质量指标：全部杆菌，粗壮整齐，无杂菌，无噬菌体；pH 5.5～6.0；刚刚出现 2,3-丁二醇。

二级发酵质量指标：菌体粗壮整齐，无噬菌体和杂菌感染；pH 6.0；糊精刚刚消失；多粘菌素 E 效价 10 000～35 000 u/mL。

三、提炼

$$\text{发酵液}\xrightarrow[\text{板框压滤}]{\text{草酸酸化}}\text{滤液}\xrightarrow[\text{板框压滤}]{\text{加 NaOH 中和}}\text{中和滤液}\xrightarrow[\text{吸附}]{\text{上离子交换柱}}\text{饱和树脂}\xrightarrow[\text{解吸}]{1\ \text{mol/L}\ H_2SO_4}$$

$$\text{解吸液}\xrightarrow[\text{中和、氧化、过滤}]{\text{加 NaOH 及 }KMnO_4}\text{中和氧化滤液}\xrightarrow[\text{离心甩干，洗去氨}]{\text{加氨水沉淀}}\text{多粘菌素游离碱(白色沉淀)}$$

$$\xrightarrow[\text{调 pH 6.0～6.5，溶解}]{\text{加 6 mol/L }H_2SO_4}\text{多粘菌素 E 硫酸盐}\xrightarrow{\text{喷雾干燥}}\text{白色粉末(成品)}$$

衡量抗生素发酵液中抗菌物质的含量表示为抗生素的效价。抗生素效价测定可采用化学法或生物效价测定法。生物效价测定有稀释法、比浊法、扩散法三大类。管碟法是扩散法的一种。本实验采用管碟法测定抗生素的效价。

管碟法是利用有一定体积的不锈钢制的小管(牛津杯)，将抗生素溶液装满小杯，并在含有敏感试验菌的琼脂培养基上进行扩散渗透，经过一定时间后，抗生素扩散到适当的范围，产生透明的抑菌圈。抑菌圈的半径与抗生素在管中的总量(单位)、抗生素的扩散系数(cm^2/h)、扩散时间(即抗生素溶液注入钢管至出现抑菌圈所需的时间)、培养基的厚度(mm)和最低抑菌浓度(u/mL)等因素有关。抗生素总量的对数和抑菌圈直径的平方呈直线关系。因此，抗生素效价可以由抑菌圈的大小来衡量。将已知效价的多粘菌素 E 硫酸盐标准液先制成标准曲线，比较已知效价标准液与未知效价的被检品溶液的抑菌圈的大小，就可算出样品中抗生素的效价。

【器材与试剂】

一、器材

恒温箱，摇床，水浴锅，台式离心机，台秤等。

洗涤、包扎、灭菌物品(每组 4 人)：镊子 4 把，培养皿 10 套，陶瓷盖 10 个，洗涤挑选规格相同的牛津杯(8 个/每皿)4 套，小离心管，大小枪头各一盒。

洗涤备用玻璃器(每组 4 人)：大试管 4 支，试管 8 支，玻璃小漏斗 4 个，250 mL 锥形瓶 4 个，载玻片 8 张等。

菌种：多粘芽孢杆菌 19，大肠杆菌 A1.543(检测多粘菌素 E 的敏感指示菌)。

二、试剂

1. 培养基

(1) 麸皮培养基(保存和活化菌种用)：麸皮 3.5 g，琼脂 2.0 g，自来水 100 mL，自然 pH（麸皮煮沸 30 min 后用纱布过滤）。配制 100 mL，分装 30 支试管，每管约 3 mL 培养基，0.1 MPa 灭菌 20 min，冷凉后摆成斜面，供全班同学(40 人)使用。

(2) 种子培养基：玉米淀粉 0.38 g，花生饼粉 0.5 g，麦芽糖 0.63 g，玉米浆 0.25 g，$(NH_4)_2SO_4$ 0.2 g，NaCl 0.05 g，$CaCO_3$ 0.13 g，$MgSO_4 \cdot 7H_2O$ 0.0025 g，KH_2PO_4 0.0075 g，萘乙酸 0.0002 g，自来水 20 mL，豆油 2～3 滴(消泡剂)。配制：20 mL/瓶(250 mL 锥形瓶)，0.1 MPa 灭菌 20 min，供 2 人使用。

(3) 发酵培养基：玉米淀粉 2.5 g，玉米粉 1.8 g，$(NH_4)_2SO_4$ 0.9 g，$CaCO_3$ 0.5 g，自来水40 mL，豆油 2～3 滴(消泡剂)。配制：40 mL/瓶（500 mL 锥形瓶)，0.1 MPa 灭菌 20 min，供 2 人使用。

(4) 效价检测用的底层培养基：琼脂 2 g，蒸馏水 100 mL。配制：100 mL（250 mL 锥形瓶)，0.1 MPa 灭菌 20 min，供 4 人使用。

(5) 效价检测用的上层培养基：蛋白胨 0.5 g，葡萄糖 0.13 g，牛肉膏 0.15 g，NaCl 1 g，K_2HPO_4 0.13 g，蒸馏水50 mL，琼脂 1 g，pH 7.0～7.2。配制：50 mL（250 mL 锥形瓶)，0.1 MPa 灭菌 20 min，供 2 人使用。

(6) 大肠杆菌 A1.543 保存和活化培养基：蛋白胨 0.6 g，酵母膏 0.3 g，牛肉膏 0.15 g，琼脂 2.0 g，蒸馏水 100 mL，pH 7.2～7.4。配制：100 mL 培养基，分装 30 支试管，每管约 3 mL 培养基，0.1 MPa 灭菌 20 min，灭菌后摆成斜面，供全班同学(40 人)使用。

(7) 无菌生理盐水：每组 50～100 mL。

2. 其他试剂

(1) 2,3-丁二醇测定试剂(V.P. 试剂)：40%KOH，5% α-萘酚酒精溶液，5%碳酸胍。

(2) 糊精测定试剂(1%碘液)：碘 1 g，碘化钾 2 g，蒸馏水 300 mL。

(3) 多粘菌素 E 测定试剂：

- 0.2 mol/L pH 6.0 磷酸缓冲液：配制 100 mL（250 mL 锥形瓶)，0.1 MPa 灭菌 20 min，供 4 人使用。
- 多粘菌素 E 标准液：先用 0.2 mol/L pH 6.0 磷酸缓冲液配制成 1 mL 含 10 000 u 多粘菌素 E 的母液，贮于冰箱中。临用前再稀释至每毫升含 1000 单位。

【实验步骤】

一、发酵

1. 种子培养

将多粘芽孢杆菌由斜面接入盛有种子培养基的锥形瓶内，于转速为 220～240 r/min 旋转式摇床上振荡培养12～16 h,进行镜检、pH和2,3-丁二醇测定。以2,3-丁二醇刚出现时间为转移种子的最适时间。本实验只选用培养16 h的种子接入发酵瓶。同时进行镜检、pH和2,3-丁二醇测定。

2. 发酵

本实验发酵在锥形瓶内进行。

分别吸取培养好的种子液4 mL,接入盛有发酵培养基的发酵瓶内(500 mL锥形瓶,发酵培养基40 mL/瓶),30℃振荡培养36～48 h,一般培养至40 h取出1瓶发酵液,镜检并测定pH和糊精,其余发酵瓶继续振荡培养,以后每隔1 h检测一次,直至无糊精时发酵结束。本实验采用培养48 h的发酵液进行镜检、pH、糊精和多粘菌素E效价测定。

二、提取(发酵液中多粘菌素E粗品提取)

抗生素可分泌于胞内或胞外,分泌于细胞内的抗生素通常采用加热酸化处理,使细胞壁破裂,抗生素释放。本实验采用此法。

取发酵液10 mL,加入0.3 g草酸,放在沸水浴中煮沸0.5 h,使菌体内的多粘菌素E迅速释放,然后用冷水立即冷却,经滤纸过滤,此滤液即含多粘菌素E的提取液。

三、测定

1. 镜检

在油镜下观察简单染色涂片后的各生长期多粘芽孢杆菌个体形态,辨别有无杂菌和噬菌体污染,菌体被噬菌体感染后,往往染色不匀,菌体变形(检查斜面、种子液和发酵液)。

2. pH

用精密pH试纸测定种子液转移和发酵终止时发酵液的pH。

3. 2,3-丁二醇测定

种子瓶从12 h开始就检测2,3-丁二醇,以后每2 h测定一次。取发酵液0.2 mL,用蒸馏水稀释5倍,以3000 r/min离心10 min,取上清液约0.5 mL,加40% KOH溶液约1mL,再加5% α-萘酚3滴,加5%碳酸胍3滴,摇动几分钟,或水浴加热5 min,出现粉红色即可移种。

4. 糊精测定

发酵36～40 h后,就开始测定糊精。取发酵液1 mL,用蒸馏水稀释至25 mL,加3滴碘液,蓝紫色消失就可终止发酵。

5. 多粘菌素E效价测定

本实验用不同浓度的多粘菌素E溶液作标准曲线,以抑菌圈直径的平方值为横坐标,多粘菌素E标准品效价的对数值为纵坐标,绘制标准曲线作为定量依据。具体做法如下:

(1) 倒底层平板:将灭菌的2%琼脂水底层培养基加热融化后,冷凉至55～50℃左右,倾倒入培养皿制成底层平板,每人2～3个,凝固后于皿底贴上标签。

(2) 制备混菌上层平板:将检测用上层培养基加热融化后,冷凉至55℃左右,50 mL上层培养基加入大肠杆菌A1.543菌悬液0.5 mL,轻轻摇匀。在每一培养皿底层平板上加入10 mL混菌上层培养基(动作迅速,以免培养基中琼脂凝固;倾倒上层培养基时不要有气泡,若有气泡应赶到平板边缘),凝固后成上层平板备用。制备双碟时必须在水平的桌面上,并选择平底的培养皿。贴好标签的培养皿放于白瓷盘上。

(3) 滴加多粘菌素E标准品和样品:先将10 000 u/mL的标准多粘菌素E,用0.2 mol/L pH 6.0磷酸缓冲液稀释成800,1000,1200 u/mL。根据酸化后滤液颜色粗略估计发酵样品效价,用 0.2 mol/L pH 6.0 的磷酸缓冲液稀释至约 1000 u/mL。

每人取制备好的 2～3 个双碟平皿,打开皿盖,用无菌镊子夹取已灭菌的钢管(牛津杯),每个双碟平皿中放置钢管 6 个(如图 36-2 所示)。其中相间隔的 3 个钢管滴加多粘菌素 E 标准液,另外 3 个钢管滴加发酵液样品：A 管中用无菌滴管滴加多粘菌素 E 800 u/mL 的标准液,B 管滴加多粘菌素 E 1000 u/mL 的标准液,C 管滴加多粘菌素 E 1200 u/mL 的标准液,D 管滴加发酵样品稀释液。滴加时必须仔细小心,勿在小钢管中形成气泡,勿使溶液流出管外,所加的量各管要一致,恰好滴满。滴加完毕后,加上灭菌陶瓷盖。将放双碟平皿的白瓷盘小心平端于 37℃恒温箱内,培养 6～8 h 后取出。

(4) 抑菌圈直径的测量及校正：将双碟平皿中的钢管倒入白瓷缸中,加洗涤灵和水,然后煮沸 0.5 h,清水冲洗晾干。用玻璃皿盖换下白陶瓷盖,然后用卡尺测量双碟中每管抑菌圈的直径。

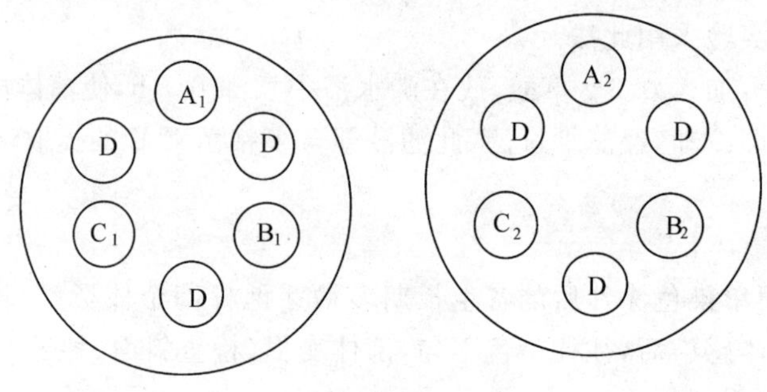

图 36-2 效价测定示意图

A—800 u/mL 标准液；B—1000 u/mL 标准液；C—1200 u/mL 标准液；D—发酵样品稀释液

按 2～3 个双碟平皿中 1000 u/mL 抑菌圈直径的平均值校正抑菌圈直径。例如：标准状态下 1000 u/mL 多粘菌素 E 抑菌圈直径为 18.00 mm,若我们所测 B 管(1000 u/mL)抑菌圈直径总平均值为 17.8 mm,校正值为 18.00 mm－17.80 mm＝＋0.20 mm,则双碟平皿中所有钢管浓度的抑菌圈直径也应加上 0.20 mm,即得校正后的数值。若所测 B 管(1000 u/mL)抑菌圈直径总平均值为 18.20 mm,校正值为 18.00 mm － 18.20 mm ＝－0.20 mm,则此组某浓度的抑菌圈直径也应加上－0.20 mm,即得校正后的数值。

(5) 标准曲线的绘制：以各浓度的抑菌圈直径的校正值平方为横坐标,以标准品浓度(u/mL) 的对数值为纵坐标,绘制标准曲线。

(6)发酵样品效价计算：以样品稀释液抑菌圈直径的校正值查标准曲线(表 36-1),得出相应的效价单位,再乘以稀释倍数,即得发酵液的效价单位。

表 36-1 多粘菌素 E 标准曲线表

直径/mm	效价/($u \cdot mL^{-1}$)	直径/mm	效价/($u \cdot mL^{-1}$)	直径/mm	效价/($u \cdot mL^{-1}$)
17.00	630	17.75	890	18.45	1230
17.05	645	17.80	910	18.5	1260
17.10	660	17.85	935	18.55	1290
17.15	675	17.90	960	18.6	1320

续表

直径/mm	效价/(u·mL^{-1})	直径/mm	效价/(u·mL^{-1})	直径/mm	效价/(u·mL^{-1})
17.20	690	17.95	980	18.65	1350
17.25	705	18.00	1000	18.7	1380
17.30	720	18.05	1025	18.75	1415
17.40	760	18.10	1050	18.8	1450
17.45	775	18.15	1075	18.85	1480
17.50	790	18.20	1100	18.9	1510
17.55	810	18.25	1125	18.95	1550
17.60	830	18.30	1150	19	1590
17.65	850	18.35	1175	标准点	
17.70	870	18.40	1200	18.00mm = 1000 u/mL	

【实验结果】

(1) 将所测量各浓度多粘菌素 E 标准品和发酵液样品抑菌圈直径记录于表 36-2。求出各浓度多粘菌素 E 抑菌圈直径总平均值和校正值。

表 36-2 标准品和发酵液样品抑菌圈记录

管	直径/mm	效价/(u·mL^{-1})	平均值/mm	校正值/mm
A_1 A_2 A_3				
B_1 B_2 B_3				
C_1 C_2 C_3				
D_1 D_2 D_3 D_4 D_5 D_6 D_8 D_9				

(2) 绘制多粘菌素 E 标准曲线，计算出发酵液的效价。

(3) 记录或绘图表示发酵过程中不同阶段的镜检、pH、2,3-丁二醇、糊精及生物效价。

(4) 结合思考题讨论多粘菌素 E 测定的影响因素和发酵结果。

【思考题】

1. 制备双碟平皿时为什么必须在水平桌面上,并选择平底的培养皿?
2. 敏感指示菌的生长时间和菌液浓度对抑菌圈直径有何影响?
3. 为什么各钢管滴加量要一致?为什么培养时加陶瓷盖而不加玻璃皿盖?
4. 麸皮斜面菌种的指标是什么?种子和发酵控制的指标是什么?为什么要控制?

【参考文献】

[1] 钱存柔,黄仪秀,林稚兰,罗大珍,李玲君,梁崇志. 微生物学实验教程.北京:北京大学出版社,2003
[2] 北京大学生物系遗传学教研室.遗传学实验方法和技术. 北京:高等教育出版社,1983
[3] 杜连祥. 工业微生物学实验技术. 天津:天津科学技术出版社,1992
[4] 莽克强. 病毒. 北京:科学出版社,1982
[5] 郑士民,钱新民. 自养微生物. 北京:科学出版社,1983

实验 37 大肠杆菌 λ 噬菌体的局限性转导

溶源菌 *E. coli* K12(λ) gal^+ 经噬菌体感染后菌体发生裂解时产生少量缺陷型半乳糖基因噬菌体 λ dgal。用此噬菌体去感染 *E. coli* K12 gal^- 受体菌进行的遗传转导，能获得极少量能发酵半乳糖的 *E. coli* K12 gal^+ 的转导子，测定转导子数，并计算转导频率。

【实验目的】

通过实验了解 *E. coli* K12 菌株噬菌体的特性，学习并掌握噬菌体遗传转导的方法。

【实验原理】

大肠杆菌 K12 菌株 λ 噬菌体 DNA 整合在宿主染色体发酵半乳糖的 *gal* 基因和合成生物素的 *bio* 基因之间，此整合态的噬菌体称为 λ 前噬菌体。当诱导溶源菌菌体发生裂解时，约有 10^{-4}～10^{-6} 的噬菌体 DNA 发生不正常的切割，携带了宿主染色体的 *gal* 基因或 *bio* 基因脱离宿主，而噬菌体也将相应一小段 DNA 遗留在宿主染色体上。带有 *gal* 基因的 λ 噬菌体被称为缺陷型半乳糖基因噬菌体，简称 λ dgal。用此缺陷噬菌体去感染 *E. coli* K12 gal^- 受体菌进行的遗传转导，即可获得极少量能发酵半乳糖的 *E. coli* K12 gal^+ 的转导子，这种转导称为局限性转导。

【器材与试剂】

一、器材

培养皿，锥形瓶，试管，小离心管及玻璃涂棒等。

菌种：溶源菌 *E. coli* K12(λ) gal^+，受体菌 *E. coli* K12(λ) gal^-。

二、试剂

磷酸缓冲液 pH 7.0～7.2(0.2 mol/L Na_2HPO_4-NaH_2PO_4)，氯仿(三氯甲烷)。

(1) LB 液体培养基，2 倍 LB 液体培养基。

(2) LB 半固体上层培养基(含 0.8%琼脂)。

(3) LB 固体底层培养基(含 2%琼脂)：胰蛋白胨 1 g，酵母粉 0.5 g，NaCl 1 g，葡萄糖 0.1 g，蒸馏水 100 mL，pH 7.2。

(4) 伊红美蓝培养基(EMB)：乳糖 1 g，胰蛋白胨 0.5 g，NaCl 0.5 g，K_2HPO_4 0.2 g，2%伊红溶液 2 mL，0.5%美蓝溶液 1 mL，琼脂 2 g，蒸馏水 100 mL，pH 7.2。

【实验步骤】

一、溶源菌的诱导及裂解液的制备

(1) 取一环溶源菌 *E. coli* K12(λ) gal^+ 接种于一个装有 5 mL LB 液体培养基的 150 mL 锥形瓶中，37℃培养 16 h。

(2) 取培养后的菌液 0.5 mL，加入到另一个装有 5 mL LB 液体培养基的锥形瓶中，于

37℃培养 5 h。

(3) 将菌液移入无菌离心管中，以 3500 r/min 离心 10 min，弃上清液后加入 4 mL 磷酸缓冲液，轻轻振荡，使菌体均匀悬浮。

(4) 取菌悬液 3 mL，加入到无菌的培养皿中，经紫外线诱导(剂量 15 W，距离 30 cm，时间 8～10 s)，诱导处理后加入 3 mL 2 倍 LB 培养液。于 37℃避光培养 2.5 h。

(5) 用无菌移液管吸取避光培养后的菌液，加入无菌离心管中，以 3500 r/min 离心 10 min。吸取 4 mL 上清液加入无菌试管中，滴加 0.2 mL 氯仿于上清液中，充分振荡 3～4 min 后，移入离心管中，以 3500 r/min 离心 10 min 后，吸取上清液加入另一无菌试管中，此液为 λ 噬菌体裂解液。

二、λ 噬菌体裂解液的效价测定

(1) 取一环受体菌 *E. coli* K12(λ) gal^-，接种于装有 5 mL LB 液体培养基的 150 mL 锥形瓶中，于 37℃培养 16 h。

(2) 吸取培养后的菌液 0.5 mL，加入另一装有 5 mL LB 液体培养基的锥形瓶中，于 37℃培养 4 h。

(3) 将装有 5 mL LB 半固体培养基的试管，预先融化，于 60℃恒温水浴中保温待用。

(4) 将 LB 固体培养基融化，冷至 50℃左右倒底层平板，注意不要过厚。

(5) λ 噬菌体裂解液的稀释：用装有 0.9 mL LB 液体培养基的小离心管，将裂解液稀释至 10^{-5}、10^{-6}、10^{-7}。

(6)分别吸取培养 4 h 的受体菌 *E. coli* K12(λ) gal^- 0.5 mL 及经稀释的 0.5 mL 10^{-5}、10^{-6}、10^{-7} 各稀释度的噬菌体裂解液，加至相应编号的底层平板培养基中心部位(每个稀释度做 3 个平板)，吸附 3～5 min 后，倾入保温的半固体培养基，迅速轻轻摇匀，平置，待凝固后于 37℃培养 24 h，进行噬菌斑计数，再计算出噬菌体的效价。

三、转导

1. 点滴法

准备 EMB 平板培养基，按图样用记号笔画在平板底部(图 37-1)。

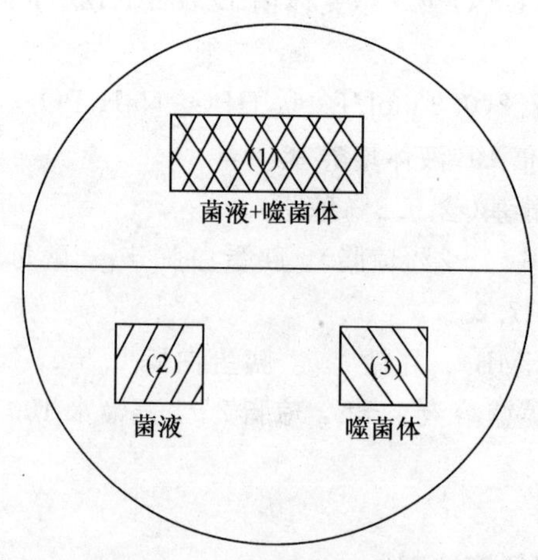

图 37-1 (EMB 平板)点滴法图样

取培养 16 h 的 *E. coli* K12(λ) gal^- 菌液。加一滴于 EMB 平板上(1)长方格内，用涂棒涂成一个均匀菌区，置 37℃约 0.5 h 使菌液吸干，用接种环在菌区内涂 1～2 环噬菌体裂解液(勿使液体外溢)。在(2)，(3)方格内分别涂一环菌液或噬菌体裂解液，待吸干后，于 37℃培养 48 h。

2. 涂布法

取两个 EMB 平板培养基，分别用划线法各接一环 *E. coli* K12(λ) gal^+ 或 *E. coli* K12 (λ) gal^- 菌液作为对照。

取 EMB 平板培养基，分别吸取 10^0、10^{-1}、10^{-2} 噬菌体裂解液 0.05 mL 和已培养 4 h 的受体菌 0.05 mL，加入相应编号的平板中心部位(每个稀释度 3 个平板)。吸附 2～3 min，用涂棒涂布均匀。于 37℃培养 24 h，观察结果。

若转导成功，则受体菌经 λ 噬菌体带入 gal^+ 基因，因此转导子在 EMB 培养基上应为呈紫黑色带金属光泽的菌落。

【实验结果】

(1) 记录各稀释度平板上噬菌斑数，计算出噬菌体效价。

(2) 观察记录点滴法结果及涂布法各稀释度平板上转导子数，并计算转导频率。

$$转导频率=\frac{转导子数/mL}{噬菌斑数/mL}$$

【思考题】

1. 影响转导效果的因素有哪些？
2. 溶源菌被诱导后的裂解液中可能存在哪几类噬菌体？

【参考文献】

[1] 钱存柔，黄仪秀，林稚兰，罗大珍，李玲君，梁崇志. 微生物学实验教程. 北京：北京大学出版社，2003

[2] 北京大学生物系遗传学教研室. 遗传学实验方法和技术. 北京：高等教育出版社，1983

[3] 杜连祥. 工业微生物学实验技术. 天津：天津科学技术出版社，1992

[4] 莽克强. 病毒. 北京：科学出版社，1982

[5] 郑士民，钱新民. 自养微生物. 北京：科学出版社，1983

G 环境生态学部分

实验 38　种群的 Logistic 增长及计算机模拟

【实验目的】

通过实验学习并掌握模拟种群增长的原理和方法，验证种群在一个资源有限的环境中的增长服从 Logistic 方程，从而说明种群增长的个体增长率不是常数，而是受环境条件限制随种群数 N 的增长而逐渐减小。

通过实验学习并掌握有关的数据处理与统计分析的方法，以及使用计算机拟合理论曲线的相关软件。

【实验原理】

种群的增长往往受到环境资源及其他必要生活条件的限制，增长率不可能维持不变，而是会随种群密度的上升而下降。这样，种群的增长呈"S"形曲线，可用 Logistic 方程描述：

$$\frac{dN}{dt} = rN\frac{K-N}{K}$$

对此方程积分，可得到其积分式：

$$N = \frac{K}{1+e^{a-rt}}$$

可变换为下式：

$$\ln\frac{K-N}{N} = a - rt$$

令上式左侧为 Y，t 为 X，$-r$ 为 b，则可转化为直线方程：

$$Y = a + bX$$

通过实验得到的一组数值，进行直线回归，即可得到方程的有关参数。由于 K 未知，可通过选择不同的 K 值，得到一系列直线方程，从中选取拟合得最好的方程，便可知种群的 Logistic 方程。

【器材与试剂】

一、器材

显微镜，双筒解剖镜，1 mL 浮游生物计数框，250 mL 烧杯，量筒，滴管，纱布等。

草履虫纯培养液，稻草提取液。

二、试剂

包氏固定液：75 mL 饱和苦味酸溶液，加 25 mL 甲醛，再加 3 mL 冰醋酸。

【实验步骤】

(1) 在 250 mL 烧杯中加入约 100 mL 稻草提取液，备用。用小玻璃皿取适量草履虫培养液，在解剖镜下用干净的滴管吸取 100 个草履虫，放入烧杯中，用稻草提取液定容到 150 mL，并在液面处做记号。

(2) 计数初始密度：滴 2 滴固定液于计数框中，用滴管将草履虫液混匀后，吸取滴在计数框内，盖上盖片，置于显微镜下，计数草履虫的个数，重复 3 次，取平均值，即为第 0 天的种群初始密度。

(3) 计数后，加稻草提取液至标记处，用纱布将烧杯口罩住，室温或培养箱内培养。

(4) 每天定时观察计数：首先记录培养处在过去 24 h 内的温度波动范围，然后加稻草提取液至标记处，将草履虫混匀后计数，重复 3 次，平均值即为当天的种群密度。计数后，补充稻草提取液。

(5) 待种群增长明显达到平衡状态时，结束观察和计数。

(6) 编写计算机程序，寻找拟合最好的 Logistic 方程。

(7) 利用 Excel 作图，绘出拟合的曲线和实验观察的数据点。

【参考文献】

[1] 尚玉昌. 普通生态学. 北京：北京大学出版社，2002

[2] 孙儒泳. 动物生态学原理. 北京：北京师范大学出版社，1992

实验39 用黑白瓶测氧法测定水体初级生产力

【实验目的】

浮游植物初级生产力的测定，对于水体环境质量评价和水产资源的开发利用具有重要意义。

通过生态学基本野外实验，学习并掌握用黑白瓶测氧法测定浮游植物初级生产力的原理和方法。通过对点的测定，进而估算水柱乃至整个水体的初级生产力。

【实验原理】

生态系统中的生产过程主要是植物群落通过光合作用制造有机物的过程。淡水生态系统的生产过程由水生植物群落来完成，其中以浮游植物为主体，在单位体积和单位时间内通过光合作用所制造的有机物干重，即为该生态系统的初级生产力。光合作用可用如下的方程式表示：

$$6CO_2 + 6H_2O \longrightarrow C_6H_{12}O_6 + 6O_2$$

由此可见，氧的生成量 m 与有机物的生成量 M 之间存在一定的换算关系：

$$\text{有机物的生成量 } M = \text{氧的生成量 } m \times 15/16$$

因此，可通过测定水体中溶解氧的变化来计算有机物的生成量。

黑白瓶测氧法就是通过测定水体中溶解氧来测定水体初级生产力的，其基本原理如下：黑瓶（套上黑布袋或用涂黑漆等方法遮光）为完全不透光的玻璃瓶，瓶内植物在无光的条件下只进行呼吸作用，呼吸作用是耗氧的，因此瓶内氧气会减少；白瓶是完全透光的玻璃瓶，在光照条件下瓶内植物进行光合作用，白瓶中的溶氧量就会增加，同时也进行呼吸作用耗氧。假定光照条件下与黑暗条件下的呼吸作用强度相等，就可根据黑白瓶中溶氧的变化，计算出光合作用的产氧量以及呼吸作用的耗氧量，进而计算出水体生产有机物的量，即水体的初级生产力。

【器材与试剂】

溶解氧分析仪，温度计，照度计，透明度盘，有机玻璃采水器，标尺，pH 试纸，黑白瓶等。

校园内实验水体。

【实验步骤】

(1) 在校园内选择实验水体，如未名湖、勺海、镜春园等。

(2) 测定所选水体的深度、透明度、水温、pH 等，以及天气情况、气温、水面照度等（每隔一段时间测定一次）。

(3) 根据水体的深度和透明度确定挂瓶测试的层次与深度，一般从水面向下每隔 1～2 m 挂一组黑白瓶，但是由于校园内水体普遍较浅，只能减少层次间的间隔距离。

(4) 用采水器从确定的挂瓶深度取水，采水深度须与挂瓶测试深度一致。采水量应数倍于灌满该组各瓶的量，小心地将采水器中的水倒入大烧杯中，用溶解氧分析仪测定其溶氧量，即为初始溶氧量 IB。随后将水样小心地灌满该组各瓶(不要留有空气)，盖紧瓶塞后，即可挂在相应深度进行实验。

(5) 24 h 后，取出各瓶，小心地将瓶中的水样移入烧杯中，测定其中的溶氧量，即可得到黑白瓶中的溶氧量 DB 和 LB。

【实验结果】

计算：

(1)各挂瓶水层的日生产量：

呼吸量 R＝IB－DB

总生产量 P_g＝LB－DB

净生产量 P_n＝LB－IB

(2) 水柱日生产量：水柱日生产量是指 1 m^2 水面下，从水表面到水底整个柱形水体的日生产量。

【参考文献】

[1] 尚玉昌. 普通生态学. 北京：北京大学出版社，2002

[2] 大连水产学院. 淡水生物学. 北京：农业出版社，1985

H 植物生理学部分

实验 40　植物激素对植物形态建成的作用

植物各器官的分化，首先是细胞的极化过程。植物体的每一个细胞都由受精卵分裂而来，即使高度分化的细胞，也保留着遗传上的全能性，即在每一个细胞中，包含着产生一个完整有机体的全部基因。在烟草髓组织培养中，激动素和生长素在愈伤组织的形成和分化中，有相互作用。产生大量的愈伤组织，需要有生长素和激动素。

【实验目的】

了解不同比例的生长素和激动素对烟草髓愈伤组织形成和分化的影响，并学习植物组织培养的技术。

【实验原理】

在烟草髓组织培养中，激动素和生长素在愈伤组织的形成和分化中，有相互作用。产生大量的愈伤组织，需要有生长素和激动素。在一定浓度范围内，生长素/激动素的比例高时，产生根；生长素/激动素比例低时，产生芽；两者的比例居中间时，愈伤组织占优势。

【器材与试剂】

一、器材

高压灭菌锅，手术刀，培养箱，超净工作台，三角瓶(100 mL)，培养皿，长柄镊子，手术剪，消毒棉。

40～60 cm 生长健壮的烟草植株(Nicotiana tabacum)。

二、试剂

1. 各种母液

(1) 1 mg/mL 的生长素溶液：准确称取 25 mg 吲哚乙酸，用少量无水乙醇溶解后，用水定容到 25 mL。

(2) 1 mg/mL 的激动素溶液：准确称取 10 mg 激动素，用少量 1 mol/L 的盐酸溶解后，用水定容到 10 mL。

(3) 1 mg/mL 维生素 B_1(盐酸硫胺素)水溶液 10 mL。

(4) 20 mg/mL 的肌醇溶液 20 mL。

(5) 称取下列试剂，溶于水后定容到 250 mL：H_3BO_3 0.31 g，KH_2PO_4 8.5 g，KI 0.0415 g，

$Na_2MoO_4 \cdot 2H_2O$ 0.0125 g，$CoCl_2 \cdot 6H_2O$ 0.00125 g。

(6) 称取下列试剂，溶于水后定容到 250 mL：$MgSO_4 \cdot 7H_2O$ 18.5 g，$MnSO_4 \cdot H_2O$ 0.845 g，$ZnSO_4 \cdot 7H_2O$ 0.43 g，$CuSO_4 \cdot 5H_2O$ 0.00125 g。

(7) 称取下列试剂，溶于水后定容到 500 mL：EDTA-Na_2 1.86 g，$FeSO_4 \cdot 7H_2O$ 1.39 g。

2. 愈伤组织诱导培养基(RM-1965 培养基)

每 1 L 培养基含有：

母液(5) 5 mL	NH_4NO_3 1.65 g	盐酸硫胺素 0.4 mL	肌醇 5 mL
母液(6) 5 mL	KNO_3 1.9 g	生长素 2 mL	蔗糖 30 g
母液(7) 10 mL	$CaCl_2$ 0.33 g	激动素 0.30 mL	琼脂 10 g

用 1 mol/L 的氢氧化钠调 pH 至 5.6～5.8。每瓶装 50 mL，于高压灭菌锅中(121℃)灭菌 15～20 min，冷却后备用。

3. 愈伤组织分化培养基

除生长素和激动素按下面的浓度加入外，培养基的其他成分和浓度，同 RM-1965 培养基。培养基分成 6 个处理，每个处理有 5 个重复。

	生长素浓度/($mg \cdot L^{-1}$)	激动素浓度/($mg \cdot L^{-1}$)
❶	0	0
❷	0	0.2
❸	2	0
❹	2	0.2
❺	2	0.02
❻	0.02	2

调整 pH、分装及灭菌的步骤同诱导培养基。

4. 灭菌剂

5%次氯酸钠溶液，70%乙醇。

【实验步骤】

一、愈伤组织的诱导

1. 烟草茎段的灭菌

取 67 cm(约 2 尺)高的烟草植株地上部分，去叶，去顶，用洗洁精刷洗后用清水冲洗干净。切成 7 cm 长的小段，用 70%的乙醇浸泡 10 min，再用 5%次氯酸钠溶液浸泡 5 min，更换新的 5%次氯酸钠溶液，再浸泡 5 min，然后拿到超净台内，用无菌水冲洗，置于无菌烧杯中备用。

2. 烟草髓的制备

在无菌超净台中，用镊子夹住烟草茎切段的顶端，另取无菌手术刀将切段四周的绿色皮层组织切掉，直至露出烟草髓组织，然后用手术刀将髓的两端各切出 0.5 cm 去掉，再将中间一段切成 2 mm 左右厚的小圆片，切割时要注意烟草形态学的上下方向。

(1) 接种：用长柄镊子向装有诱导培养基的三角瓶中，接入 3 个髓片，注意使其形态学的上端朝下紧贴在培养基上，封好封口膜。

(2) 培养：将接种完毕的材料置于培养箱中，28℃培养。一周后，可明显地看到圆片的周围和上表面逐渐形成愈伤组织。

二、器官的再分化

在无菌条件下，用长柄镊子将诱导出的愈伤组织取出，用手术刀小心地切成约 2 mm×2 mm×2 mm 的小块，并分别转入 RM 分化培养基中，置于 28℃培养室中自然光照下培养。每周观察培养物，记录其生长及变化情况。五周后总结观察结果：

(1) 愈伤组织出现的时间。

(2) 根和芽出现的时间。

(3) 统计根、芽及全苗数。

【实验结果】参考图 40-1，图 40-2 或彩图 1。

图 40-1 烟草愈伤组织小块接种于不同比例的激素中(待分化)

图 40-2 烟草愈伤组织已长成

(1) 一周以后，在诱导愈伤组织的培养基中可看到烟草髓圆切片的周围和上表面出现了黄绿色的愈伤组织，一个月以内观察到愈伤组织逐渐长大长满覆盖圆切片，其表面不光滑呈菜花样。

(2) 一周以后，分化培养基中的愈伤组织切块逐渐长大，一个月以后统计各处理根和芽的分化情况，结果应为：处理❶，仍为愈伤组织；处理❹，愈伤组织长大；处理❷和处理❻，生芽占优势比例；处理❸和处理❺，生根占优势比例。

【结果讨论与注意事项】

(1) 烟草髓定植时，需要把形态学的上端朝下。这是因为生长素在植物体内的传导具有极性传导的特点，即只能从植物体的形态学上端向下传导，而不能倒过来传导。把烟草髓片形态学上端朝下放置，紧贴着培养基，有助于培养基中的生长素传导入整个髓片而发挥作用，若放得不正确，则生长素不能对整个髓片起作用。

(2) 生长素对植物生长的作用具有两重性。在低浓度下,可促进生长;高浓度可抑制生长甚至导致植物死亡。本实验所用的浓度属于低浓度。生长素促进细胞生长的主要原因在于促进了细胞的纵向扩大,即伸长过程。激动素的作用是促进细胞分裂。生长素和激动素适当配合可以引起细胞的分裂和延长。生长素和激动素的浓度比例决定着组织向根和芽分化的方向。在一定浓度范围内,两者比例高于某一比值时,有长根的趋势;比例低时,有长芽的趋势;比例居中间时,愈伤组织扩大。

【参考文献】

[1] 袁小华,杨中汉.植物生理生化实验.北京:高等教育出版社,1983.210~216

[2] Whistler R. L. and Wolfrom M. L. Methods in Carbohydrate chemistry. Vol. I. P. 1962,384~394

实验 41 还原糖含量的测定

糖类是植物体内的主要能源,其含量可高达植物干重的 80%以上。因此,在科学研究与生产实践中,常需要进行糖的定量测定。

【实验目的】

通过本实验,掌握碱性铜试剂定量测定微量还原糖的方法;了解测定原理,并测定苹果中还原糖的含量。

【实验原理】

糖是多羟醛(或多羟酮)化合物,多糖和寡糖等都可以经酸或酶水解生成还原糖。还原糖是指糖分子中有自由的醛基或半缩醛羟基或酮基的糖,它们具有还原的性质。还原糖在碱性溶液中,加热后能定量地将二价铜 $Cu(OH)_2$ 还原成一价铜 Cu_2O,即形成砖红色的氧化亚铜的沉淀,糖本身则被氧化形成酸。氧化亚铜的量可以用碘量法测定。为了使 $Cu(OH)_2$ 进入溶液中,试剂内含有酒石酸作为铜的络合剂。

测定时所发生的一系列反应如下:

硫酸铜和氢氧化钠生成氢氧化铜:

$$2NaOH + CuSO_4 \longrightarrow Na_2SO_4 + Cu(OH)_2$$

铜试剂中酒石酸钾钠与氢氧化铜生成铜与酒石酸的络合物:

$$Cu(OH)_2 + \text{酒石酸钾钠} \longrightarrow \text{二价铜离子络合物} + H_2O$$

还原糖与二价铜起氧化还原作用,生成氧化亚铜及糖酸:

$$\text{还原糖} + \text{二价铜离子络合物} \longrightarrow \text{糖酸} + Cu_2O$$

由于使用过量的铜试剂,反应完全后,溶液中还应有剩余而未被还原的二价铜离子。铜试剂中的碘酸钾(KIO_3),在加入碘化钾(KI)溶液和强酸后生成碘,反应如下:

$$KIO_3 + 5KI + 3H_2SO_4 \longrightarrow 3I_2 + 3K_2SO_4 + 3H_2O$$

由于吸取的铜试剂是精确定量的,所以生成的碘也是定量的。

氧化亚铜在酸中溶解,并与碘起作用:

$$Cu_2O + H_2SO_4 \longrightarrow Cu_2SO_4 + H_2O$$

$$Cu_2SO_4 + I_2 + K_2SO_4 \longrightarrow 2CuSO_4 + 2KI$$

由于铜试剂中有酒石酸盐,它与铜离子(Cu^{2+})形成络离子,反应可以定量地向右进行,因此,碘的消耗量相当于生成的氧化亚铜的含量,也相当于还原糖的量。

多余的碘用已标定的硫代硫酸钠($Na_2S_2O_3$)滴定:

$$2Na_2S_2O_3 + I_2 \longrightarrow 2NaI + Na_2S_4O_6$$

这一测定还原糖的方法,也称为 Shaffer-Hartmann-Somogyi 法。

【器材与试剂】

一、器材

大试管，吸量管，棕色试剂瓶，锥形瓶，玻璃搅棒，大水浴锅，回流装置，50 mL 酸式滴定管，容量瓶，细口试剂瓶，烧杯，恒温水浴，分析天平。

苹果：取若干苹果切片，每个苹果取一片，去皮切碎，分成 3 份，2 g/份。

二、试剂

(1) 碱性铜试剂：称酒石酸钾钠 6 g，溶于约 50 mL 蒸馏水中；称无水碳酸钠 10 g，研成细粉，溶于约 100 mL 热蒸馏水中；称取碳酸氢钠 12.5 g，溶于约 100 mL 水中，可加热促进溶解。待全部溶解后，将上述三种溶液混合均匀。另外称取结晶硫酸铜($CuSO_4 \cdot 5H_2O$)3.25 g，研成细粉，溶于约 50 mL蒸馏水中。完全溶解后，在搅拌下将它加入上述混合液中。为防止沉淀，可在沸水浴上加热 10 min。称取碘酸钾(KIO_3)0.4 g(要准确到 0.01 g)，草酸钾 9 g，溶于约 100 mL 蒸馏水中，完全溶解后，加入到上述混合液中，定容到 500 mL。

(2) 5%碘化钾(KI)溶液 100 mL。

(3) 0.0025 mol/L 硫代硫酸钠($Na_2S_2O_3$)：称取 12.5 g 硫代硫酸钠，溶于蒸馏水中，定容到 500 mL，加入 1 g 硼砂，贮存在棕色试剂瓶内，该溶液浓度约为 0.05 mol/L，要提前一周配制。临用时准确吸取 50 mL，稀释到 1000 mL(内要加入 2 mL 10%氢氧化钠溶液)。用 0.0025 mol/L 的重铬酸钾标准溶液进行标定。

(4) 0.0025 mol/L 重铬酸钾溶液：将分析纯的重铬酸钾置 120℃烤箱内，烘烤 2 h，放入保干器内冷却至室温。用分析天平准确称取已干燥的重铬酸钾 1.2258 g，蒸馏水溶解后，定容到 250 mL，浓度为 0.0500 mol/L。准确吸取 10 mL 上述溶液，稀释至 200 mL，其浓度即为 0.0025 mol/L。

(5) 标准葡萄糖母液：准确称取在保干器内保存的无水葡萄糖 200 mg，溶于水中，定容到 100 mL，该溶液浓度为 10 mg 葡萄糖/5 mL。加入 2 滴甲苯，以防止微生物生长。

(6) 3 mol/L 的硫酸溶液：取 33 mL 比重 1.84 的浓硫酸，加到 167 mL 的蒸馏水中。

(7) 8 mol/L 的盐酸溶液：取 20 mL 比重 1.19 的浓盐酸，加入 10 mL 水配制成。

(8) 1%淀粉溶液：称取 0.25 g 可溶性淀粉，用少量水调成糊状，倒入 25 mL 沸水中，一边加热，一边搅拌，使成透明状，滴入几滴甲苯，以防止微生物生长。

(9) 80%乙醇。

(10) KI：0.1 g/份，共 3 份。

【实验步骤】

一、标定硫代硫酸钠溶液的浓度

取 3 个 100 mL 锥形瓶，各加入 10 mL 蒸馏水和 0.1 g 碘化钾(KI)，用移液管准确吸取 10 mL 0.0025 mol/L 重铬酸钾溶液和 1 mL 8 mol/L 的盐酸，此时反应如下

$$K_2Cr_2O_7 + 6KI + 14HCl \longrightarrow 8KCl + 2CrCl_3 + 7H_2O + 3I_2$$

当碘化钾完全溶解后，立刻用待标定的硫代硫酸钠溶液进行滴定，此时需不时摇动锥形瓶。当溶液滴至微黄色时，加入 1～2 滴 1%淀粉溶液，继续滴定，至蓝色突然消失。记录下硫代硫酸钠的用量。三次滴定值相差不得超过 0.1 mL，求出平均值。该溶液应每周标定一次。

二、绘制葡萄糖的标准曲线

用吸量管准确吸取标准葡萄糖母液(10 mg/5 mL),分别配制成每 5 mL 含糖 0.2,0.4,0.6,0.8,1.0 mg 的溶液,用 50 mL 容量瓶配制。

用吸量管准确吸取各种浓度的糖溶液 5 mL(每种浓度做 3 份),放到大试管内。另取一支吸量管,准确吸取 5 mL 碱性铜试剂,放到大试管内,空白用 5 mL 蒸馏水代替糖溶液。混匀后,在沸水浴中加热 15 min,然后取出在冷水中放 3 min,加热和冷却时,切勿摇动。冷却后,用滴管沿壁加约 1 mL 5%碘化钾溶液(约 20 滴),再加入 1 mL 3 mol/L 的硫酸,并摇动试管,待反应停止后,立刻用标定好浓度的硫代硫酸钠溶液滴定,边滴边用特制的玻棒搅动。当溶液褪至淡黄色时,加入 2~3 滴 1%淀粉溶液,使溶液呈蓝色。继续滴定,至蓝色突色消失,并在半分钟内不再变蓝为止。记录硫代硫酸钠的用量。三次滴定的差值,不得超过 0.1 mL。以空白滴定值和糖溶液滴定值之差为纵坐标,葡萄糖浓度为横坐标,绘成标准曲线。

三、检查标准曲线

另取一种未知浓度的葡萄糖溶液,按上述操作步骤二进行测定,从绘制的标准曲线上查出糖的含量,并与实际值比较,求出百分误差。此微量定糖法的准确度,所测葡萄糖若在 0.3~3 mg 范围内,可允许的绝对误差为±0.01 mg,百分误差(相对误差)为±2%。从测得值与实际值比较,求出百分误差:

$$百分误差(\pm\ \%) = \frac{绝对误差 \times 100\%}{实际值}$$

本实验要求百分误差为±2%以内,如果达不到上述要求,必须仔细检查,分析全过程,找出原因,重新绘制标准曲线。

四、植物材料的分析

取 3 份苹果(2 g/份),每份用滤纸包好,分别放入 100 mL 的锥形瓶中。向每瓶内各加入 20 mL 80%乙醇溶液,装上回流管,在 80℃恒温水浴上回流提取 30 min。仔细吸出上清液,分别过滤到 50 mL 容量瓶内。残渣内再加入约 10 mL 80%乙醇,如上述方法再回流提取20 min。取下后,一并滤入同一个容量瓶内,再重复 2 次。最后分别定容至 50 mL。置冰箱内保存。

取上述提取液 2 mL,稀释至 50 mL,取 5 mL 放入大试管内,加入 5 mL 碱性铜试剂,按标准曲线绘制法,测定样品中还原糖的含量。空白用 2 mL 80%乙醇稀释至 50 mL,取 5 mL 作测定。

【实验结果】

将上述测定值,按下式计算出还原糖的含量(三次测定值平均):

$$还原糖(mg/g\ 干重) = \frac{S \times N}{W}$$

式中:S 为标准曲线上查出的糖含量(mg/5 mL);

N 为稀释倍数;W 为样品重量(g)。

【参考文献】

[1] 袁小华,杨中汉. 植物生理生化实验. 北京:高等教育出版社,1983. 247~252

[2] A.桑皮特罗. 植物生理学研究方法. 1980. 167~180

[3] William P. Jacobs. Plant hormones and plant development. 1979

Ⅰ 生物技术学部分

实验 42 土壤农杆菌介导的烟草基因转化

土壤农杆菌中的 Ti 质粒能使其携带的部分 DNA 插入到它所侵染的植物细胞的染色体中,现在科学家对它的这种作用机制已经基本研究清楚。本次实验用这一系统进行烟草基因转化,首先用含目的基因的农杆菌对植物材料——烟草叶片进行侵染,然后对侵染过的烟草叶片进行组织培养得到愈伤组织,继而进行植株的再生。

【实验目的】

通过本实验,学习利用含目的基因的工程农杆菌转化植物的原理和方法; 转 S6 基因烟草的产生。

【实验原理】

土壤农杆菌中的 Ti 质粒(自然的 Ti 质粒一般为 150～200 kb)有两个使其自身的部分 DNA 片段进行转移的区域。一个是 T-DNA 区,它两端各有一个边界,这两个边界之间的 DNA 可以转移并整合入植物受体细胞的染色体中,只有边界序列对 DNA 的转移是必需的;另一个是 Vir 区,大约 30 kb,由 7 个基因组成,分别命名为 VirA、B、C、D、E、G、H,它们编码能够使 T-DNA 转移的蛋白。Vir 区表达的蛋白作用于同一质粒 T-DNA 区,称为顺式作用。如果 Vir 区表达的蛋白作用于其他质粒的 T-DNA 区,称为反式作用。实际应用中有如下两种系统。

(1) 双元载体系统:是依据 Vir 区与 T-DNA 区的反式作用建立起来的。研究人员构建出一类质粒和相应的工程农杆菌。该质粒在大肠杆菌和农杆菌中都能复制,质粒上带有 T-DNA 区的左、右边界序列,边界序列之间是多克隆位点和植物选择标志,T-DNA 区外有细菌选择标志;Vir 基因在相应的转化植物用工程农杆菌内的一个大质粒上。本次实验用这一系统进行烟草基因转化。

(2) 共整合载体:是依据 Vir 区与 T-DNA 区的顺式作用建立起来的。这种系统要求在克隆载体质粒的 T-DNA 区内携带细菌筛选标记基因用以筛选重组子。将目的基因克隆在质粒的T-DNA区的左、右边界序列之间,然后将其转入相应的工程农杆菌中,克隆的基因是通过同源重组整合到工程农杆菌内的 Ti 质粒上,然后用这种农杆菌进行转化植物。

研究发现 AS(乙酰丁香酮)和 OH—AS(1-羟基乙酰丁香酮)可以诱导农杆菌 Ti 质粒上的 Vir 基因表达以提高 T-DNA 的转移和整合,当转化效率较低时,可在农杆菌侵染和共培养时添加 0.1 mol/L 的 AS 或 OH—AS 以提高转化效率。

T-DNA 整合一般发生在转录的活跃区。转基因植物中一个拷贝的外源基因,其在后代中的分离情况大多数呈现孟德尔分离比:自交后代中出现 3∶1 分离,杂交后代中出现 1∶1 分离。

【器材与试剂】

一、器材

超净台,28℃摇床,26℃培养箱,高压锅,电子天平,pH 计,量筒(10,100,500,1000 mL),烧杯(50,100,500,1000 mL),玻璃棒,镊子,长柄刀,剪刀,灭菌纸,封平皿的膜,微量移液器(1000,200,20 μL),1.5 mL 离心管,吸头(1000,200 μL),100 mL 三角瓶,平皿等。

新鲜的植物顶部 3～6 cm 大小的烟草叶片,农杆菌 LBA_{4404} 含 pE_3S_6 质粒。

二、试剂

1. LB 液体培养基 20 mL

液体 LB(pH 7.0)成分:蛋白胨 10 g/L,酵母提取物 5 g/L,NaCl 10 g/L。

2. MS 培养基

先配下列各试剂:

(1) 50×大量元素:

试剂种类	含　量	试剂种类	含　量
NH_4NO_3	82.441 g/L	KNO_3	95.034 g/L
$MgSO_4 \cdot 7H_2O$	18.486 g/L	KH_2PO_4	8.506 g/L

(2) 1000×微量元素:

试剂种类	含　量	试剂种类	含　量
KI	0.8340 g/L	H_3BO_3	6.184 g/L
$MnSO_4 \cdot H_2O$	16.904 g/L	$ZnSO_4 \cdot 7H_2O$	8.628 g/L
$Na_2MoO_4 \cdot 2H_2O$	0.2420 g/L	$CuSO_4 \cdot 5H_2O$	0.0248 g/L
$CoCl_2 \cdot 6H_2O$	0.020 g/L		

(3) 复合有机物质:

试剂种类	含　量	配成复合有机物质用量
VB_1	5 g/L	20 μL
VB_6	5 g/L	100 μL
烟酸 NA	5 g/L	100 μL
Gly	4 g/L	500 μL

(4) 100×肌醇:1 g/100 mL。

(5) 200×Fe 盐:EDTA-Na_2 7.45 g,$FeSO_4 \cdot 7H_2O$ 5.57 g,沸水浴 2 h,定容至 1 L。

(6) 0.1 mol/L $CaCl_2$ 100 mL。

配 1 L MS 培养基的成分：

试剂种类	用　量	试剂种类	用　量
蔗糖	30 g	50×大量元素	20 mL
1000×微量元素	1 mL	复合有机物	720 μL
100×肌醇	10 mL	200×Fe 盐	5 mL
0.1 mol/L $CaCl_2$	3 mL		

最后用 2 mol/L NaOH 调 pH 为 5.7。

固体 MS 培养基需加入 7～9 g 琼脂粉。

3. 其他试剂

200 mg/mL 氨噻肟头孢霉素(Cefotaxmie)，1 mg/mL 6-苄基嘌呤(BA)，2 mg/mL 萘乙酸(NAA)，100 mg/mL 卡那霉素(Kan)，10% 漂白液(品牌为 Clorox 的漂白液)。

【实验步骤】

一、激素和抗生素浓度的选用

(1) 对于不同的植物组织材料，先进行组织培养和再生，查阅和参考相关的资料，选用一种或两种不同种类的激素及其使用浓度的配合，探索出再生植株的最佳培养方法。常用的生长素有吲哚乙酸(IAA)、吲哚丁酸(IBA)、萘乙酸(NAA)、2,4-D；细胞分裂素有激动素(KT)、6-苄基嘌呤(BA)、异戊基腺嘌呤(2iP)和玉米素。

(2) 用抗生素进行转基因植物筛选时，从生物统计学的观点出发，通过愈伤组织培养确定使植物组织不能再生的最低抗生素使用量。

二、农杆菌的准备

(1) 把保存在－80℃的农杆菌接种在含相应抗生素的 LB 培养皿上，28℃培养两天。

(2) 农杆菌的活化：用灭过菌的接种环从培养的菌板上刮起绿豆大小的菌团，接种在5 mL含相应抗生素的液体 LB 中，28℃培养 1～2 h，使菌液的浓度在其 $A_{600\ nm}$为 1.5～2.0 时停止培养。

(3) 离心弃上清液，用液体 MS 10 mL 悬浮菌，然后测菌液的 $A_{600\ nm}$值，再用液体 MS 把菌液浓度稀释到 $A_{600\ nm}$为 0.2，用来侵染植物组织(如烟草叶片、蕃茄子叶、马铃薯块茎；辣椒子叶所用菌液浓度的 $A_{600\ nm}$为 0.6)。

三、侵染用植物组织的准备

(1) 用生长在户外植物顶部 3～6 cm 大小的叶片作转化材料时，采叶子 4～5 片，放入 1 L 的烧杯中，加入 10% 的漂白液 500～600 mL，再放入大小合适的磁棒一个，用锡纸封住烧杯口，放在磁力搅拌器上搅拌 25 min。

(2) 然后在超净台上用灭菌水洗两次，洗好的叶子留在灭菌水中。

(3) 拿出准备好的无菌镊子一把、长柄刀一把和培养皿两个，向每个培养皿中加入10 mL液体 MS。在一个培养皿中切去叶子的边缘，在另一个培养皿中把叶子切成 1 cm 大小的方块，一般用 3～4 片叶子。

四、对植物组织进行侵染

(1) 在超净台内根据风向由上风向下风处依次摆放组织培养用 MS 平皿、放有灭菌吸水纸的平皿、含侵染植物的农杆菌液的平皿和有切好的植物材料的平皿。

(2) 对于烟草叶片组织，选 5 个切好的小叶片为一组进行侵染。每次用灭菌的镊子把叶片一个一个移入菌液，然后用镊子把其中的一个夹出来放在吸水纸上，把叶片两面的菌液吸干后，放入 MS 平皿里，再从菌液中夹出另一个叶片，做同样操作……等 5 个侵染的叶片都放入 MS 平皿里后，再侵染另外一组中的 5 个小叶片，重复上述操作，等把所要的小叶片都放在 MS 平皿里(每个直径为 12 cm 的平皿可放大约 20 个小叶片)，盖上平皿盖，再用膜封住平皿，避光在 26℃培养 2～3 天。

(3) 作为对照实验，每次要在至少 1～3 个平皿里放 10～30 个左右没有被农杆菌侵染的切好的组织材料，进行同样的培养，而且在筛选培养基中不应该得到愈伤组织；另外一对照实验是在 1 个平皿里放 10 个左右没有被农杆菌侵染的组织材料，在不加抗生素的 MS 中培养，以证明再生培养条件是不是合适。防止在培养基中忘记加入激素。

五、植株的再生

(1) 将侵染 1～2 天后的组织材料转移到含有相应抗生素和激素的 MS 平皿上，每个平皿只放 5～6 个小叶片。

(2) 一般情况下每 2 周换一次培养基，2～4 周就可看到组织愈伤和小芽。

(3) 把 1.5～2 cm 长的芽切下来放到含 MS 的瓶中培养，一般情况下，培养 1～2 周后生出至少 1～4 条根，并有 4～6 叶片。

(4) 把每棵苗的主茎从叶片的腋芽之间切开，在 MS 培养基中培养，使每个再生苗有 3 个拷贝，准备足够的材料进行下一步的检测，或移入土壤中收集种子。

(5) 把苗移入土中的前 3 天，打开无菌苗的瓶口，放组培室 3 天。准备适量的小花盆，先用小石子或类似物把底孔堵上，以防止以后浇水时土中养分的流失。

(6) 用镊子把苗从瓶中取出，剪去大叶片，只留 3 个小叶片，否则水分挥发导致死苗。用流水冲去根上的所有 MS 培养基。

(7) 向小花盆中小心加土，不用把土压紧，在土上方留一个小坑，把洗净根的苗放入小坑中，并用周围土盖根。

(8) 用少量水浇苗使根周围土下陷。

(9) 轻轻把苗向上拔一下，再加土、轻压。

(10) 加适量水，把苗培养好待用。向每个花盆插上正确的标签。

【实验结果】参考图 42-1 的样品照片或彩图 2

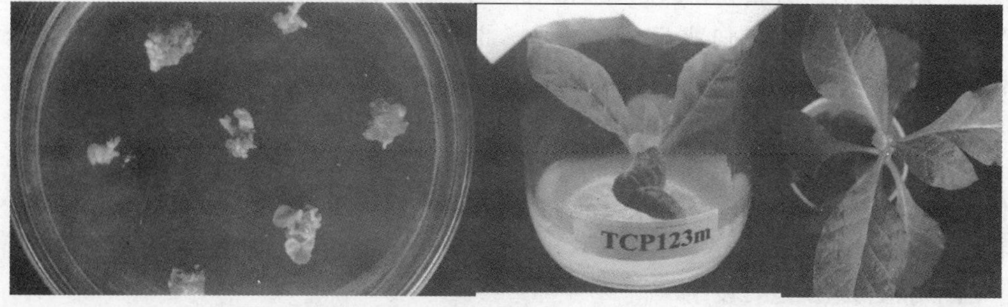

图 42-1 烟草的组织培养和再生植株

【参考文献】

[1] Walt Ream, Katharine G. Foeld. Molecular Biology Techniques-an intensive laboratory course. Copyright 1999 by Academic Press;Printed in the United States of America

[2] Men S., ming X., wang Y., Liu R., Wei C., Li Y. Genetic transformation of two species of orchid by biolistic bombardment, Plant Cell Rep, 2003, 21:592～598

[3] Men S. Z., Ming X. T., Liu R. W., Wei C. H., Li Y. Agrobacterium-mediated genetic transformation of a Dendrobium orchid. Plant Tissue and Organe Culture, 2003, 75:63～71

[4] Zheng H. H., Yu L., Wei C. H. Hu D. W., Chen Z. L., Li Y. Assembly of double- shelled, virus-like particles in the transgenic rice plants expressing two major stuctural proteins of rice dwarf virus. Journal of Virology, 2000, 74: 9808～9810

[5] Zheng Honghong, Li Yi et al. Recovery of transgenic rice plants expressing rice dwarf virus outer protein gene(S8). Theoretical and Applied Genetics, 1997, 94:522～527

[6] 李艳，李毅，陈章良．转基因植物内源和外源基因共抑制问题研究进展．生物工程学报，1999，15：1～5

[7] 陈志俊，明小天，刘荣维，李毅，陈章良．兰花圆球茎基因枪转化后的GUS基因表达．高技术能讯，2000，3:94～96

[8] 邵莉，李毅等．外源查尔酮合酶基因对转基因矮牵牛花色及育性的影响．植物学报，1996，38：517～524

[9] 邵莉，李毅等．查尔酮合酶基因转化矮牵牛——改变花色的新途径．生物学通报，1995，30：11～12

[10] Brown T. A. Gene cloning. Printed in Great Britain by St. Esmundsbury Press Ltd, Bury St. Edmunds, Suffolk, 1990

[11] Sambrook J., Fritsch E. F., Maniatis T. Molecular cloning: A laboratory manul, second edition, Cold Spring Harbor Laboratory Press, Printed in the United States of America, 1989

[12] 〔美〕Sambrook J., Fritsch E. F., Maniatis T. 著；金冬雁，黎孟枫等译．分子克隆．北京：科学出版社，1998

[13] 卢圣栋．现代分子生物学实验技术．北京：高等教育出版社，1993

[14] 〔英〕Clark M. S. 主编；顾红雅，瞿礼嘉主译；陈章良主校．植物分子生物学实验手册．北京：高等教育出版社-施普林格出版社，1998

[15] 李毅，陈章良．水稻病毒的分子生物学．北京：科学出版社，2001

[16] 陈章良．植物基因工程学．吉林：吉林科学技术出版社，1993

[17] 朱玉贤，李毅．现代分子生物学．北京：高等教育出版社，1997

[18] 顾红雅，瞿礼嘉，胡平，陈章良．现化生物技术导论．北京：高等教育出版社-施普林格出版社，1998

实验 43　外源基因在原核细胞中表达和初步纯化

根据原核生物基因表达特点选择载体进行目的基因克隆，然后转入相应的菌种中表达目的蛋白质。为使蛋白质在纯化过程中不被降解，可使用多种蛋白酶抑制剂，而且纯化过程在4℃进行。本实验使用 *E. coli* DH5α菌株含质粒 pGEX2-Gst-R9 表达基因 RDV-S9 的编码蛋白。

【实验目的】

掌握一种外源基因在原核细胞中的表达方法；在 *E. coli* DH5α菌中表达基因 RDV-S9 的编码蛋白。

【实验原理】

随着人们对原核和真核生物基因调控的了解，通过综合控制基因转录、翻译、蛋白质稳定性及向胞外分泌等诸多方面的因素，构建出了多种具有不同特点的表达载体和工程菌株，以满足表达不同性质、不同要求的目的基因的需要。

在原核生物中表达蛋白质的载体常用启动子有 T7 启动子、Trp 启动子(色氨酸启动子)、Tac 启动子(乳糖和色氨酸的杂合启动子)、*lac* 启动子(乳糖启动子)等。乳糖启动子受分解代谢系统的正调控和阻遏物的负调控，如加入乳糖或某些类似物 IPTG 后，可与阻遏蛋白形成复合物，使阻遏蛋白构型改变，阻遏蛋白不再能与操纵基因结合而使基因表达。λP_L 启动子(噬菌体的左向启动子)的活性比 *lac* 启动子高 8～10 倍，它受 λ 噬菌体 CI 基因的负调控，CI 阻遏蛋白是温度敏感蛋白，在 28～32℃培养时，CI 产生抑制作用，在温度升至 42℃时，CI 被破坏，可使基因表达。

【器材与试剂】

一、器材

37℃及 42℃摇床，离心机，水浴锅，高压锅，超声波仪器，蛋白质电泳系统，电子天平，pH 计，量筒(10，100，500，1000 mL)，烧杯(50，100，500，1000 mL)，玻璃棒，微量移液器(1000，200，20 μL)，1.5 mL 离心管，吸头(1000，200 μL)，100 mL 三角瓶，10 mL 试管等。

E. coli DH5α菌株含质粒 pGEX2-Gst-R9，*E. coli* DH5α菌株含质粒 pGEX2-Gst。

二、试剂

(1) LB 液体培养基(pH 7.0)：胰蛋白胨 10 g/L，酵母提取物 5 g/L，NaCl 10 g/L。

(2) 氨苄青霉素(Amp)：100 mg/mL。

(3) 2×蛋白质 SDS-PAGE 上样缓冲液：100 mmol/L Tris-HCl(pH 6.8)，200 mmol/L DTT(二硫疏醇糖)，4% SDS，0.2%溴酚蓝，20%甘油。

(4) 100 mmol/L IPTG 无菌的水溶液，存放在－20℃。

(5) PBS 1000 mL：137 mmol/L NaCl(8.0 g)，2.7 mmol/L KCl(0.2 g)，4.3 mmol/L

$Na_2HPO_4 \cdot 7H_2O$(1.15 g)，1.4 mmol/L KH_2PO_4(0.2 g)。

(6) PMSF(苯甲磺酰氟，phenylmethylsulfonyl fluoride)：PMSF是有毒物质，要避免以各种方式吸入体内。用异丙醇配制成10×贮存液(1.3 mg/mL)存放在－20℃，用时在PBS中稀释10倍。在丢弃PMSF的水溶液时，应先用碱性试剂将其pH调到8.6以上，并且在室温放置4 h。

(7) 蛋白酶抑制剂：

蛋白酶抑制剂各种贮存液如下(分开配制)：

贮存液	浓 度
PMSF(苯甲磺酰氟，溶于异丙醇中)	7.5 mmol/L
二氮杂菲(phenanthroline,溶于甲醇中)	100 mmol/L
EDTA(pH 8.0)	0.5 mol/L
β-巯基乙醇(2-mercaptoethsnol)	14.4 mol/L
抑(蛋白)酶肽(aprotinin)	10 mg/ mL

蛋白酶抑制剂：每10 mL PBS中加入下列成分，它们的终浓度如右列所示。

试 剂	体 积	终浓度
PMSF(苯甲磺酰氟)	1 mL	0.75 mmol/L
二氮杂菲	500 μL	5 mmol/L
EDTA	200 μL	10 mmol/L
β-巯基乙醇	6 μL	10 mmol/L
抑(蛋白)酶肽	2 μL	2 μg/ mL

(8) 谷胱甘肽-琼脂糖(glutathione-sepharose)PBS浆：用大量的PBS洗1 mL Pharmacia的谷胱甘肽-琼脂糖或Sigma的谷胱甘肽-琼脂糖3次，最后以50%的PBS贮存在4℃。

(9) 30%凝胶贮备液200mL：29%(*W/V*)丙烯酰胺，1%(*W/V*)N,N-亚甲双丙烯酰胺。

(10) Tris-甘氨酸电泳缓冲液1 L (pH 8.3)：25 mmol/L Tris(3.01 g)，250 mmol/L甘氨酸(18.8 g)，10% SDS(10 mL)。

(11) 固定液50 mL：甲醇∶水∶乙酸为3∶1∶6。

(12) 脱色液200 mL：甲醇∶水∶冰醋酸为4.5∶4.5∶1。

(13) 染色液100 mL：0.25 g考马斯亮蓝R-250(Commassise blue R-250)溶解于100 mL脱色液。

(14) 其他试剂：10% SDS 10 mL，10%过硫酸铵10 mL(最好用时配制)，TEMED，1.5 mol/L pH 8.8 Tris-HCl 100 mL，1 mol/L pH 6.8 Tris-HCl 100 mL。

【实验步骤】

一、诱导外源蛋白表达及提取

(1) 从保存的*E. coli* DH5α菌株含质粒pGEX2-Gst-R9，*E. coli* DH5α菌株含质粒pGEX2-Gst平板上分别挑取单个菌落接种于3 mL的LB液体培养基中，其中培养菌液需加入Amp至终浓度为100 g/L，37℃振荡培养过夜。

(2) 次日上午 8 点钟按 1∶10 将培养的两种菌液分别转接在 10 mL 新鲜的 LB 液体培养基中,37℃时以 250 r/min 培养至对数生长中期(轻轻旋转菌液可以看到菌体形成的云雾)。

(3) 向每个管里加入 IPTG,其终浓度为 1 mmol/L,续继培养 1～3 h。

(4) 在用之前配制含蛋白酶抑制剂的 PBS,配好后放在冰上。

(5) 取上述各种菌液 3 mL,离心后弃上清液,然后加入 300 μL 冰冷的含蛋白酶抑制剂的 PBS,悬浮细胞,每个样品取出 10 μL 细胞完整的样品,放置在冰上,对这两个样品的处理参照第(12)步。

(6) 其余的样品也放置在冰上,对每个样品很快地进行两次 10 s 的超声波处理。

(7) 在 4℃离心 5 min,把上清液分别转移到另外一个离心管里。

(8) 向每个上清液中加入 50 μL 谷胱甘肽-琼脂糖-PBS 浆,在室温缓缓混合 2 min。

(9) 向每个样品中加入 1 mL 含蛋白酶抑制剂的 PBS,振荡 30 s,置冰上 5 min,离心 5 s,去掉上清液。

(10) 重复第(9)步 3 次。

(11) 每个样品取出 10 μL 洗过的谷胱甘肽-琼脂糖,加入等体积的 2×蛋白质 SDS-PAGE 上样缓冲液,沸水中放置 1 min。离心 15 s,然后放置在－20℃待用,其余的谷胱甘肽-琼脂糖存放在 4℃待用。

(12) 把第(5)步中取出的完整细胞样品加入等体积的 2×蛋白质 SDS-PAGE 上样缓冲液,沸水中放置 10 min。离心 15 s,然后放置在－20℃待用。

以上总共有 4 个加了蛋白质 SDS-PAGE 上样缓冲液的样品,对其中 3 个样品进行蛋白质的 SDS-聚丙烯酰胺凝胶电泳实验。

二、蛋白质电泳

(1) 洗净电泳用玻璃板,晾干,按仪器使用说明装好,并用无水乙醇检查灌胶装置的三边是否密封得很好。

(2) 配 12%分离胶 10 mL:30%丙烯酰胺溶液 4.0 mL,1.5 mol/L pH 8.8 Tris-HCl 2.5 mL,10% SDS 0.1 mL,10% 过硫酸铵 0.1 mL,TEMED 4 μL,双蒸水 3.3 mL。

在一小烧杯中加入以上各成分,向一个方向缓和旋转液体(防止气泡产生),缓和混匀。其中胶中 TEMED 的作用是催化过硫酸铵,使其形成游离氧基,这些游离氧基与丙烯酰胺接触,激活单体丙烯酰胺而形成单体长链,与此同时,由于交联剂 Bis 的存在,使长链与长链彼此交联形成凝胶。SDS 能打开蛋白的氢键、疏水键。

(3) 缓和灌入分离胶,防止气泡的产生,同时玻璃板留 2 cm 长的浓缩胶。用双蒸水封闭胶面。

(4) 大约 20 min 后,待分离胶凝固,配 5%浓缩胶 5mL:30%丙烯酰胺溶液 0.83 mL,1 mol/L pH 6.8 Tris-HCl 0.63 mL,10% SDS 0.05 mL,10% 过硫酸铵 0.05 mL,TEMED 5 μL,双蒸水 3.4 mL。以上各成分混匀[同第(2)步操作]。

(5) 吸净分离胶上的水,灌入浓缩胶,插入梳子,小心避免产生气泡。

(6) 待胶凝固后,拔出梳子,用 1×电泳缓冲液冲洗梳孔,上下槽加入 1×电泳缓冲液,检查是否渗漏缓冲液,并驱除凝胶底部的气泡。

(7) 按次序上样,同时上标准相对分子质量的蛋白质样品,作为估算未知蛋白分子大小的参照。

(8) 开始电泳时用 8 V/cm 凝胶,样品进胶后增大到 15 V/cm 凝胶。

(9) 指示剂电泳到分离胶底时,停止电泳,取下凝胶。

(10) 凝胶在固定液中固定 30 min(科研中需要 1~2 h)。

(11) 用双蒸水洗凝胶 3 次,每次 15 min。

(12) 用 20~50 mL 的染色液浸泡凝胶,放室温摇床上 40 min(科研中常用 1~2 h)。

(13) 换掉染色液并回收,用双蒸水冲洗一次。

(14) 再加入 20 mL 脱色液脱色,放在摇床上大约 30 min(科研中为得到理想清晰的照片,放摇床上 1 h,重复 3 次)。

(15) 检测脱色后的凝胶中外源蛋白表达量及相对分子质量(外源蛋白的相对分子质量为 3.9×10^4)。

【实验结果】参考图 43-1 的一个结果

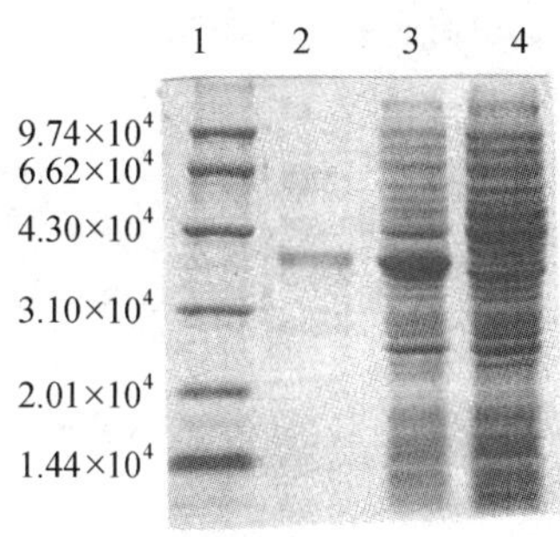

图 43-1 表达目的蛋白质的电泳结果

1—标准相对分子质量蛋白质;2—谷胱甘肽-琼脂糖纯化后的目的蛋白质样品;3—表达目的蛋白质的*E. coli* DH5α菌株含质粒 pGEX2-Gst-R9 的总蛋白质样品;4—*E. coli* DH5α菌株含质粒 pGEX2-Gst 的总蛋白质样品

【结果讨论与注意事项】

(1) 克隆的外源基因不能带有内含子。

(2) 外源基因与表达载体连接后,必须形成正确的开放阅读框(open reading frame)。

(3) 目的蛋白质表达量很低的情况下,从活化菌体的生长状态、温度、表达时间上摸索最佳表达条件。再不理想,可更换菌株、载体或其他表达系统,通过反复调整条件,一般都能获得较好的结果。

(4) 提高表达蛋白的稳定性,防止其降解。如采取表达 N-端融合蛋白(N-端由原核 DNA 编码,C-端由克隆的真核 DNA 的完整序列编码)、分泌蛋白(蛋白从胞质跨过内膜进入周间质)或采用某种突变菌株,保护表达蛋白不被降解。

【参考文献】

[1] Walt Ream, Katharine G. Foeld. Molecular Biology Techniques-an intensive laboratory course. Copyright 1999 by Academic Press; Printed in the United States of America, 1999

[2] Ding H. T., Ren H., Chen Q., Fang G., Li L. F., Li R., Wang Z., Jia X. Y., Liang Y. H., Hu M.

H., Yi Li, Luo J. C., Gu X. C., Su X. D., Luo M., Lu S. Y. Parallel cloning, expression, purification, and crystallization of human proteins for structural genomics. Acta Cryst. D, 2002, 58: 2102～2108

[3] Wu G., Cui H., Ye G. Y., Xia Y., Sardana R., Cheng X., Li Y., Altosaar I., Shu Q. Inheritance and expression of the cry1Ab gene in Bt (*Bacillus thuringiensis*) transgenic rice. Theor Appl Genet 2002, 104:727～734

[4] 胡苹,安成才,李毅等. 原核中表达的天花粉蛋白,几丁质酶及葡聚糖酶具有体外抗真菌活性. 微生物学报,1999, 39:234～240

[5] 鲁瑞方,李毅,杨崇林,彦华,陈章良. 水稻矮缩病毒外层外壳蛋白基因(S2)cDNA克隆、序列分析及在大肠杆菌中的表达. 微生物学报,1999, 19:306～314

[6] 肖锦,李毅,张净,刘劲锋,陈章良. 水稻矮缩病毒第一号组份基因和编码蛋白的序列分析. 1998,38: 348～358

[7] 颜华,李毅,宋云,邵莉,梁晓文,陈章良. 二羟基酮醇还原酶基因的克隆、全序列分析及在大肠杆菌中的表达. 应用基础与工程科学学报,1997, 5(2): 172～180

[8] 曲林,李毅等. 水稻矮缩病毒第七号基因序列分析及表达. 微生物学报,1996, 36: 335～343

[9] 赵晓岚,李毅等. 水稻矮缩病毒基因组第四号片段编码区的cDNA克隆、序列测定及编码蛋白的功能分析. 微生物学报,1996, 36(2): 93～102

[10] 李毅,王琰等. 甜菜坏死黄脉病毒RNA3 cDNA克隆序列和编码蛋白的功能分析以及在大肠杆菌中的表达. 微生物学报,1995, 35(6): 410～420

[11] 邵莉,李毅等. 查尔酮合酶(Chalcone Synthase, CHS)基因的克隆、全序列分析及在大肠杆菌中的高效表达. 生物工程学报,1995, 11:135～145

[12] 李玮,李毅等. 水稻矮缩病毒基因组第八号片段的cDNA克隆、序列分析及在大肠杆菌中的表达. 病毒学报,1995, 11(1): 56～62

[13] Li Yi, Koenig R., et al. Molecular cloning, sequencing and expression in *Escherichia coli* of the pelargonium leaf curl virus coat protein gene. Achives of Virology, 1993,29: 343～356

[14] 李玮,李毅,陈章良等. 水稻矮缩病毒基因组第八号片段的cDNA克隆,序列分析及在大肠杆菌中的表达. 病毒学报,1995, 11(1): 56～62

[15] 李毅,王琰,刘一飞,陈章良等. 甜菜坏死黄脉病毒RNA3 cDNA克隆序列和编码蛋白的功能分析以及在大肠杆菌中的表达. 微生物学报,1995, 35(6): 410～412

[16] Shao Li, Li Yi, et. al. Molecular cloning, sequencing and expression in *E. coli* of the Chalcone synthase gene. Chinese Journal of Biotechnology, 1995, 11(2): 131～135

[17] Brown T. A. Gene cloning. Printed in Great Britain by St. Esmundsbury Press Ltd, Bury St. Edmunds, Suffolk, 1990

[18] Sambrook J., Fritsch E. F., Maniatis T. Molecular cloning: A laboratory manul, second edition, Cold Spring Harbor Laboratory Press, Printed in the United States of America 1989

[19] 〔美〕Sambrook J., Fritsch E. F., Maniatis T. 著; 金冬雁,黎孟枫等译. 分子克隆. 北京: 科学出版社, 1998

[20] 卢圣栋. 现代分子生物学实验技术. 北京: 高等教育出版社,1993

[21] 〔英〕Clark M. S. 主编; 顾红雅,瞿礼嘉主译; 陈章良主校. 植物分子生物学实验手册. 北京: 高等教育出版社-施普林格出版社,1998

[22] 李毅,陈章良. 水稻病毒的分子生物学. 北京: 科学出版社,2001

[23] 陈章良. 植物基因工程学. 吉林: 吉林科学技术出版社,1993

[24] 朱玉贤,李毅. 现代分子生物学. 北京: 高等教育出版社,1997

[25] 顾红雅,瞿礼嘉,胡平,陈章良. 现化生物技术导论. 北京: 高等教育出版社-施普林格出版社,1998

实验 44　DNA 的 Southern 分析

DNA 的 Southern 分析是 1975 年由 E. M. Southern 建立的 DNA 杂交方法。本实验通过琼脂糖凝胶电泳将 DNA 按大小分离后,通过毛细管作用,把凝胶中的 DNA 转移到一固相支持膜上,用放射性或荧光等物质标记的单链 DNA 或 RNA 探针与固定于膜上的 DNA 杂交,经放射自显影或显色等方法确定与探针互补的电泳条带的位置。

【实验目的】

熟悉 DNA 的印迹技术;学习用地高辛(Dig)标记的探针检测目的 DNA 的方法;用地高辛(Dig)-11-dTTP 标记 GUS 基因的 400bp 的 DNA 片段,检测转 GUS 基因兰花中 GUS 基因 DNA。

【实验原理】

DNA 通过琼脂糖凝胶电泳按大小分离后,使 DNA 在原位发生变性(通过变性液使双链变成单链),再通过毛细管作用、电转移或真空转移把凝胶中的 DNA 转移到一固相支持膜上,如硝酸纤维素膜或尼龙膜,DNA 在转移到固相支持膜的过程中,各个 DNA 片段的相对位置保持不变,用放射性或荧光等标记的单链 DNA 或 RNA 与固定于滤膜上的 DNA 杂交,使具有同源序列的两条单链 DNA 复性,经放射自显影等方法确定与探针互补的电泳条带的位置。这一方法自 1975 年由 Southern 建立以来几乎没有多大的改动,惟一明显的改变就是用尼龙膜代替了硝酸纤维素膜,尼龙膜的优点是易于处理,对 DNA 结合效率高而且牢固,特别是在低离子强度的缓冲液中对于低相对分子质量(50 bp)的核酸仍有较强的结合能力,另外同一张膜可用不同探针进行多次杂交。

【器材与试剂】

一、器材

电泳仪,尼龙膜,Parafilm 膜,恒温水浴锅,电子天平,pH 计,杂交仪,80℃烘箱,100℃水浴锅,小摇床,Zip 塑料袋,量筒(10,100,500,1000 mL),烧杯(50,100,500,1000 mL),玻璃棒,微量移液器(1000,200,20 μL)、吸头(1000, 200 μL),1.5 mL 离心管,直径 30 cm 大平皿,Whatman 3 mm 滤纸,40 cm×15 cm 玻璃板,纸巾,500 g 重物。

Dig 标记 GUS 基因 400 bp 的 DNA 片段作为探针,转 GUS 基因兰花(D. phalaenopsis Banyan pink)总 DNA 15 μg 的 *Hin*d Ⅲ酶切产物,非转基因兰花(D. phalaenopsis Banyan pink)总 DNA 15 μg 的 *Hin*d Ⅲ酶切产物,克隆有 GUS 基因的质粒 pCAMBIA1301 *Hin*d Ⅲ酶切产物。

二、试剂

(1) 琼脂糖:选用高质量的琼脂糖,使 DNA 转膜时凝胶不会被压碎。

(2) TAE 母液(50×)50 mL:12.1 g Tris 碱,2.85 mL 冰醋酸,5 mL 0.5 mol/L EDTA

(pH 8.0)。

(3) 6×DNA 电泳上样缓冲液：0.25%溴酚蓝，40%(*W/V*)蔗糖水溶液。

(4) 0.25 mol/L HCl 200 mL：50 mL 1 mol/L HCl +150 mL H_2O。

(5) 1 mol/L HCl 200 mL：17.24 mL 浓 HCl 加水至 200 mL。

(6) 变性缓冲液：0.5 mol/L NaOH，1.5 mol/L NaCl。

(7) 中和缓冲液：0.5 mol/L pH 7.5 Tris-HCl，3 mol/L NaCl。

(8) 20×SSC：3 mol/L NaCl，0.3 mol/L pH 7.0 柠檬酸钠。

(9) 标准预杂交缓冲液：5×SSC，1%（*W/V*）封闭缓冲液(Roche 公司产品)，0.1%(*W/V*) N-十二烷基肌氨酸钠，0.02% SDS，50% 甲酰胺。

(10) 2×洗膜缓冲液：2×SSC，0.1% SDS。

(11) 0.1×洗膜缓冲液：0.1×SSC，0.1% SDS。

(12) 显色缓冲液Ⅰ(pH 7.5)：100 mmol/L 马来酸，150 mmol/L NaCl。

(13) 显色缓冲液Ⅱ：用时现配 20 mL。用 18 mL 缓冲液Ⅰ和 2 mL 10×封闭缓冲液(Roche 公司产品)混匀。

(14) 显色缓冲液Ⅲ(pH 9.5)：0.1 mol/L Tris-HCl，100 mmol/L NaCl，50 mmol/L $MgCl_2$。

(15) 缓冲液Ⅳ(pH 8.0)：1 mmol/L Tris，1 mmol/L EDTA。

(16) NBT(硝基四氮唑蓝)：0.5 g/10 mL 70% 二甲基甲酰胺。

(17) BCIP(5-溴-4-氯-3-吲哚磷酸盐)：0.5 g/10 mL 100% 二甲基甲酰胺。

(18) 封闭试剂：Roche 公司产品，用缓冲液Ⅰ配制成 10%(*W/V*)，加热助溶，但不能煮沸。

(19) 碱性磷酸酶偶联的地高辛抗体(Anti-Dig-Ap)。

【实验步骤】

一、DNA 电泳和转膜

(1) 用 1×TAE 缓冲液配制 0.8%的琼脂糖胶，然后向电泳槽内加上 1×TAE 缓冲液。上样(所测样品，正、负对照样品和标准相对分子质量 DNA 同时上样)后用 50～75 V 进行电泳，当溴酚蓝距胶边缘 2 cm 左右时停止。

(2) 电泳结束后，戴上手套，取下胶，切掉多余胶，再切掉一角作为标记。

(3) 将凝胶在 0.25 mol/L HCl 200 mL 浸泡 5 min 使 DNA 部分脱嘌呤，浸泡过程要轻摇(样品为大于 10 kb DNA 需要此步操作，若检测条带皆小于 10 kb 可以省略此步。酸会降低检测灵敏性)。

(4) 灭菌双蒸水洗凝胶 5 min。

(5) 凝胶浸泡在 200 mL 变性缓冲液中 15 min，在此期间缓缓轻摇。

(6) 灭菌双蒸水洗胶两次，每次 5 min。

(7) 凝胶浸在 200 mL 的中和缓冲液中 15 min，在此期间缓缓轻摇，然后用灭菌双蒸水洗凝胶两次，每次 5 min。

(8) 毛细管作用转膜:在大平皿中盛 500 mL 20×SSC,戴手套后架上玻璃板,在玻璃板上铺三层湿润的滤纸,然后依次放凝胶、放膜(要求一次性把膜放好,不能反复移动)。每次要赶出每层之间的气泡,凝胶的四周用 parafilm 封住,将两层与膜大小相同的滤纸放在膜上。

(9) 依次放上吸水纸、玻璃板、500 g 重物。

(10) 转膜 2,7,14 h 时各换一次吸水纸,转膜大约需要 24 h。

(11) 取出膜在 2×SSC 中洗一次,把膜夹在两层滤纸中。

(12) 80℃烘干 2 h,室温保存。

二、预杂和杂交

(1) 选用比膜稍大的塑料袋,按照 1 cm^2 加入 200 μL 标准预杂交液,预杂 2 h。

(2) 对于双链 DNA 探针先煮沸 10 min,然后立即放在冰上。

(3) 倒掉预杂交液,加入同样量的新标准预杂交液,然后加入探针,浓度为 5～25 ng/mL,在 42℃杂交过夜(标准杂交缓冲液用 68℃,标准杂交缓冲液含 50%甲酰胺用 37～42℃,高 SDS 缓冲液用 37～42℃。膜可以在－20℃保存一年,再次用时应于 95℃温育 10 min,有甲酰胺时于 68℃温育 10 min)。

三、洗膜

(1) 用 2×洗膜缓冲液室温下以 60 r/min 洗两次,每次 5 min。

(2) 用 0.1×洗膜缓冲液在 68℃下以 60 r/min 洗两次,每次 5 min(探针大于 100 bp,于 68℃洗膜,其他大小的探针洗膜温度同杂交温度)。

四、显色

(1) 用显色缓冲液Ⅰ洗膜 1 min。

(2) 在 10 mL 显色缓冲液Ⅱ中封闭 30 min。

(3) 把 Anti-Dig-Ap 抗体用显色缓冲液Ⅱ按 1∶5000 稀释(2 μL 的 Anti-Dig-Ap 加入 10 mL显色缓冲液Ⅱ中轻摇混匀,可以在 4℃放 12 h)。

(4) 把膜浸入上述稀释好的抗体中 30 min。

(5) 把膜转至新容器中,用显色缓冲液Ⅰ洗膜 2 次,每次 15 min。

(6) 把膜在 20 mL 显色缓冲液Ⅲ中中和 2 min。

(7) 配显色底物,即在 10 mL 显色缓冲液Ⅲ中加入 45 μL NBT 和 35 μL BCIP 混匀,然后放入膜,置于暗处 12 h,注意不用摇动。

(8) 条带出现后,用 50 mL 显色缓冲液Ⅰ洗膜 5 min,终止反应,对结果扫描或照相。膜自然干燥后,条带变浅,可用缓冲液Ⅳ泡 2 min 以恢复到类似原来的颜色。若要用同一张膜再次杂交,则需把膜保存在缓冲液Ⅳ中,不能让膜变干。

【实验结果】参考图 44-1

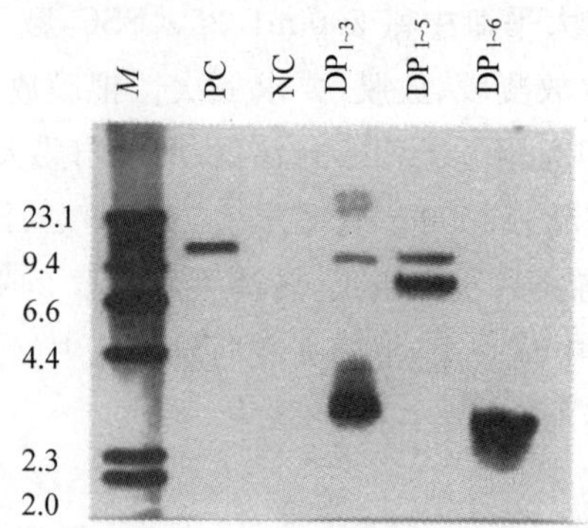

图 44-1 Southern 结果

M—λDNA/*Hin*d Ⅲ标准相对分子质量；PC—正对照，质粒 pCAMBIA1301 的 *Hin*d Ⅲ酶切产物；NC—负对照，非转基因兰花总 DNA；$DP_{1\sim3}$ 和 $DP_{1\sim6}$—GUS 染色阳性的转基因兰花总 DNA 的 *Hin*d Ⅲ酶切产物；$DP_{1\sim5}$—GUS 染色阴性的转基因兰花总 DNA 的 *Hin*d Ⅲ酶切产物

【结果讨论与注意事项】

(1) 对于基因组 DNA，在进行酶解反应后，一定要先经电泳检查酶解结果，对于酶最好是选识别 6 个碱基序列的内切酶(*Eco*R Ⅰ，*Hin*d Ⅲ，*Bam*H Ⅰ)，这样得到的酶解片段较大，另外避免使用甲基化敏感的酶(*Pst* Ⅰ，*Sal* Ⅰ，*Cla* Ⅰ，*Xho* Ⅰ)。

(2) 酶解产物要求酶解完全，若 DNA 浓度低时，要进行 DNA 沉淀加以浓缩。另外，样品中不能含 RNA。

(3) 对大于 10 kb 的 DNA，上样 2 min 以后，等 DNA 在上样孔内分布均匀后再电泳。

(4) 选用的标准相对分子质量 DNA 最好能涵盖 23 kb 到 500 bp 的范围。

(5) 紫外光照射会降低 DNA 互补杂交的能力，因此要尽量缩短凝胶在紫外灯下的暴露时间。

(6) 转移时吸水纸上的重物不可太重，因为转移靠的是毛细管作用，重物过重会将胶压扁并且导致杂交条带变宽。

(7) 硝酸纤维素膜具有较强的吸附单链 DNA、RNA 的能力，特别是在高盐浓度下，其结合能力可达 80～100 $\mu g/cm^2$，吸附的核酸经真空中烘烤后，依靠疏水性相互作用而结合在硝酸纤维素膜上，这种结合并不十分牢固，随着杂交及洗膜的进程，DNA 会慢慢地脱离膜，特别是在较高的温度情况下，从而使杂交效率下降，因此不太适宜在同一膜上重复进行杂交。硝酸纤维素膜与核酸的结合是依赖于高盐浓度(10×SSC)，在低盐浓度时结合核酸效果不佳，因此也不适宜于电转印迹法。还有硝酸纤维素膜对于低相对分子质量 DNA 片段(小于 200 bp DNA)结合能力不强，因此现多采用尼龙膜。

(8) 如果选用尼龙膜，可在碱性条件下将 DNA 转移到膜上，转移结束后，再对尼龙膜进行中和处理，而且碱转移时已将 DNA 固定在尼龙膜上，转移后不需再进行固定处理。碱性转移的另一优点是由于膜对 DNA 的结合力强，限制了 DNA 的扩散，使 DNA 带更清晰，分辨率提高。

(9) DNA 片断的大小决定其转移的速度，小于 1 kb 的 DNA 片段，1 h 即可基本完成。转移大于 15 kb 的 DNA 片断需要 18 h 以上。因此对于大片段 DNA 的转移,可用稀盐酸对 DNA 进行脱嘌呤处理 10 min,使之降解成较小的片断,以提高转移效率。但脱嘌呤处理时间不能过长,否则 DNA 片段过小,结合能力下降,而且小片断 DNA 扩散会使杂交带模糊。

(10) 这里所指的 DNA 变性为 DNA 二级双螺旋解旋,两条链完全解离,但没有破坏其一级结构。由于维持 DNA 螺旋的力主要是氢键和疏水性相互作用,而氢键是一种次级键,能量较低,因此通过加热、利用有机溶剂及高盐浓度等都可使 DNA 二级结构被破坏。

(11) 选择适当的杂交和洗膜温度是核酸分子杂交中的最关键因素之一,通常杂交温度应在低于 T_m 值 15～25℃温度下进行。温度过高,有利于 DNA 变性,不利于 DNA 的复性;温度过低,少数碱基配对形成的局部双链不易解离,难以继续正确配对。实际中准确的 T_m 值难以计算,也无必要,依经验大多数杂交反应在 68℃进行,如果杂交液中含 50% 甲酰胺,杂交反应在 42℃进行。如果结果不理想,依据杂交条带与背景情况重新选择杂交温度,可在原膜上再杂交。

【参考文献】

[1] Men S., ming X., wang Y., Liu R., Wei C., Li Y. Genetic transformation of two species of orchid by biolistic bombardment. Plant Cell Rep, 2003, 21:592～598

[2] Men S. Z., Ming X. T., Liu R. W., Wei C. H., Li Y. Agrobacterium-mediated genetic transformation of a Dendrobium orchid. Plant Tissue and Organe Culture. 2003, 75:63～71

[3] Zheng H. H., Yu L., Wei C. H. Hu D. W., Chen Z. L., and Li Y. Assembly of double- shelled, virus-like particles in the transgenic rice plants expressing two major stuctural proteins of rice dwarf virus. Journal of Virology, 2000, 74: 9808～9810

[4] Walt Ream, Katharine G. Foeld. Molecular Biology Techniques—an intensive laboratory course. Copyright 1999 by Academic Press; Printed in the United States of America

[5] Brown T. A. Gene cloning. Printed in Great Britain by St. Esmundsbury Press Ltd, Bury St. Edmunds, Suffolk, 1990

[6] Sambrook J., Fritsch E. F., Maniatis T. Molecular cloning: A laboratory manul, second edition, Cold Spring Harbor Laboratory Press, Printed in the United States of America, 1989

[7] 〔美〕Sambrook J., Fritsch E. F., Maniatis T. 著;金冬雁,黎孟枫等译. 分子克隆. 北京:科学出版社, 1998

[8] 卢圣栋. 现代分子生物学实验技术. 北京:高等教育出版社,1993

[9] 〔英〕Clark M. S. 主编;顾红雅,瞿礼嘉主译;陈章良主校. 植物分子生物学实验手册. 北京:高等教育出版社-施普林格出版社,1998

[10] 李毅,陈章良. 水稻病毒的分子生物学. 北京:科学出版社,2001

[11] 陈章良. 植物基因工程学. 吉林:吉林科学技术出版社,1993

[12] 朱玉贤,李毅. 现代分子生物学. 北京:高等教育出版社,1997

[13] 顾红雅,瞿礼嘉,胡平,陈章良. 现化生物技术导论. 北京:高等教育出版社-施普林格出版社,1998

J 组织学部分

实验 45　动物组织石蜡切片制作

组织切片技术是通过将动物的各种器官组织制成切片，放在显微镜下观察和研究细胞、组织的形态结构和生理机能。它是组织胚胎学、发育生物学、细胞生物学、病理学等生物学科的基础研究方法。组织切片法又包括石蜡切片法、火胶棉切片法、冰冻切片法等，其中最常用的是石蜡切片法。

石蜡切片是教学与科研工作中广泛应用的一种实验技术，其操作简便、容易，可以切出较薄的切片，并且易于制作连续切片。缺点是不适于较大的标本，而且材料在经过固定、脱水、浸蜡的过程中容易收缩。

常规石蜡切片的制作包括取材、固定、冲洗、脱水、透明、浸蜡、包埋、切片、染色、封固等步骤。取材是根据观察的目的选取动物体的组织或器官，应注意材料新鲜、结构完整、大小适当；固定的目的在于尽量保持组织和细胞生活时的原有形态结构，同时易于染色；冲洗、脱水、透明、浸蜡、包埋均为切片前的必要步骤，之后才能将组织切成薄片；然后根据观察的需要，选择不同的染料进行染色，使组织或细胞的各部分的形态结构显得更加清晰。最常用的是苏木精和伊红的染色（简称 H. E 染色），它将细胞核染成蓝色，而细胞质呈红色。

【实验目的】

制作实验动物的组织切片并染色。

【实验器材】

一、器材

切片机 2 台，展片台 5 台，温箱 1 个，显微镜，染缸，剪刀，镊子，纱布，解剖针，载玻片，盖玻片，滤纸，培养皿。

实验动物。

二、试剂

酒精，二甲苯，石蜡，树胶，蛋白胶，包氏固定液，盐酸，蒸馏水，苏木精-伊红（H. E）染液。

【实验步骤】

一、取材

将实验动物处死后，立即进行解剖。每个同学选取不同的器官组织，剪下组织块。注意刀、剪要锋利，取材要迅速、准确，不可用力揉压组织块，避免组织收缩、自溶或损伤。组织块大小在 5 mm×5 mm×2 mm 为宜，易于说明问题和固定液的穿透。

取材时先准备好玻璃小瓶，倒入适量的固定液。

二、固定

将剪下的标本迅速投入到固定液的小瓶中，金属的器械如剪和镊子不要接触固定液。用铅笔写一标签注明标本名称、固定液名称和固定的时间，将标签也一同放入固定液小瓶中。不要用水笔或油笔写标签。固定的时间因固定液的种类和组织块的大小不同而异。包氏固定液一般为 12～24 h，任氏固定液需 24 h，卡氏固定液则只需 1 h 左右。

三、冲洗

冲洗的目的是洗去标本中过剩的固定液，以免影响制片和染色。根据固定液的种类，选择用水或酒精冲洗。

含有酒精的固定液，用相同浓度的酒精浸洗数次后可进行下一步。10%甲醛短时固定的标本可不经水洗，由 50%酒精开始脱水；但是固定了数月的标本必须充分水洗。

四、脱水

为使组织能够完全包埋在石蜡中，组织块经过固定和冲洗的步骤后，还必须让它完全脱去水分。将组织块经过各级浓度的酒精，逐步将组织内部的水分彻底替换出去，有利于组织的透明、浸蜡。

30%酒精→50%酒精→70%酒精→80%酒精→90%酒精→95%酒精（Ⅰ）→95%酒精（Ⅱ）→100%酒精（Ⅰ）→100%酒精（Ⅱ）各浸泡 45 min～1 h。

较大较厚的组织块，脱水时间要长一些；较小、较薄的组织块脱水时间可以缩短一些。

五、透明

透明剂有取代酒精的作用，又有溶解石蜡的功效，组织块经过透明处理，易于石蜡渗入到组织内部，有利于包埋和切片。常用的透明剂有二甲苯、甲苯、苯、氯仿和香柏油等。

本实验中采用二甲苯透明。先将脱水后的组织块放入 100%酒精与二甲苯液 1∶1 的混合液中 10～20 min 后，换入纯的二甲苯液中 30～40 min。对着光观察，组织是否透明。

六、浸蜡

将已透明的组织块浸入透明剂与融化石蜡（1∶1）的混合液中 30 min，然后移入溶好的纯石蜡（Ⅰ）和纯石蜡（Ⅱ）中各 1 h，逐步除去透明剂，使石蜡渗入到组织块的各个部分。

七、包埋

组织经过石蜡的充分浸透之后，需要将组织块包埋在石蜡中才能切片。准备好包埋框，然后倒入融化的石蜡，用镊子轻轻将组织块放入包埋框中，将要切的面朝下摆正位置。注意石蜡应能盖过组织块，同时标签也一同放入石蜡液中，与组织块相隔一定距离。如果同时包埋多个材料时，应注意每块组织之间留有 8～10 mm 的距离。摆好组织块的位置后，将包埋框轻轻放入冷水盆中，待表面冷却凝固时，将包埋框整个放入水中。等蜡块完全凝固后取出。

八、切片

切片前需要修整蜡块，并将它固定在木块上。组织周围应留有 1～2 mm 宽的石蜡，否则不易切片和展片。

使用旋转切片机切片。切下的蜡带放在一张干净的纸上，选择好的切片进行贴片。贴片的方法如下：在干净的载玻片中间先涂上很薄的一层蛋白胶，再加几滴清水，将蜡带用刀片切取，放在载玻片的水中，然后将带有蜡片的载玻片放在展片台上，蜡片因受热而伸展。待切片干后，置于37℃温箱中烤干，然后染色。

九、染色

为区别组织和细胞内部的微细结构，需用不同的染料使组织或细胞的各部分染上不同的颜色，便于显微镜下分辨其形态结构。

常用苏木精和伊红的染色（简称 H.E 染色）。细胞核能染上碱性染料，被苏木精染成蓝色；而细胞质嗜酸性染料，被伊红染成红色。

染色前准备好染色缸，并分别放入二甲苯、不同浓度的酒精和染料中，并按顺序贴好标签。

染色具体流程：

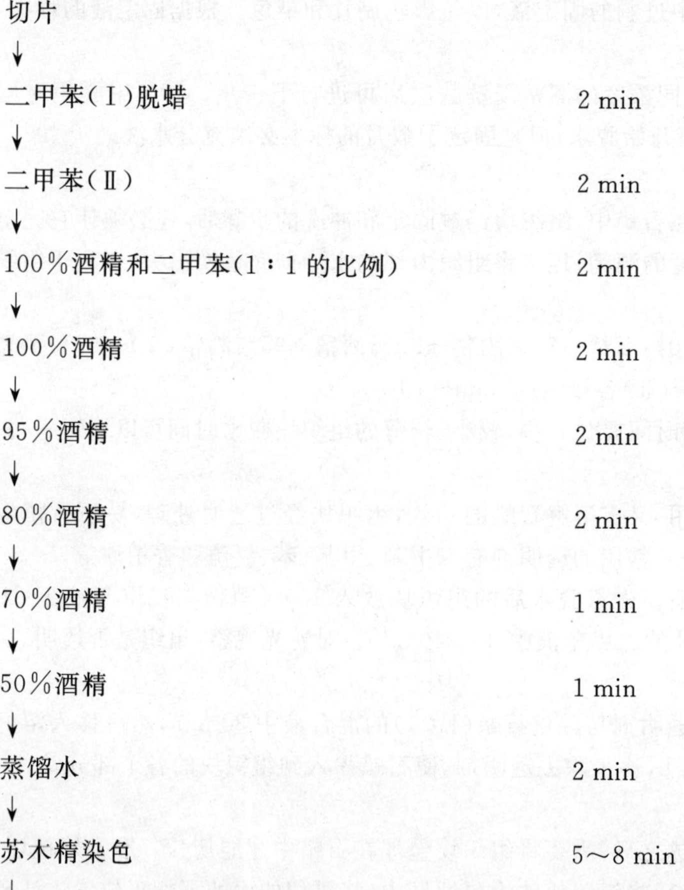

切片

↓

二甲苯（Ⅰ）脱蜡　　2 min

↓

二甲苯（Ⅱ）　　2 min

↓

100％酒精和二甲苯（1∶1 的比例）　　2 min

↓

100％酒精　　2 min

↓

95％酒精　　2 min

↓

80％酒精　　2 min

↓

70％酒精　　1 min

↓

50％酒精　　1 min

↓

蒸馏水　　2 min

↓

苏木精染色　　5～8 min

↓

自来水冲洗（在显微镜下检查染色效果，细胞核若染色太深，则适当进行分化；若太浅，可经蒸馏水洗后放回重染）

↓

0.1％盐酸分色数秒，在显微镜下检查核褪至浅红色，细胞质和结缔组织近于无色

↓

蒸馏水　　1 min

↓

70％酒精　　1 min

↓
80%酒精　　1 min
↓
90%酒精　　1 min
↓
0.5%伊红(95%酒精溶液)　　几秒钟
↓
95%酒精(Ⅰ)　　1 min
↓
95%酒精(Ⅱ)　　2 min
↓
100%酒精(Ⅰ)　　1 min
↓
100%酒精(Ⅱ)　　2 min
↓
100%酒精和二甲苯(1∶1的比例)　　1 min
↓
二甲苯(Ⅰ)　　2 min
↓
二甲苯(Ⅱ)　　2 min

十、封片

从二甲苯中取出切片,找出正反面,用干净纱布擦净多余的二甲苯。在组织切片上滴一滴树胶,轻轻加上盖玻片(注意防止气泡产生)。

【实验结果】

组织完整,细胞界限清楚,切片干净。

细胞核呈蓝紫色,细胞质、胶原纤维、肌肉组织呈不同色调的粉红色。

示范片见图45-1。

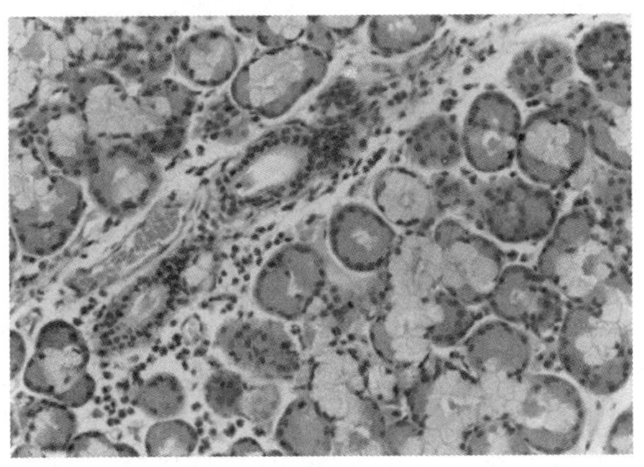

图45-1 大熊猫颌下腺,H.E染色,4X

将组织连续切片进行计算机处理，构建动物器官系统的三维立体结构。

(1) 按上述实验方法制作组织学的连续切片。

(2) 对连续切片进行显微数码照相。

(3) 应用专业软件 3d-Doctor，对图像进行处理，构建三维立体结构图。

3d-Doctor 为医学、生物学研究的专业软件。可以将 CT 断层扫描、组织连续切片等图像经过一系列的处理，提取所需结构的轮郭，构建三维立体图像，并且可以进行不同角度的旋转，以便观察。

【参考文献】

[1] 曹焯，陈茂生. 组织学实验指导. 北京：北京大学出版社，1997

[2] 芮菊生等. 组织切片技术. 北京：人民教育出版社，1980

[3] 邹仲之. 组织学与胚胎学. 北京：人民卫生出版社，2001

实验 46 核酸、肝糖和碱性磷酸酶的组织化学染色

应用化学、物理、生物化学、免疫学或分子生物学的原理和技术，与组织学技术相结合，在组织切片上定性、定位地显示某种物质的存在以及分布状态。基本原理是在切片上加某种试剂，和组织中的待检物质发生化学反应，其最终产物或为有色沉淀物，用光镜观察；或为重金属沉淀，可用电镜观察。

(1) 糖类常用碘酸希夫反应(PAS 反应)显示多糖和糖蛋白的糖链。糖被强氧化剂过碘酸氧化，形成多醛；后者再与无色的品红硫酸复合物(及希夫试剂)结合，形成紫红色反应产物。

(2) 脂类可用锇酸固定并染色，呈黑色。标本也可以用甲醛固定，用苏丹类、尼罗蓝等脂溶性染料染色，脂类呈现相应颜色。

(3) 脱氧核糖核酸常用福尔根反应来染色。切片经稀盐酸处理，使 DNA 水解；再用希夫试剂处理，形成紫红色反应产物。若要同时显示 DNA 和 RNA，则用甲基绿-派洛宁反应染色。切片经染色后，染色质中的 DNA 被甲基绿染成蓝绿色，核仁和胞质中的 RNA 被派洛宁染成红色。

(4) 酶类不同种类有不同的染色显示方法。通过显示酶的活性来表明酶的存在。将切片置于含特异性底物的溶液中孵育，底物经酶的作用形成初级反应产物，再和某种捕捉剂结合，形成显微镜下可见的沉淀物，即最终反应产物。

【实验目的】

了解组织切片化学染色技术的原理；学习显示脱氧核糖核酸的福尔根反应，甲基绿-派洛宁染色显示核糖核酸、糖类的 PAS 反应。

【器材与试剂】

(1) 1 mol/L 盐酸：浓盐酸 10 mL，蒸馏水 110 mL。

(2) 希夫试剂：碱性品红 1 g，1 mol/L 盐酸 20 mL，偏重亚硫酸钠($Na_2S_2O_5$) 1 g，活性炭 2 g，蒸馏水 200 mL。

(3) 偏重亚硫酸钠漂洗液(现用现配)：10%偏重亚硫酸钠 5 g，蒸馏水 100 mL，1 mol/L 盐酸 5 mL。

(4) 高碘酸溶液：高碘酸 1 g+蒸馏水 100 mL，或碘酸钾 0.7 g+0.3%硝酸 100 mL。

(5) 甲基绿-派洛宁溶液：5%派洛宁 y 水溶液 13.5 mL，2%甲基绿水溶液 13.5 mL，蒸馏水 72 mL。将 2%甲基绿水溶液倾入分液漏斗，加入过量氯仿反复洗 3 次，除去甲基紫。

(6) 醋酸盐缓冲液(pH 4.8)：

A 液：冰醋酸 1.2 mL，加入蒸馏水 100 mL；

B 液：醋酸钠 1.64 g，加入蒸馏水 100 mL。

临用前取 A 液 40 mL 和 B 液 60 mL，混合后使用。

【实验步骤】

一、高碘酸希夫反应(periodic acid Schiff reaction,简称 PAS 反应)

组织切片按常规顺序脱蜡入水
↓
高碘酸溶液氧化　　5～10 min
↓
流水冲洗　　5 min
↓
蒸馏水　　1 min
↓
放入希夫试剂中反应　　10～15 min
↓
放入偏重亚硫酸钠漂洗液中(第 1 瓶)　　1 min
↓
偏重亚硫酸钠漂洗液中(第 2 瓶)　　2 min
↓
偏重亚硫酸钠漂洗液中(第 3 瓶)　　3 min
↓
流水冲洗　　5～10 min
↓
蒸馏水洗后,按常规方法步骤脱水、透明、封片。

对照实验:

切片按常规顺序脱蜡入水后
↓
置于唾液中(在 37℃)　　30 min
↓
温水洗去唾液　　5 min
↓
高碘酸处理,以下步骤同前。

二、福尔根(Feulgen)反应显示脱氧核糖核酸(DNA)

组织切片按常规顺序脱蜡入蒸馏水
↓
室温 1 mol/L 盐酸略洗
↓
1 mol/L 盐酸 60℃水解　　6 min
↓
室温 1 mol/L 盐酸略洗
↓

希夫试剂中　　　　1.5～2.5 h

↓

偏重亚硫酸钠漂洗液，更换 3～5 次，每次 1 min

↓

流水洗　　　　10～15 min

↓

蒸馏水洗后，按常规方法步骤脱水、透明、封片。

三、甲基绿-派洛宁染色显示核糖核酸(RNA)

组织切片按常规顺序脱蜡入蒸馏水

↓

取甲基绿-派洛宁染液和醋酸盐缓冲液等量混合后为染液

↓

在染液中反应　　　　30～60 min

↓

蒸馏水速洗，用吸水纸吸干

↓

用丙酮洗　　　　1～2 s

↓

用等量丙酮和二甲苯混合液洗　　　　1～2 s

↓

二甲苯透明

↓

树胶封片。

【实验结果】

(1) PAS 反应中糖原呈红色至紫红色。

对照实验中，糖原经唾液中酶的分解后，PAS 反应不着色；如若仍能着色，则为糖原以外的其他物质。

(2) 福尔根反应中 DNA 呈紫红色。

注意避免用含甲醛的固定液，以防影响反应的正确性。水解处理过程，温度必须保持在 60±0.5℃，时间可因固定液的不同而有差异。卡氏固定液 4～8 min，任氏固定液 2～5 min。

(3) 甲基绿-派洛宁染色后，RNA 呈红色，DNA 呈绿色或蓝绿色。

【参考文献】

[1] 曹焯，陈茂生. 组织学实验指导. 北京：北京大学出版社，1997

[2] 芮菊生等. 组织切片技术. 北京：人民教育出版社，1980

[3] 邹仲之. 组织学与胚胎学. 北京：人民卫生出版社，2001

附　录

附录Ⅰ　生物化学实验常用数据表

Ⅰ.1　常用缓冲溶液的配制方法

1. 甘氨酸-盐酸缓冲液(0.05 mol/L)

x mL 0.2 mol/L 甘氨酸＋y mL 0.2 mol/L HCl,加水稀释至 200 mL

pH	x/mL	y/mL	pH	x/mL	y/mL
2.2	50	44.0	3.0	50	11.4
2.4	50	32.4	3.2	50	8.2
2.6	50	24.2	3.4	50	6.4
2.8	50	16.8	3.6	50	5.0

甘氨酸,M_r＝75.07,0.2 mol/L 甘氨酸溶液为 15.01 g/L

2. 甘氨酸-氢氧化钠缓冲液(0.05 mol/L)

x mL 0.2 mol/L 甘氨酸＋y mL 0.2 mol/L NaOH,加水稀释至 200 mL

pH	x/mL	y/mL	pH	x/mL	y/mL
8.6	50	4.0	9.6	50	22.4
8.8	50	6.0	9.8	50	27.2
9.0	50	8.8	10.0	50	32.0
9.2	50	12.0	10.4	50	38.6
9.4	50	16.8	10.6	50	45.5

甘氨酸,M_r＝75.07,0.2 mol/L 甘氨酸溶液为 15.01 g/L

3. 邻苯二甲酸氢钾-盐酸缓冲液(0.05 mol/L,20 ℃)

x mL 0.2 mol/L 邻苯二甲酸氢钾＋y mL 0.2 mol/L HCl,加水稀释到 20 mL

pH	x/mL	y/mL	pH	x/mL	y/mL
2.2	5	4.670	3.2	5	1.470
2.4	5	3.960	3.4	5	0.990
2.6	5	3.295	3.6	5	0.597
2.8	5	2.642	3.8	5	0.263
3.0	5	2.032			

邻苯二甲酸氢钾,M_r＝204.23,0.2 mol/L 邻苯二甲酸氢钾溶液为 40.85 g/L

4. 磷酸氢二钠-柠檬酸缓冲液

pH	0.2 mol/L Na_2HPO_4/mL	0.1 mol/L 柠檬酸/mL	pH	0.2 mol/L Na_2HPO_4/mL	0.1 mol/L 柠檬酸/mL
2.2	0.40	19.60	5.2	10.72	9.28
2.4	1.24	18.76	5.4	11.15	8.85
2.6	2.18	17.82	5.6	11.60	8.40
2.8	3.17	16.83	5.8	12.09	7.91
3.0	4.11	15.89	6.0	12.63	7.37
3.2	4.94	15.06	6.2	13.22	6.78
3.4	5.70	14.30	6.4	13.85	6.15
3.6	6.44	13.56	6.6	14.55	5.45
3.8	7.10	12.90	6.8	15.45	4.55
4.0	7.71	12.29	7.0	16.47	3.53
4.2	8.28	11.72	7.2	17.39	2.61
4.4	8.82	11.18	7.4	18.17	1.83
4.6	9.35	10.65	7.6	18.73	1.27
4.8	9.86	10.14	7.8	19.15	0.85
5.0	10.30	9.70	8.0	19.45	0.55

Na_2HPO_4，M_r=141.98，0.2 mol/L 溶液为 28.40 g/L

$Na_2HPO_4 \cdot 2H_2O$，M_r=178.05，0.2 mol/L 溶液为 35.61 g/L

$C_6H_8O_7 \cdot H_2O$，M_r=210.14，0.1 mol/L 溶液为 21.01 g/L

5. 柠檬酸-氢氧化钠-盐酸缓冲液

pH	Na^+ 浓度/($mol \cdot L^{-1}$)	柠檬酸/g $C_6H_8O_7 \cdot H_2O$	氢氧化钠/g NaOH(97%)	盐酸/mL HCl(浓)	最终体积/L*
2.2	0.20	210	84	160	10
3.1	0.20	210	83	116	10
3.3	0.20	210	83	106	10
4.3	0.20	210	83	45	10
5.3	0.35	245	144	68	10
5.8	0.45	285	186	105	10
6.5	0.38	266	156	126	10

* 使用时可以每升中加入 1 g 酚，若最后 pH 有变化，再用少量 50%氢氧化钠溶液或浓盐酸调节，置冰箱保存

6. 柠檬酸-柠檬酸钠缓冲液(0.1 mol/L)

pH	0.1 mol/L 柠檬酸/mL	0.1 mol/L 柠檬酸钠/mL	pH	0.1 mol/L 柠檬酸/mL	0.1 mol/L 柠檬酸钠/mL
3.0	18.6	1.4	5.0	8.2	11.8
3.2	17.2	2.8	5.2	7.3	12.7
3.4	16.0	4.0	5.4	6.4	13.6
3.6	14.9	5.1	5.6	5.5	14.5
3.8	14.0	6.0	5.8	4.7	15.3
4.0	13.1	6.9	6.0	3.8	16.2
4.2	12.3	7.7	6.2	2.8	17.2
4.4	11.4	8.6	6.4	2.0	18.0
4.6	10.3	9.7	6.6	1.4	18.6
4.8	9.2	10.8			

柠檬酸 $C_6H_8O_7 \cdot H_2O$,M_r=210.14,0.1 mol/L 溶液为 21.01 g/L

柠檬酸钠 $Na_3C_6H_5O_7 \cdot 2H_2O$,$M_r$=294.12,0.1 mol/L 溶液为 29.41 g/L

7. 乙酸-乙酸钠缓冲液(0.2 mol/L,18 ℃)

pH	0.2 mol/L NaAc/mL	0.2 mol/L HAc/mL	pH	0.2 mol/L NaAc/mL	0.2 mol/L HAc/mL
3.6	0.75	9.25	4.8	5.90	4.10
3.8	1.20	8.80	5.0	7.00	3.00
4.0	1.80	8.20	5.2	7.90	2.10
4.2	2.65	7.35	5.4	8.60	1.40
4.4	3.70	6.30	5.6	9.10	0.90
4.6	4.90	5.10	5.8	9.40	0.60

$NaAc \cdot 3H_2O$,M_r=136.09,0.2 mol/L 溶液为 27.22 g/L

8. 邻苯二甲酸氢钾-氢氧化钠缓冲液

50 mL 0.1 mol/L 邻苯二甲酸氢钾+x mL 0.1 mol/L 氢氧化钠,加水稀释到 100 mL

pH	x/mL	pH	x/mL	pH	x/mL
4.1	1.3	4.8	16.5	5.5	36.6
4.2	3.0	4.9	19.4	5.6	38.8
4.3	4.7	5.0	22.6	5.7	40.6
4.4	6.6	5.1	25.5	5.8	42.3
4.5	8.7	5.2	28.8	5.9	43.7
4.6	11.1	5.3	31.6		
4.7	13.6	5.4	34.1		

邻苯二甲酸氢钾,M_r=204.23,0.1 mol/L 溶液为 20.42 g/L

9. 磷酸盐缓冲液

(1) 磷酸氢二钠-磷酸二氢钠缓冲液(0.2 mol/L)

pH	0.2 mol/L Na_2HPO_4/mL	0.2 mol/L NaH_2PO_4/mL	pH	0.2 mol/L Na_2HPO_4/mL	0.2 mol/L NaH_2PO_4/mL
5.8	8.0	92.0	7.0	61.0	39.0
5.9	10.0	90.0	7.1	67.0	33.0
6.0	12.3	87.7	7.2	72.0	28.0
6.1	15.0	85.0	7.3	77.0	23.0
6.2	18.5	81.5	7.4	81.0	19.0
6.3	22.5	77.5	7.5	84.0	16.0
6.4	26.5	73.5	7.6	87.0	13.0
6.5	31.5	68.5	7.7	89.5	10.5
6.6	37.5	62.5	7.8	91.5	8.5
6.7	43.5	56.5	7.9	93.0	7.0
6.8	49.0	51.0	8.0	94.7	5.3
6.9	55.0	45.0			

$Na_2HPO_4 \cdot 2H_2O$, M_r=178.05, 0.2 mol/L 溶液为 35.61 g/L

$Na_2HPO_4 \cdot 12H_2O$, M_r=358.22, 0.2 mol/L 溶液为 71.64 g/L

$NaH_2PO_4 \cdot H_2O$, M_r=138.01, 0.2 mol/L 溶液为 27.6 g/L

$NaH_2PO_4 \cdot 2H_2O$, M_r=156.03, 0.2 mol/L 溶液为 31.21 g/L

(2) 磷酸氢二钠-磷酸二氢钾缓冲液[(1/15)mol/L]

pH	(1/15)mol/L Na_2HPO_4/mL	(1/15)mol/L KH_2PO_4/mL	pH	(1/15)mol/L Na_2HPO_4/mL	(1/15)mol/L KH_2PO_4/mL
4.92	0.10	9.90	7.17	7.00	3.00
5.29	0.50	9.50	7.38	8.00	2.00
5.91	1.00	9.00	7.73	9.00	1.00
6.24	2.00	8.00	8.04	9.50	0.50
6.47	3.00	7.00	8.34	9.75	0.25
6.64	4.00	6.00	8.67	9.90	0.10
6.81	5.00	5.00	8.18	10.00	0
6.98	6.00	4.00			

$Na_2HPO_4 \cdot 2H_2O$, M_r=178.05, 1/15 mol/L 溶液为 11.876 g/L

KH_2PO_4, M_r=136.09, 1/15 mol/L 溶液为 9.078 g/L

10. 磷酸氢二钠-氢氧化钠缓冲液

50 mL 0.05 mol/L 磷酸氢二钠+x mL 0.1 mol/L NaOH,加水稀释至 100 mL

pH	x/mL	pH	x/mL	pH	x/mL
10.9	3.3	11.3	7.6	11.7	16.2
11.0	4.1	11.4	9.1	11.8	19.4
11.1	5.1	11.5	11.1	11.9	23.0
11.2	6.3	11.6	13.5	12.0	26.9

$Na_2HPO_4 \cdot 2H_2O$, M_r=178.05, 0.05 mol/L 溶液为 8.90 g/L

$Na_2HPO_4 \cdot 12H_2O$, M_r=358.22, 0.05 mol/L 溶液为 17.91 g/L

11. 磷酸二氢钾-氢氧化钠缓冲液(0.05 mol/L,20 ℃)

x mL 0.2 mol/L KH_2PO_4 + y mL 0.2 mol/L NaOH,加水稀释至 20 mL

pH	x/mL	y/mL	pH	x/mL	y/mL
5.8	5	0.372	7.0	5	2.963
6.0	5	0.570	7.2	5	3.500
6.2	5	0.860	7.4	5	3.950
6.4	5	1.260	7.6	5	4.280
6.6	5	1.780	7.8	5	4.520
6.8	5	2.365	8.0	5	4.680

12. 巴比妥钠-盐酸缓冲液(18 ℃)

pH	0.04 mol/L 巴比妥钠溶液/mL	0.2 mol/L 盐酸/mL	pH	0.04 mol/L 巴比妥钠溶液/mL	0.2 mol/L 盐酸/mL
6.8	100	18.4	8.4	100	5.21
7.0	100	17.8	8.6	100	3.82
7.2	100	16.7	8.8	100	2.52
7.4	100	15.3	9.0	100	1.65
7.6	100	13.4	9.2	100	1.13
7.8	100	11.47	9.4	100	0.70
8.0	100	9.39	9.6	100	0.35
8.2	100	7.21			

巴比妥钠,M_r=206.18,0.04 mol/L 溶液为 8.25 g/L

13. Tris-盐酸缓冲液(0.05 mol/L,25 ℃)

50 mL 0.1 mol/L 三羟甲基氨基甲烷(Tris)溶液与 x mL 0.1 mol/L 盐酸混匀后,加水稀释至 100 mL

pH	x/mL	pH	x/mL
7.10	45.7	8.10	26.2
7.20	44.7	8.20	22.9
7.30	43.4	8.30	19.9
7.40	42.0	8.40	17.2
7.50	40.3	8.50	14.7
7.60	38.5	8.60	12.4
7.70	36.6	8.70	10.3
7.80	34.5	8.80	8.5
7.90	32.0	8.90	7.0
8.00	29.2	9.00	5.7

三羟甲基氨基甲烷(Tris),M_r=121.14,0.1 mol/L 溶液为 12.114 g/L。Tris 溶液可从空气中吸收二氧化碳,保存时注意密封

14. 硼砂-盐酸缓冲液(0.05 mol/L 硼酸根)

50 mL 0.025 mol/L 硼砂+x mL 0.1 mol/L 盐酸，加水稀释至 100 mL

pH	x/mL	pH	x/mL	pH	x/mL
8.00	20.5	8.4	16.6	8.8	9.4
8.10	19.7	8.5	15.2	8.9	7.1
8.20	18.8	8.6	13.5	9.0	4.6
8.30	17.7	8.7	11.6	9.1	2.0

硼砂 $Na_2B_4O_7 \cdot 10H_2O$，M_r=381.43，0.025 mol/L 溶液为 9.53 g/L

15. 硼酸-硼砂缓冲液(0.2 mol/L 硼酸根)

pH	0.05 mol/L 硼砂/mL	0.2 mol/L 硼酸/mL	pH	0.05 mol/L 硼砂/mL	0.2 mol/L 硼酸/mL
7.4	1.0	9.0	8.2	3.5	6.5
7.6	1.5	8.5	8.4	4.5	5.5
7.8	2.0	8.0	8.7	6.0	4.0
8.0	3.0	7.0	9.0	8.0	2.0

硼砂 $Na_2B_4O_7 \cdot 10H_2O$，M_r=381.43，0.05 mol/L 溶液(=0.2 mol/L 硼酸根)为 19.07 g/L，硼砂易失去结晶水，必须密闭保存；硼酸 H_3BO_3，M_r=61.84，0.2 mol/L 溶液为 12.37 g/L

16. 硼砂-氢氧化钠缓冲液(0.05 mol/L 硼酸根)

x mL 0.05 mol/L 硼砂+y mL 0.2 mol/L NaOH，加水稀释至 200 mL

pH	x/mL	y/mL	pH	x/mL	y/mL
9.3	50	6.0	9.8	50	34.0
9.4	50	11.0	10.0	50	43.0
9.6	50	23.0	10.1	50	46.0

硼砂 $Na_2B_4O_7 \cdot 10H_2O$，M_r=381.43，0.05 mol/L 溶液为 19.07 g/L

17. 碳酸钠-碳酸氢钠缓冲液(0.1 mol/L)

Ca^{2+}、Mg^{2+} 存在时不得使用

20 ℃时 pH	0.1 mol/L 碳酸钠/mL	0.1 mol/L 碳酸氢钠/mL	37 ℃时 pH	0.1 mol/L 碳酸钠/mL	0.1 mol/L 碳酸氢钠/mL
9.16	1	9	8.77	1	9
9.40	2	8	9.12	2	8
9.51	3	7	9.40	3	7
9.78	4	6	9.50	4	6
9.90	5	5	9.72	5	5
10.14	6	4	9.90	6	4
10.28	7	3	10.08	7	3
10.53	8	2	10.28	8	2
10.83	9	1	10.57	9	1

无水碳酸钠，M_r=105.99，0.1 mol/L 溶液为 10.60 g/L

碳酸氢钠，M_r=84.01，0.1 mol/L 溶液为 8.40 g/L

18. 碳酸氢钠-氢氧化钠缓冲液(0.025 mol/L 碳酸氢钠)

50 mL 0.05 mol/L 碳酸氢钠＋x/mL 0.1 mol/L NaOH,加水稀释至 100 mL

pH	x/mL	pH	x/mL	pH	x/mL
9.6	5.0	10.1	12.2	10.6	19.1
9.7	6.2	10.2	13.8	10.7	20.2
9.8	7.6	10.3	15.2	10.8	21.2
9.9	9.1	10.4	16.5	10.9	22.0
10.0	10.7	10.5	17.8	11.0	22.7

碳酸氢钠,M_r＝84.01,0.05 mol/L 溶液为 4.20 g/L

19. 氯化钾-氢氧化钠缓冲液

25 mL 0.2 mol/L KCl＋x mL 0.2 mol/L NaOH,加水稀释至 100 mL

pH	x/mL	pH	x/mL	pH	x/mL
12.0	6.0	12.4	16.2	12.8	41.2
12.1	8.0	12.5	20.4	12.9	53.0
12.2	10.2	12.6	25.6	13.0	66.0
12.3	12.8	12.7	32.2		

KCl,M_r＝74.55,0.2 mol/L 溶液为 14.91 g/L

Ⅰ.2 常用蛋白质相对分子质量标准参照物

高相对分子质量标准参照		中相对分子质量标准参照		低相对分子质量标准参照	
蛋白质	M_r	蛋白质	M_r	蛋白质	M_r
肌球蛋白	212 000	磷酸化酶 B	97 400	碳酸酐酶	31 000
β-半乳糖苷酶	116 000	牛血清清蛋白	66 200	大豆胰蛋白酶抑制剂	21 500
磷酸化酶 B	97 400	谷氨酸脱氢酶	55 000	马心肌球蛋白	16 900
牛血清清蛋白	66 200	卵清蛋白	42 700	溶菌酶	14 400
过氧化氢酶	57 000	醛缩酶	40 000	肌球蛋白(F1)	8 100
醛缩酶	40 000	碳酸酐酶	31 000	肌球蛋白(F2)	6 200
		大豆胰蛋白酶抑制剂	21 500	肌球蛋白(F3)	2 500
		溶菌酶	14 400		

Ⅰ.3　常用市售酸碱的浓度

溶质	分子式	M_r	物质的量浓度/(mol·L^{-1})	质量浓度/(g·L^{-1})	质量分数/(%)	比重	配制 1 L 1 mol/L 溶液的加入量/mL
冰乙酸	CH_3COOH	60.05	17.4	1045	99.5	1.05	57.5
乙酸		60.05	6.27	376	36	1.045	159.5
甲酸	HCOOH	46.02	23.4	1080	90	1.20	42.7
盐酸	HCl	36.5	11.6	424	36	1.18	86.2
			2.9	105	10	1.05	344.8
硝酸	HNO_3	63.02	15.99	1008	71	1.42	62.5
			14.9	938	67	1.40	67.1
			13.3	837	61	1.37	75.2
高氯酸	$HClO_4$	100.5	11.65	1172	70	1.67	85.8
			9.2	923	60	1.54	108.7
磷酸	H_3PO_4	80.0	18.1	1445	85	1.70	55.2
硫酸	H_2SO_4	98.1	18.0	1766	96	1.84	55.6
氢氧化铵	NH_4OH	35.0	14.8	251	28	0.898	67.6
氢氧化钾	KOH	56.1	13.5	757	50	1.52	74.1
			1.94	109	10	1.09	515.5
氢氧化钠	NaOH	40.0	19.1	763	50	1.53	52.4
			2.75	111	10	1.11	363.6

附录Ⅱ 人体染色体G带特征[①]

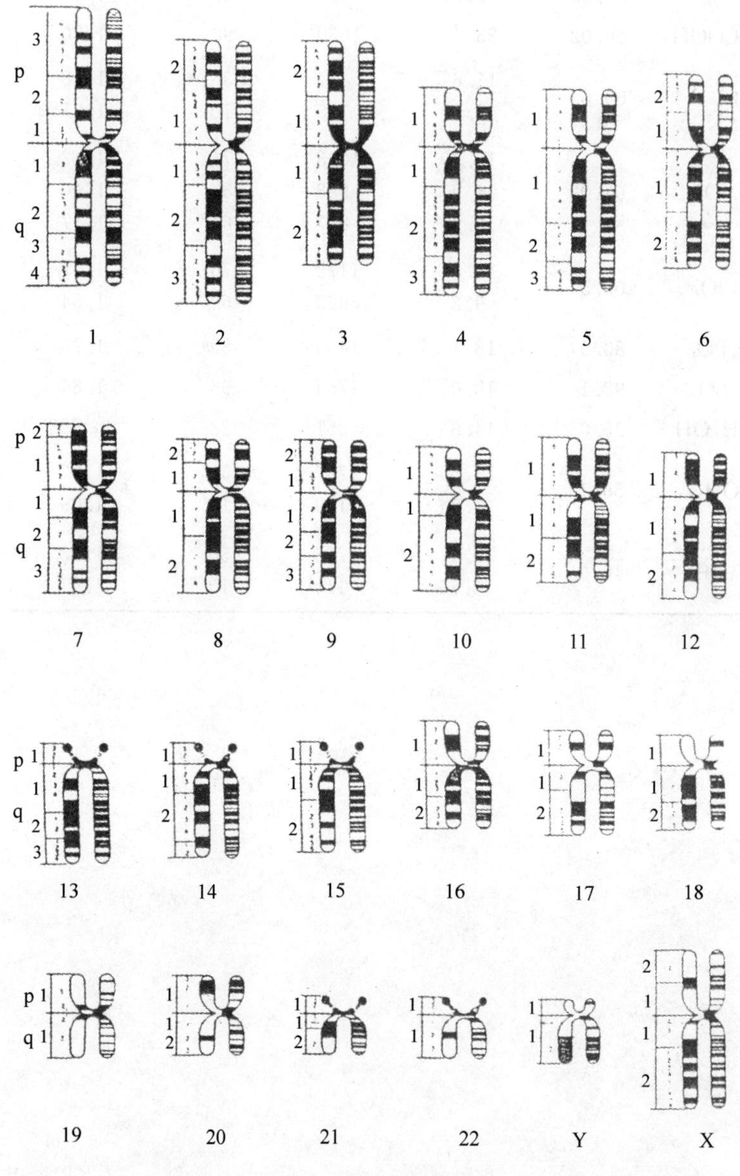

图Ⅱ-1 人类染色体核型、带型标准图[②]

① 根据1976年中国医学科学院肿瘤研究所细胞生物组测得结果。

② 转引自Bruce Alberts等，1983(J. J. Yunis, Science, 1976, 191:1268～1270)

A 组：

No. 1 p：近着丝点处有 2 个着色中等的带，远端着色渐浅。

q：近端为染色体的次缢痕，另外有 4～5 个分布均匀的中等着色带。中央 1 个着色最深。

No. 2 p：4 个中等着色带，中央 2 个常融合为 1 个带。

q：中央 2 个中等着色带，有时还可以见到 3～5 个额外的带。

No. 3 p：中央 1 个浅色带，将 1 个中等着色带分为 2 个，远端 1 个窄的中等着色带。

q：与 p 相同，但远端的中等着色带比 p 宽些，着丝点旁有一不定区。

B 组：

No. 4 p：中央 1 个中等着色带。

q：4～5 个分布均匀的中等着色带，近端 2 个稍深些，着丝点旁为不定区。

No. 5 p：中央 1 个中等着色带，比 No. 4p 的窄而深些。

q：中央 1 个宽的中等着色带，远端 1 个浅染带，可分成近端的浅染带和 1 个远端中等着色带。

C 组：

No. 6 p：中央 1 个浅色带，将 1 个中等色带分为 2 个窄的带。

q：4 个分布均匀的中等着色带。

No. 7 p：近端 1 个中等着色带，远端 1 个深染的着色带。

q：中央 2 个匀称的着色深的带，远端 1 个中等着色带。

No. 8 p：2 个分布均匀的中等着色带。

q：中央 1 个中等着色带，远端 1 个中等着色带，有时近端可见 1 个额外的带。

No. 9 p：中央 1 个中等着色带。

q：2 个分布均匀的中等着色带，远端浅染，次缢痕不定着色。

No. 10 p：全为中等着色带。

q：3 个分布均匀色带，近端 1 个着色深，其余 2 个着色中等。

No. 11 p：中等着色带比 No. 12p 的宽些。

q：着丝点旁 1 个窄的中等着色带。1 个较宽的浅色带，将远端的 1 个中等着色带分开。

No. 12 p：1 个中等着色带。

q：近着丝点处 1 个窄的中等着色带。一条窄的浅染带，将 1 个宽的中等着色带分开，该中等带比 No. 11q 的宽些。

D 组：

No. 13 p：随体不定着色。

q：远端 2 个着色深的带，近端可见 1 个额外中等着色带。

No. 14 p：随体不定着色。

q：中央浅染，近端 1 个窄的中等着色带。

No. 15 p：随体不定着色。

q：近端为中等着色，远端着色浅些。

E 组：

No. 16 p：1 个较 q 浅染的中等着色带。

q：近端次缢痕处着色中等，远端 1 个中等着色带。

No. 17 p：全部浅染。

q：近端为浅染的带，中央 1 个阴性节段，远端 1 个中等着色带。

No. 18 p：全为中等着色。

q：2 个较 p 深的中等着色带，近端 1 个较远端的宽些。

F 组：

No. 19 p：近着丝点处有 1 个窄的中等着色带。

q：近着丝点处有 1 个比 p 更窄些的中等着色带。该染色体为核型中着色最浅的染色体。

No. 20 全为着色较浅的带型。

p：全部偏中等着色。

q：全部为浅染带型。

G 组：

No. 21 p：随体不定着色。

q：近端为深染的带，远端为浅染节段。

No. 22 p：随体不定着色。

q：中央 1 个浅染的带。

性染色体：

X p：中央 1 个中等着色带，近端为浅染节段。

q：3 个匀称的中等着色带，近端 1 个着色深，远端 2 个着色中等。

Y p：全部浅染。

q：近端着色浅，远端为不定着色区。

附录Ⅲ　显微摄影

一、显影液和定影液的配制

配 D76 和 D72 显影液及酸性定影液各 1000 mL：先在 1000 mL 烧杯中加入 750 mL 蒸馏水，在电炉上加热到所需温度(50℃)，然后按顺序加入药品，要一边加药一边搅拌，以加速溶解。

一定要待前一种药品完全溶解后再加入后一种。完全溶解了全部所加药品后待温度降到室温时将其装入试剂瓶中，如当时不用，可待凉透后存放于冰箱中保存，以延长其使用寿命。配好后的各种溶液都要立即贴上标签，标明溶液名称、配制日期和配制人姓名。

二、底片冲洗和照片放大

1. 底片冲洗

(1) 在暗房(或暗袋)中将暗盒中已拍好的胶卷装入推进式(或胶带式)显影罐中，将显影罐盖好。

(2) 往显影罐中灌满自来水。手摇显影罐，使罐中胶片均匀湿透，然后将水全部倒出。

(3) 将 18～20℃的 D76 显影液灌入显影罐，从倒入药液起计时，显影 10 min 后，将显影液全部倒出(显影期间要不断地转动显影罐的转轴)。

(4) 往显影罐中灌入自来水，摇晃洗净底片后，立即将水全部倒出。

(5) 往显影罐中灌入酸性定影液，定影 15～20 min 后，倒出定影液(定影期间可稍隔一段时间就转动一下显影罐的转轴)

(6) 底片放在水盆中，流水冲洗 30 min 左右，自然干燥。

2. 照片放大

(1) 清理放大机：用干净的湿抹布将放大机从上往下擦拭干净。擦拭光路系统(如灯泡、聚光镜、底片夹玻璃和镜头等)时要特别仔细。应先用吹气球吹去表面灰尘，如吹不去，再用柔软的镜头刷刷。如有油污，则要用镜头纸沾上少量乙醇-乙醚(3∶7)轻轻擦拭。特别要注意的是，由于底片夹经常换底片，它的玻璃上容易落上灰尘，也容易出现污迹或划痕，如不去掉，会在放大出的照片上显出。因此，每次放大前都应清理，不得疏忽。取拿底片夹时，要轻拿轻放，切莫划伤玻璃表面。取拿和安装镜头时，更要特别小心。取拿底片、底片夹和镜头时，最好戴上白细纱手套。

(2) 检查放大机机械系统：观察升降机是否正常。检查放大板压纸尺上的固定螺丝是否灵活，压纸尺的金属板黑漆是否脱落，如有脱落，应补上，对焦点白纸是否干净完好。固定照相白边放置的位置是否正确，底座板是否平稳。

(3) 检查电路系统：从电源插头到灯泡的插座，检查其间的电线是否完好，尤其是穿过“斜桥”顶部的圆孔处。保护电线的橡皮是否安装在位，如果不在位即放回。检查灯泡是否完好。

(4) 调整电路系统：卸开放大机灯室，左手小心拿带有灯泡的灯室盖，右手小心伸入灯室下部聚光镜部位，取下聚光镜，轻轻放在铺有干净毛巾的台面上。右手拿着灯泡盖小心放回对好螺丝豁口，固定好，关白灯，开放大机灯泡，收缩镜头光圈到 $f/16$，观察放大机灯泡的影像，如看不清楚，转动升降把手，调到灯泡投影比较清晰为止。如果灯泡的白亮圆圈不在正中，就调到正中；如白亮圆圈不均匀，即调节固定灯泡的升降杆。调节均匀光束的中心以后，再卸开灯室盖，放回聚光镜在正中，将灯室盖对好，豁口固定好，这时灯泡、聚光镜、镜头三者的光束都在同一条光轴上，放大板上的光亮是均匀的。将镜头光圈放大到 $f/8$ 使用，就十分均匀了。

(5) 清洁底片，对着白光灯泡观察底片，按影像密度和反差决定选用适当的放大纸。

(6) 准备好显、定影液。将洗干净的 3 个塑料盘顺序放好，由左往右倒入 D72 显影液、自来水和酸性定影液，并各放上竹夹子(注意在整个放大过程中，3 个竹夹子不能混用)。

(7) 准备好适当的放大纸。

(8) 关白灯，开红灯。

(9) 试放大小样，选出合适的曝光时间(即用小条放大纸，用不同时间曝光放大，显影后，根据影像效果，选择合适的曝光时间)。

(10) 用正式放大纸按选好的曝光时间曝光。如果底片上的影像厚薄不一致，可采用局部遮挡的方法克服之。曝光过的放大纸置于 20℃左右的显影液中显影至影像合适 (注意，同一色调的影像在红灯下看比在白灯下看黑)。如果影像显影时间不一致(底片上的图像厚薄不一致所致)，有的地方已显影过度，有的则还显影不足。这时可按显影不足处所需的曝光时间曝光，显影时让这一部分先显影，显影差不多时再让曝光过度处显影，待这里显影合适后立即停显定影。如曝光时间差别不大，就可待曝光稍过处显出影像后立即提出显影液面，让其慢慢显影，曝光稍不足处就一直留在显影液中到显影合适为止。如果所用底片厚薄不一，可在放大过程中选用虚光。

(11) 水洗。

(12) 酸性定影液中定影 15～20 min。

(13) 在流动的自来水中冲洗 30～40 min。用上光机上光。先把上光机的上光板(镀铬金属板)用肥皂水洗干净后，将照片一面贴在上光板上，盖上盖布；再用圆橡皮滚子在盖布上滚压，将下面照片的水分与空气赶出。插上电源，约 15 min 左右，拔掉插头，照片烤干，照片影像面光泽夺目。

(14) 将照片压平备用。

(15) 待照片全部放大完，把未用的放大纸包好放在盒子中，开白灯，收好显影液和定影液。

(16) 收好镜头和底片。

(17) 检查放大机是否完好，是否全部关掉电源插头，待放大机冷却后，罩上放大机罩。

三、显微镜的使用

Olympus BH2 普通研究用显微镜使用方法如下：

1. 待稳压电源输出电压稳定在 250 V 后，将滑动式电压调节钮拉向靠近自己的一端，开启电源(“ON”，电压指示器左侧 2 个灯示 0～6 V，右侧每灯为 0.5 V，最高为 12 V)，普通观察可将电压放在 3 V 左右，视场光栏上放一蓝色滤色片，长时间观察可用绿色滤色片以减少眼睛疲劳。

2. 用粗调螺旋降下载物台，将样品载片放在载片夹中。注意，载片夹的弹簧零部件必须慢慢松开。使用油镜时应压好载片弹簧压片。载片夹中可以同时夹持两片载玻片，观察大样品时可以移去载片夹。所观察切片应使用 0.8～1.2 mm 载片，0.17 mm 盖片。

3. 将待观察样品移至光路中，需要旋转载物台时，可以松开载物台紧固螺栓，将载物台旋转并固定后方可进行观察。

4. 将光路选择杆置于"V"字处。光路选择杆的位置与光量详见下表。

位　置	光　量	应　用
V	100%进入双筒目镜	① 一般观察 ② 暗视野观察
CE	20%进入双筒目镜 80%进入照相光路	① 过亮样品的观察 ② 显微摄影
C	100%进入照相光路	暗样品摄影

5. 使用 10X 物镜对样品聚焦后进行目镜筒调整

(1) 轻轻地推拉目镜座，将目镜距调至适合观察者两眼间距。

(2) 用右眼通过右侧目镜观察样品，利用细调节螺旋调焦至最佳状态，再用左眼通过左侧目镜观察，调节左侧目镜屈光度调节环调至样品成像最清晰。

6. 调节柯拉照明

(1) 聚光镜调中：载物台上放一切片并在视野中找到材料，将视场光栏关至最小；调节聚光镜高低位置至相对清楚地观察到多边形的视场光栏的像，同时调焦使切片物像也最清楚；用两个调中螺旋将视场光栏像调至视野中央；开大视场光栏并进一步调中至与视野圈内接；继续开大视场光栏至与视野圆周外切。

(2) 调节孔径光栏(聚光镜)的数值孔径至所用物镜数值孔径(N. A.)的 70%～80% 左右。

也可用以下步骤调节孔径光栏：移去一只目镜；直接通过镜筒或通过一调中望远镜观察孔径光栏像，使之开至物镜射出的光瞳的 70%～80%；放回目镜，进行观察。

注意：

(1) 每转换一次物镜，必须重新调节柯拉照明。

(2) 为防止载片与物镜相碰，可使用粗调限位杆(扳上至"LOCK"位置)。

(3) 使用油镜时，应先移开物镜，在载玻片上待观察的标本上方滴一滴镜油，并轻轻转入油浸物镜。注意不要出现气泡。观察完毕后，应立即用镜头纸或专用丝绸沾少许乙醇-乙醚(3∶7)将油擦净。

四、显微摄影

显微摄影的物像比物体大出 10 倍以上，通常要借助显微镜来完成。其原理是显微镜中放大的物像，经过眼点反射到感光片上，感光后得到放大的物像。

1. 照相机及其与显微镜的连接

显微照相中所用的照相机，就基本构造来说是与普通照相机一致的。大致可分为三类：

1) 普通相机(conventional cameras)

最早的显微摄影是通过一个简单的显微照相连接器将普通照相机与显微镜连接起来完成的。

(1) 用带镜头的照相机

这是简单的显微摄影方式。任何照相机都可用于此目的。通常用肉眼对显微镜目镜对焦时，可以看到的像在无穷远处。因此，照相机上的距离应放在无穷远档上，只要使其在显微镜上的位置得当，显微图像就可在胶片平面上成焦，其他任何一档都可以造成影像不清晰。在这种情况下，照相机的光圈（f 值）与它们在正常摄影时一样，并不控制曝光时间，它们对像的亮度无影响，因此要用最大光圈。用较小的光圈就会影响图像，使之出现渐晕画面，那是由于口径限制，减少视野边缘的照明，缩小光圈将涉及图像视野并缩小视野大小，所以在胶片上只记录了一个小的图像。

照相机位于显微镜上方，以便目镜的出射点正好或接近于照相机镜头前部的表面。出射点位于目镜上方，光线通过目镜后在此处会聚，然后再散开形成所摄照片的图像。这里的底片就相当于眼睛的眼底。这种显微摄影方式的重要问题是如何将相机固定住，例如用翻拍仪，有的厂家也生产有专用固定架。

（2）用卸掉镜头的照相机

许多生产专业相机（可更换镜头的）的厂家都生产与各种相机配合使用的显微照相连接器，一些生产显微镜的厂家也生产有与常用相机配合使用的显微照相连接器，最早生产的是德国 Messys Leitz 和 Zeiss 公司的伊伯沙显微照相连接器（Micro-Ibso attachment），适用于 Leica 和 Contax 相机，也适应于苏联生产的 Zopkuus 相机，20 世纪 50 年代我国上海也仿制了这种相机，同时也生产了与此相似的 Z 型显微照相连接器。由连接镜箱接口、快门调节器、快线插口、调焦镜（侧目镜）、固定螺旋和显微镜目镜接口等部分组成。其中调焦镜中所观察到的物像与底片上的相一致。

调焦镜主要是由反光镜与调焦目镜所组成。它有两类，一类的反光镜是镜子（不透明的），只能将光线反射向调焦目镜。所以调焦后，必须将反光镜拉出，才能使光线上行，到达底片。上海产的 Z 型显微摄影仪和德国产的伊伯沙显微照相连接器就属此类。另一类反光镜是反光棱镜，它将一部分光线反射向调焦目镜，另一部分光透过棱镜，向上射到底片，因此，使用这类调焦镜，调焦后就不必再将反射棱镜移开，使用比较方便。

由于各人视力有差别，所以在使用调焦镜时，必须先进行调节。在调焦镜内，都有几根细线条，或平行的、相距很近的双线，一般这些双线组成“十”字形，在对标本调焦之前，必须先调节调焦目镜上的调节器，当调到使用者感到几根细线或“十”字形的双线都清晰可辨时，表明调焦目镜已调到适合使用者的视力了。然后，调节显微镜的粗细调节钮，对标本调焦，这样调清楚时，底片上的影像也是清晰的。当换一个人使用时，必须重新调节调焦目镜。

应用调焦镜调焦，必须应用与它相配合的相机与接筒，否则，不但视野不相符合，并且由于底片离目镜的距离不相符合，从根本上失去了调焦的作用。如果应用单镜头反光式的相机，或五棱镜反光式的相机，就可不必用调焦镜，而直接在毛玻璃或五棱镜中对焦，也可自己设计一个接筒，一端是连接显微镜筒的卡口，中间（离物镜螺口 160 或 170 mm 处）装一个目镜，另一端接相机（除去镜头）的卡口。使用时，除去目镜及相机镜头，使这种接筒接在物镜与相机机身之间。

我国近年生产的海鸥 DF 型，孔雀 DF 型和珠江 S-201 型相机的厂家也都生产有与之相配套的显微照相连接器，生产重光、上海等显微镜的厂家也生产有与 DF 相机和珠江相机相配套的显微照相连接器。使用这类装置的优点是：使用方便，占地方小，防震要求低，可以连拍几十张，并且相机可以移作其他摄影用，比较经济。但缺点是底片小，需要放大；当几十张照片有不同要求时（如反差强弱），不能中途更换底片；目镜与底片的距离是固定的，放大倍数缺乏伸缩性。

2）附件相机(attachment cameras)

这是专为显微摄影生产用的相机，它的显微照相连接器和照相机的机身构成统一的整体。如德国 Zeiss 厂生产的 CS 型显微照相附件相机。像上面所述的 Zeiss 厂生产的 Ibso 照相连接器一样，也具有聚焦目镜，但其相机不能作普通相机使用。现在生产的通常还有用于测光表测光的结构。现在世界上各国的显微镜生产厂家生产显微照相附件相机都日趋自动化，而且自动化程度越来越高。同时这种附件相机都和本厂家生产的某一型号研究用显微镜配套，且具有显微摄影所需要的各种配件。现以国内使用的几种作一介绍。

- Olympus BH 系列研究用显微镜有与手动、半自动、全自动曝光控制器相配套的 135 相机，这种相机还有可配用的数据后背，可在底片上打上作为标记的字母和数字。也配有使用单页底片的附件相机，如 9 cm×12 cm(4 寸×5 寸)大底片单页照相机，这些照相机，也可用于 Olympus实体显微镜，其中有 PM-10-35 M 手控照相机、BH2-PM-6 手控相机、PM-10-35AD-1 型自动照相机、PM-10 M 型手动或 PM-10AD 自动带 polaroid(一次成像)片暗盒的相机等。
- Zeiss 各种型号的研究用显微镜也有与之配用的各种附件相机，其中既有用 135 胶卷的，也有用 9 cm×12 cm(4 寸×5 寸)单页底片的，也有用(31/2)寸×(41/4)寸单页底片的，它们也各自有与之配用的手动、半自动和全自动的曝光控制器。
- Nicon 公司生产的各种型号的研究用显微镜也都有与之相配套的各种规格的附件相机。

3）带皮腔的相机(bellows type cameres)

这是专为显微摄影设计的照相机，可与各种单筒直立或三筒显微镜配合使用。这种相机一般都是用不同尺寸的单页底片，最早的多为水平使用，现多为直立的在一个垂直的架子上装一个大型摄影镜箱，前面有或没有快门，中间是下个皮腔，可以伸缩。镜箱上有毛玻璃和装底片的夹子，毛玻璃用于对焦，它上面的成像与底片上的一致，所以只要在毛玻璃上将图像对清楚了，照相时在底片上的影像也是清楚的。中间皮腔可以自由伸缩，伸长使影像放大，缩短使影像缩小，因此可根据需要决定照片的大小，待物像调节清楚后，放下毛玻璃，拉开装有底片的夹子下面的遮板，按动快门，底片感光后，再将暗盒前面的遮板收回，把毛玻璃打上，翻过底片夹子，重复以上动作，即可拍摄第二张。

上述设备的优点有三：① 可随照随冲洗，当时检查效果；② 因所用底片是较大的软片，放大倍数伸缩性较大，可直接印像面不用放大，从而可避免放大中的失真；③ 设备较稳固，防震要求较低，当拍摄数量不多时，使用较方便。其缺点是：底片较大，虽然必要时可以改装小底片，但还是较大；需要一次次冲洗，尤其拍摄数量较大时，更感到不便。

2. 照相目镜

实际上这是显微照相中照相机的镜头，它对照片质量影响极大，由于照相机(实际是感光片)对光的反应(感光范围和强度)与人眼不同，因此对目镜就有一些特殊要求，如果用于观察，任何一种单目镜都可以用，最普通的是惠更斯式或广视野式 。但如果用来作高倍的显微摄像便会出现色晕及低质量的图像。广视野式的主要优点是可在肉眼观察中扫视整个载玻片，以便寻找到合适的照相视野。

复消色差物镜适于显微摄影，因此目镜需要补偿式以便提供高质量图像及平场，这是物镜所能满足的，特别是平场物镜。复消色差物镜本身还产生“放大中的色差”。补偿目镜对这一影响作了过度校正并产生无色缺陷的像。这类目镜也能有效地与复消色差物镜和高倍消色差物镜配合使用。

按惠更斯式或平周式设计的目镜对黑白胶片显微摄影效果较好,特别是再选用合适的滤色片,效果会更佳。它们提供合理的平场,因而可以克服大多数物质在成像时所固有的视野弯曲。

许多显微镜生产厂家都生产了专门用于显微拍摄的目镜,称为摄影目镜,例如:Olympus公司为BH系列研究用显微镜配套的长筒的NFK型和短筒的FK或P型目镜。

一般来说,目镜有不同的放大率,从4X～25X。最普通的是10X或15X的目镜。但Olympus公司生产的目镜则为2.5X,3.3X,5X,6.7X,这是因为Olympus BH系列研究用显微镜照相系统的影像放大倍数是经过严格核算的,当用9 cm×12 cm(4寸×5寸)的大底片摄影附件相机时,3.3X相当于10X,如果用10X物镜与之配合使用,其影像正好是10×10＝100倍。如果用135附件相机,则其影像放大倍数为3.3×10＝33倍。

3. 照明

照明对显微摄影的效果影响极大。光照强度影响着曝光是否合适,光照的均匀程度则影响着照片的均匀程度。所以显微镜的照明方式也就是显微照相的照明方式。按其光源说,用于照相的都是灯光,按光照所处位置可分为外光源和内光源,现在用于照相的一般是内光源。显微镜的照明方式一般为明视场和暗视场,明视场又可分为落射式和透射式。显微摄影中多采用透射式照明,即光透过标本进入物镜,在视野中所呈现的是明亮的背景与较深暗的标本,这种照明方式称为明视野照明。

照明的好坏在产生理想的照片中的作用,往往被人忽视,实际上,即使利用很好的物镜,照明不妥当,也不能产生最理想的效果。因为物镜的分辨率将会受到照明系统中其他因素的限制。这是因为物镜成像,只能利用从物体射来的光线,如果这种光线不能满足物镜成像的质量要求,那么所成的像就不可能是最理想的。

正确处理光源、聚光镜与物镜之间的关系,以产生最良好的照明效果的方法,称为临界照明。

为了得到满意的全视野的均匀照明效果,可以改变聚光镜的位置。也就是使聚光镜与光源的距离增大,使之大于它的焦距。此时,在聚光镜的另一边,将有光源的共轭焦点,在这里可形成光源的像。通过调节聚光镜的位置,可以使这些共轭焦点置于聚光镜的光圈位置,即为聚光镜的焦点。因此,通过聚光镜的作用,可使这里发出的光平行投射在标本上面(见图Ⅲ-1)。

从图中可以发现,这时在标本平面上的像已不是光源的像,所以光源的不均匀现象消失了,而成为均匀的大面积的照明。柯拉(A. Kohler)从数学上证明,这种使光源通过聚光镜在标本平面上成像的方法,在理论上不同于光源本身在标本平面上成像。所以这种方法叫柯拉照明法(Kohler illumination)。

柯拉照明调节的方法和步骤:

(1) 利用低倍物镜(10X)与目镜(5X),取一标本,按一般的显微镜观察方法调节焦点。

(2) 缩小光源聚光镜的光圈(即视场光圈)至最小。

(3) 从显微镜中观察,可以看到视场光圈的边缘,上下调节聚光镜与显微镜细调节,使视场光圈的边缘和材料都清晰可见。这就说明视场光圈已成像于标本平面,此时是聚光镜最合适的位置。

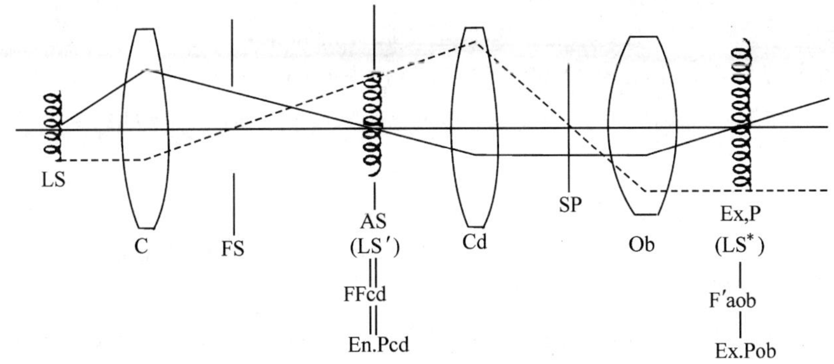

图Ⅲ-1　柯拉照明

LS(Light Source)—光源；C(Collector Lens)—聚光镜；FS(Field Stop)—视场光阑；AS(Aperture Stop)—孔径光阑；Cd(Condense Lens)—聚光镜；SP(Specimen)—标本；Ob(Objective Lens)—物镜；FFcd—聚光镜前侧焦点；LS′—光源像；En. Pcd—聚光镜射入光线；F′aob—物镜后侧焦点；LS*—光源像；Ex. Pob—物镜射出光线

(4) 调节光源中心，使视场光圈的像位于正中。

(5) 放大视场光圈，至视场光圈内切圆轭焦与视野的外缘重合，不能超过视野，否则额外的光线会使照片产生翳雾。如果光照面积太小，原因在于聚光镜不合适，应将聚光镜上的凸透镜除去，再进行调节；但不能用移动聚光镜上下的办法，来达到增大光照的目的，因为这样做，光线就不是临界的了。

(6) 调节孔径光圈，使其等于物镜的数值孔径。方法是除去目镜，向镜筒内看，当改变孔径光圈时，可以看到孔径光圈的收缩或放大，应将孔径光圈放在与物镜的口径相一致的地方，然后放回目镜。一般调至物镜射出光瞳的 70%～80%。

4. 曝光

曝光正确是拍摄好照片的最关键因素，曝光时间是由诸多因素决定的。其中包括：① 光强，这是随光源变化的，例如灯是钨丝灯还是卤素灯，输入电压，灯的使用时间和灯的寿命等；② 底片感光速度；③ 滤色镜：在光源和显微镜聚光镜之间加上具颜色的和中灰滤色镜后就会减小光强；④ 切片密度：包括切片厚度、染色深浅等；⑤ 光学表面：透镜表面的灰尘或油污也会影响曝光时间，所以在摄影之前应清洗镜头表面；⑥ 相机快门。

为了控制好最佳的曝光条件，现在一般使用自动曝光控制器。本实验使用的是 Olympus AD(exposure control unit)自动曝光控制器。此自动曝光控制器的倾斜面板上有各种调节键式按钮组成的调整控制机件，并有发光二极管显示所选定的数值，适合于在暗室中进行操作。

按照控制器面板上的控制键钮设置各功能，其操作次序可按下述步骤进行：

(1) 打开电源开关，接通电源。

(2) 选择底片的感光速度(ABS)。

(3) 选择自动的曝光方式(AUTO)。

(4) 选择曝光调节(Exposure ADj)，其调节范围是 0.5～1～4。

(5) 选择合适的曝光时间 (EXPOSURE TIME)，该数字右边显示出时间单位，从上往下分别是小时(HR),分(MIN)和秒(SEC)。

(6) 根据设定的微型电脑贮存的8种基本胶片的特征,当选定胶片特征后,计算机会自动按照倒易律失效修正(RECIPRO)的规律,调整曝光时间。

(7) 照明和聚焦都调好后按曝光键(EXPOSE),绿灯亮时曝光完毕,同时自动上卷一张底片。

5. 显微摄影中的其他注意事项

(1) 显微摄影的房间光线宜暗,避免不必要的散光。对高倍显微镜来说,明亮的工作室不宜对焦。对低倍的放大摄影来说,室内的散射光,更会影响照明质量。

(2) 整个装置必须稳固。在高倍显微摄影时,更应防震,因为即使是微弱的震动,也会影响照片的清晰度。因此,室内应该是水泥地,最好再用橡皮或四只花盆中放黄沙,垫在台脚下防震。开启快门,应用快门线(有些新式的显微摄影用的快门线插口上,装有防震设备)。在必要时,还可用另一种非常可靠的方法,就是关闭照明电源,开放T门,然后用开放光源的时间来控制曝光,然后再关闭T门,这样可以避免震动。

(3) 对焦必须正确,用小底片(35 mm)时,特别是用低倍物镜(4X以下)时更应注意,最好用放大望远镜,例如Olympus显微镜BH2型,可用FF36型放大望远镜。

(4) 光源、聚光镜、标本、物镜、目镜和底片中心,必须全部在一条光轴直线上,否则会产生各种照明不均匀的现象。

(5) 照片上的全部视野,尽可能在同一平面上,最好应用供摄影用的平面目镜。没有这种目镜时,可用低倍目镜,增长皮腔,然后利用中间一部分视野拍照,容易得到较好的平面性。

(6) 当发现照片中景深太浅时,可改用低倍物镜与聚光镜,再用高倍目镜及增长皮腔来增大放大倍数。因为物镜的数槽孔径愈大(与普通摄影中的光圈一样),景深就会愈浅。

(7) 对无色透明或不染色的标本拍照时,因为标本与物镜及介质具有相似的折射率,反差就很低,不易看清。这时,应缩小聚光镜光圈(孔径),使其小于物镜的N.A.,可以增大反差。也可以稍微改变一下聚光镜的位置,使其焦点超出标本平面,会在透明体的边缘出现黑白分明的分界线。如果标本的折射率低于介质,那么,当提高焦点时,白边在内;如果标本的折射率高于介质,则相反。这样,物体的轮廓就清楚了,必要时应该用相差显微镜拍摄。

(8) 照相中照明不均匀,是最常见的现象。在毛玻璃上,用人眼观察未发现不均匀的情况下,照片上仍有可能出现光照不均匀现象,因为底片(或相纸)的感光反差,比人眼更强。照明不均匀或不在中心,原因在于方法不得当,没有按柯拉照明的要求调节照明,主要是由视场光圈大小与聚光镜的位置不妥当所引起的。视场光圈过小,视场周围较暗,在不按柯拉照明调节时,视场光圈在视野内往往看不见。因此,四周比中间黑暗,但又没有明确界限,人眼不易发现,而底片已感光不均匀了。至于孔径光圈,它的大小,照理不会影响光照均匀性,正像普通照相镜头中的光圈一样,即使光圈缩得很小,照片仍是全面均匀照明的。但当照明系统在不正常位置时,就会影响光照的均匀性。

另有一种可能产生光照不均匀的原因,是镜筒内壁上发生的光。因从物镜上来的光线,可能在镜筒的内壁上起反射作用。在不用目镜时,尤其容易出现这种现象。但在这种情况下,出现的是照片中心有一光点或有个光圈,所以从现象中是可以区别出这种原因的。纠正这种缺点的方法,是在镜筒边上插入一个无反射光的纸筒,或在中间放一个黑色线圈,使光束的直径小于目镜,就可避免反光。

附录Ⅳ　部分仪器介绍

Ⅳ.1　RM6240B 多道生理信号采集处理系统操作简介

一、系统软件进入

接通电源开机后，在主页双击“生理信号采集处理系统”图标，则 RM6240B 多道生理信号采集处理系统仪器(图Ⅳ-1)进入该系统。系统主页内容见图Ⅳ-2。

图Ⅳ-1　RM6240B 多道生理信号采集处理系统仪器前面板

二、主页菜单和图标的含义与用法

(1) 顶行菜单：包括文件操作、编辑、示波、记录、分析、工具及常用实验内容参数包。

(2) 第二行：共有 30 多个图标。除与顶行内容相对应的图标外，还包括记滴、刺激器、刺激起始/停止、校验开关、50 Hz 抑制、导联开关、标记查询、回放、移动测量、斜率测量、面积测量、区域测量、传导速度测量、周期测量、数据输出、鼠标捕捉、编辑、网格显示/关闭、测量信息显示/消失、波形纵向缩放、波形横向缩放、波形还原、打标记、增加标记、删除标记图标等。

三、主要菜单和图标的使用方法(按实验操作顺序)

1. 实验参数的选择

(1) 选择采集频率：即规定系统的采样速率。点击主页顶部第四行右上角的▼标志，可选定系统采集频率，缺省值 800 Hz。注意：

- 当需要同时使用 4 个通道时，最大采集频率只能到 20 kHz。
- 当同时使用第一和第二通道时，最大采集频率只能到 40 kHz。
- 当只使用第一通道时，最大采集频率可到 100 kHz。

(2) 选择使用通道：开机后可显示 4 个通道的扫描线。通过点击控制参数区的▼“生物电”指标，可将暂不使用的通道关闭。

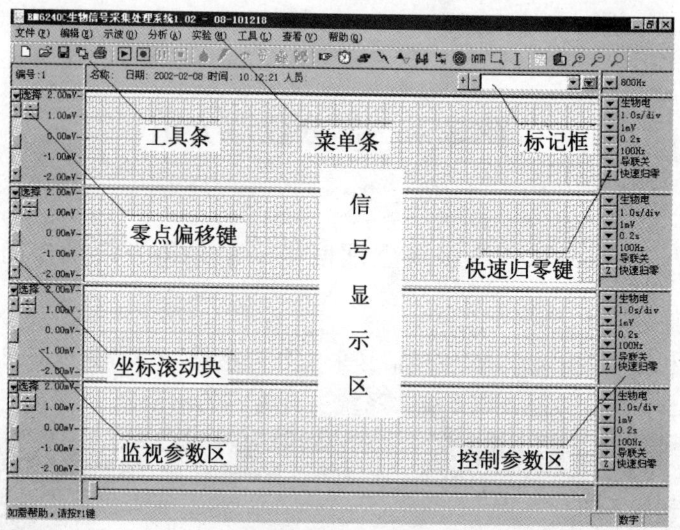

图Ⅳ-2 生理信号采集处理系统软件主页

顶行—菜单指令；第二行—工具和图标；

右纵条—控制参数区，用于选择实验参数；左纵条—监视参数区，用于波形的调整和处理

(3) 选择通道使用模式：点击“生物电”指标后，跳出的小窗口含：生物电、血压、张力、常用项目等几种模式，点击所需模式。除以上几种模式外，根据实验需要还可自己创建新模式(即创建新量纲)。选定一种模式后，跳出的窗口含：

- 扫描速度：即规定 x 轴方向上每单位格代表的时间。若同时使用几个通道时，每个通道扫描速度可单独选择。
- 灵敏度：即规定 y 轴方向每单位格代表的量度值。在不同时间常数下，其范围值也不同，一般分 8 档。
- 时间常数：即调节放大器高通滤波器的时间常数。高通滤波器是用来滤除信号的低频部分，时间常数与高通滤波器的低频截止频率成反比关系。若所采集信号的有效成分频率较越高，选择的时间常数应越小。例如神经信号的有效信号频率较高，记录时应选小数值的时间常数。当有效信号频率低时，应选择较大的时间常数或选择直流，如记录肌肉张力信号时，可选择直流。当选择直流时，放大器不做低频滤波，此时将信号中的交流和直流成分均作了放大。
- 滤波(上限截止频率)：用于滤除信号的高频成分。当采集信号的有效成分频率较低时，应选择的滤波频率较小，以消除高频干扰。如观察脉搏时，选择 30 Hz 的滤波，代表此时放大器的上限截止频率为 30 Hz，可将高于 30 Hz 的各种干扰滤除掉。

2. 设定刺激参数

点击菜单中的“示波”后，选择“刺激器”。刺激器面板图形将出现在屏幕上，用鼠标在刺激器面板上设定各项参数。还可用顶行菜单中的“刺激控制图标”控制刺激的开始和停止。

3. 示波和记录的启动

点击“示波”图标，使采集的信号显示在屏幕上，再点击“记录”，才可将采集到的信号临时记录到硬盘上。停止记录时必须用文件保存，才可成为正式文件。

4. 工具栏的使用

点击工具栏,在跳出的窗口中有以下内容:

(1) 坐标滚动:点击工具栏,选“坐标滚动”,在左侧监视参数区,用滚动条可使基线快速上下移动,以调整扫描基线的上下移动。

(2) 零点漂移:点击工具栏,选“零点漂移”,点击左侧监视参数区右上角的“▽”,“△”箭头,使扫描基线上下微微移动。

(3) 波形扩大与缩小:点击工具栏的“纵向缩放”后,在图形上点击鼠标左键使图形纵向扩大,点右键缩小。点击工具栏“横向缩放”后,在图形上点击鼠标左键使图形横向扩大,右键缩小。

(4) 显示记录时间:在记录状态下点击工具栏的“显示记录时间”,双击鼠标左键,开始记时,再次双击鼠标左键,结束记时,并显示出记时的时间(秒)。

(5) 示波方式:点击“示波”图标,可在跳出的窗口内选择所需内容。

5. 分析栏

点击分析栏,跳出的窗口中将出现以下内容:

(1) 上一实验:点击后,显示本次记录前的内容。

(2) 下一实验:点击后,显示本次记录后面的内容。

(3) 头实验。

(4) 尾实验。

(5) 图形前移。

(6) 图形后移。

(7) 传导速度测量:点击后可开启神经传导速度测量的步骤。

(8) 区域测量:用于测一定范围内波形的幅度、时间,也可用它计算频率。用法是:点击鼠标左键规定出测量的左边界,再次点击鼠标左键规定出测量的右边界,在屏幕底显示测量结果。

(9) 周期测量:用于测波形的周期时间,也可用它计算频率。用法:点击鼠标左键规定出测量的左边界,再次点击鼠标左键和右键各一次,再规定出测量的右边界,在屏幕底显示测量结果。

6. 实验

点击它可调出软件提供的几个固定的实验内容和使用参数。

7. 打标记

用于实验处置、药物使用等的标志记录。有以下用法:

(1) 在记录状态下点击顶页第三行右侧“打标记”的图标后,可同时在所有通道打上标记。

(2) 点击鼠标左键,可在任意点打标记。

(3) 在原标记位置上,点击鼠标右键,跳出的窗口中,还可对原标记进行修改和删除及增加标记内容。

8. 增加或删除标记

在主页第二行右侧窗口指导下进行。

9. 视图浏览

点击“视图浏览”的图标,一屏可展示 16 幅记录波形,使用“ page up” 或 “page down”浏览上一屏或下一屏，双击某一幅图可进入该页的界面。

10. 监视参数区

在信号监视区点击“选择”，跳出的窗口含：

(1) 显示刺激标注：点击它，会在记录图形的同时显示所有刺激参数值。

(2) 添加内标尺：点击它，可在记录图形上添加横、纵坐标的标尺。

(3) 放电统计：用于统计生物电信号频率，点击它，用鼠标左键规定出测定图形的左、右范围，再点鼠标左键规定出与放电相切的横线后，在页面底部会跳出各项测定值。

(4) 心肌细胞动作电位分析：先点击它，再用鼠标左键规定出测定图形的左、右范围，在页面底部会出现心肌细胞动作电位的各项测定值。

(5) 图形测量……(略)。

11. 图形编辑

用顶行编辑菜单，可对图形进行编辑。

12. 图形打印

点击图形捕捉图标，可将图形捕捉，并转移到 Word 界面，进行打印。

13. 创建新量纲

点击工具栏的“创建新量纲”，按软件指导路径，可创建新的测量单位。

Ⅳ.2 SWF-IW 型微电极放大器简介和使用指南

一、SWF-IW 型高阻微电极放大器功能和使用

该放大器是与 RM6240B/C 多道生理信号采集处理系统配套使用的高阻微电极放大器，其输入阻抗高达 $1\times10^{12}\,\Omega$，与微电极结合使用可用于单细胞或单纤维的膜电位及细胞放电等研究项目中，该仪器的电压以 1∶1 输出，因而可配合 RM6240B/C 多道生理信号采集处理系统的分析和处理功能，直接对测量结果进行分析。

二、仪器各调节旋钮、开关及接插件连接

输入阻抗：$>10^{12}\,\Omega$

输入电流：1pA max

频率响应：DC～10 kHz

该仪器由测试头和主机组成(图Ⅳ-3)，主机面板示意如下：

(1) 输出插座：该插座是五芯插座，通过连接电缆将微电极放大器的输出信号与 RM6240B/C 多道生理信号采集处理系统的输入通道连接。

(2) 输入插座：该插座是七芯插座，用于连接微电极放大器测试头的输出端。微电极放大器测试头有红、黑两条输入引线。其中红色线是正端，微电极的引导线应与其相接；黑色线是接地端，与微电极配套使用时，参比电极接于此端。

(3) 校正开关：该开关打开时，仪器内的校正信号加至测试头，若电极已和样品接通，则微电极放大器将输出 200 Hz 的方波。使用时可根据波形的形状及幅度，检查波形的上升时间及判断电极电阻的大小，通过补偿钮使波形及幅度达到校正标准。顺时针调节该钮可减少波形失真，但过量补偿又会引起振荡，应适度补偿。校正完毕应将该开关关闭。

(4) 补偿旋钮：用于对测试头及其微电极的分布电容进行补偿。该调节器是一个 10 圈的

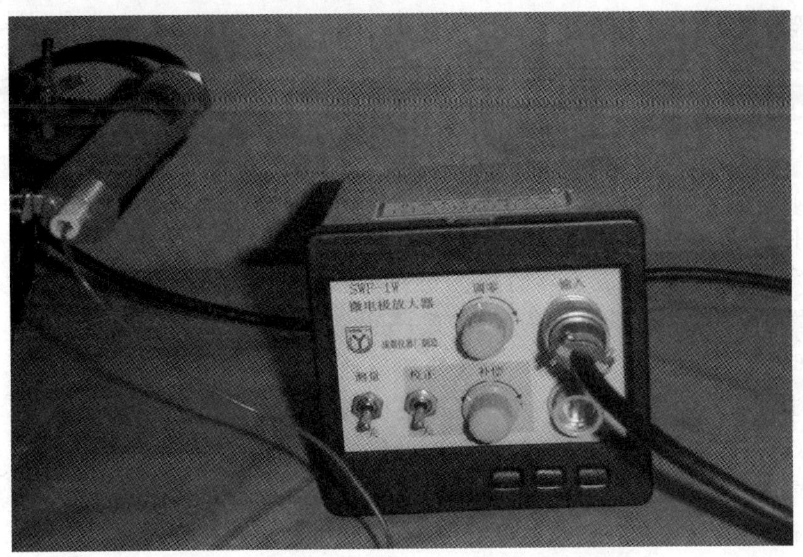

图Ⅳ-3 SWF-IW 微电极放大器主机和测试头

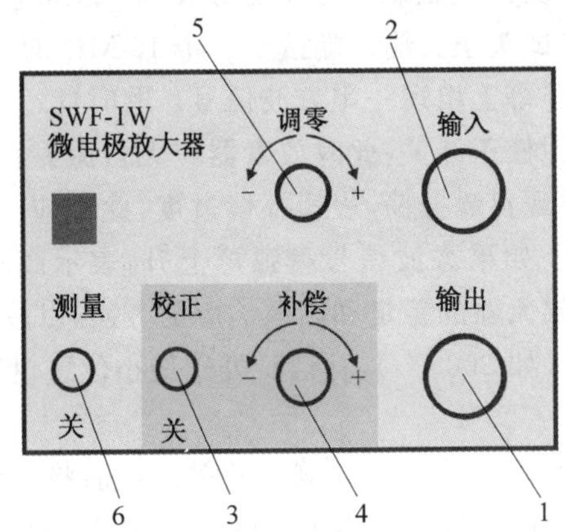

图Ⅳ-4 SWF-IW 微电极放大器前面板图

多圈电位器。由于微电极及其引线与地之间存在分布电容，该分布电容的存在将影响仪器的输入阻抗和频率响应，引起信号失真。顺时针旋转补偿钮，可对分布电容进行补偿，以减少输出波形的失真，但过量补偿会引起放大器的振荡。故补偿应适度。

(5) 调零：调节该旋钮可使静态电位等补偿到零电位。

(6) 测量开关：开始测量电位时将其打开，测量结束后将其关掉。

三、仪器使用方法

在仪器工作过程中，测试头、微电极、被测样品等，一定要放在屏蔽室内，屏蔽室应与RM6240B/C多道生理信号采集处理系统后面板的接地端子接通。由于微电极的内阻很高，若微电极、测试头等不放入屏蔽箱内，则极容易引进各种外界干扰，无法观测所测的信号。为减小干扰，在实验操作过程，操作者也应接地(可通过接触屏蔽网或在手上戴上接地环)。

1. 仪器调零和校正

(1) 连接：将微电极放大器测试头输出端插头插入微电极放大器输入插座，再将微电极放大器的输出电缆接入 RM6240B/C 多道生理信号采集处理系统的输入通道，如通道一(见图Ⅳ-5)。

(2) 开启 RM6240B/C 多道生理信号采集处理系统电源，并使系统进入示波状态。

(3) 调零：先将微电极放大器的校正开关拨到“关”，再将微电极放大器测头的输入线(红黑)短接，然后在 RM6240B/C 系统工作状态下，调整相应通道的参数(时间常数设为“直流”，灵敏度可先设为“100 mV”)，打开微电极测量开关，如果出现电位扫描线偏转，表示放大器的零点未调好，应先调节微电极放大器面板上的“调零”旋钮，顺时针方向为正，反时针方向为负，直至消除电位偏差。

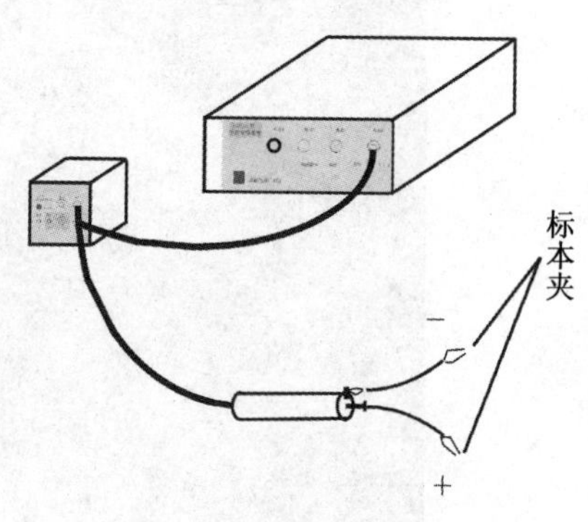

图Ⅳ-5 微电极放大器的连接

(4) 校正：调整 RM6240B/C 系统相应通道的参数(采样频率设为“20 kHz”，扫描速度设为“2.00 ms/div”，时间常数设为“直流”，灵敏度可设为“25 mV”，滤波频率设为“3 kHz”或“OFF”)，将微电极放大器测试头正负输入端接上一个 10 MΩ 的电阻件，打开微电极放大器的校正开关和测量开关，这时屏幕上出现一串方波信号。顺时针逐步调节“补偿”旋钮，使方波信号基本呈直线上升，然后关闭校正开关，此时放大器应无自激振荡现象(振荡时屏幕上出现满屏的高频信号)，若放大器出现自激振荡，表明补偿过度，此时应将补偿调节旋钮反时针旋转，减小补偿量，直至振荡消除。如果方波信号呈弧形上升，表示高频响应不好，应加大补偿量。总之，补偿量的控制应兼顾放大器的稳定和高频响应两方面，以放大器不出现自激振荡为先决条件。若被测信号频率不高(如 200 Hz)，补偿量处于最小位置也足以满足要求。

2. 样品测试

补偿调节完毕，应关闭校正开关。打开测量开关。然后将 RM6240B/C 系统相应通道调节到实验所需参数，将微电极插入测试的组织细胞内，即可进行测试。

3. 其他用途

本仪器也可用于测量微电极电阻，其方法如下。

(1) 玻璃微电极电阻的测量：

- 在 RM6240B/C 系统示波状态下，先调整好微电极放大器的零位扫描线。然后在放大器测试头的正、负输入端接上一个 10 MΩ 的电阻件，打开放大器的校正和测量开关，在示波屏幕上读出方波峰峰值 V_1(预设值 50 mV)。
- 取下电阻件接入玻璃微电极(将放大器测头的正端接微电极，电极尖端与生理盐水接触，测头的负端通过引线与生理盐水接触)，在示波屏幕上读出方波峰峰值 V_2。

(2) 玻璃微电极的内阻(R)的计算公式为：

$$R(\text{M}\Omega) = (V_2/V_1) \times 10$$

重要提示：

仪器使用完毕后，应将微电极输入端测头的两极短接，以防止外界信号对本机的损害！

Ⅳ.3　PIP5 型玻璃微电极拉制仪简单结构和使用说明

PIP5 型玻璃微电极拉制仪是德国 HekA 公司生产的垂直式拉制仪。该仪器适用于拉制除石英玻璃以外的大多数玻璃毛细管。拉制过程由两步完成,首先以快速加热方式将玻璃毛细管软化拉长,其次是将玻璃毛细管拉断并使其尖端口径达到欲设范围。

一、基本结构(图Ⅳ-6)

图Ⅳ-6　PIP5 型玻璃微电极拉制仪

二、使用方法

(1) 开启电源,电源指示灯亮。

(2) 将加热步骤扳钮扳向 A,设定第一步加热温度。

(3) 将加热步骤扳钮扳向 B,设定第二步加热温度。

(4) 将加热步骤扳钮扳向“OFF”。

(5) 装入毛细玻璃管使其位于加热炉丝的中央,旋紧上面固定旋钮。

(6) 提起重垂壁,放入调节盘,并旋紧下面的固定旋钮。

(7) 拉下防尘罩,将加热步骤扳钮扳向 A,按下加热起动钮。

(8) 旋松下固定旋钮,将调节盘旋向左方,调整加热部位,再将调节盘旋向正中。

(9) 将加热步骤扳钮扳向 B,按下加热起动钮。

(10) 向上向前方取下电极上段,向下向前方取出电极下段。

Ⅳ.4 生理实验常用换能器

一、XHJZ100 型张力换能器

此种换能器(图Ⅳ-7)常用于记录骨骼肌、心肌、平滑肌、膈肌的等长收缩或等张收缩。此种换能器的量程有数种,实验时根据肌肉收缩强弱,选择量程合适的换能器才能得到好的记录效果。

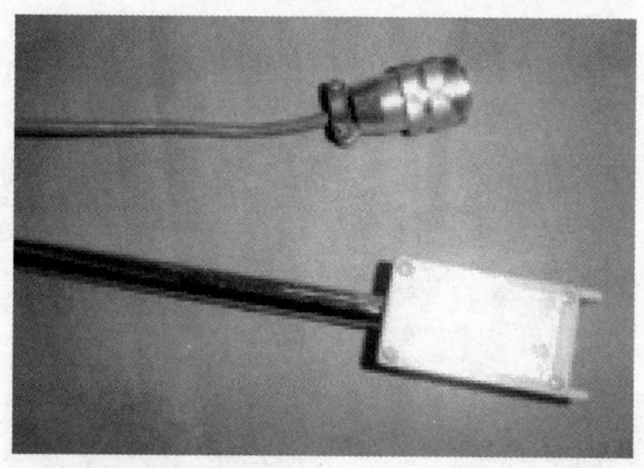

图Ⅳ-7 XHJZ100 型张力换能器

二、XHYP100 型压力换能器

此种换能器(图Ⅳ-8)常用来记录液体压力系统的压力变化,如动、静脉血压等。在使用之前,要向压力换能器中充灌适宜的液体,以排除液体传送体系中的空气,过多的气泡存在将影响换能器的测量精度。

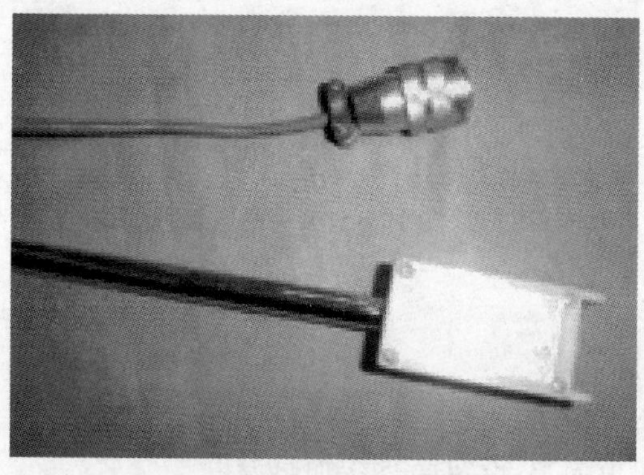

图Ⅳ-8 XHYP100 型压力换能器